KB265972

문명의 뼈대

인류 문명을 지탱해 온 수학의 역사

문명의 뼈대
송 용 진 지 음
다산초당

발전하는 문명의 중심에는 언제나 수학이 있습니다

수학은 수천 년의 세월 동안 탑을 쌓듯이 지식과 지혜를 축적해 왔으며, 그렇게 발전해 온 유일한 학문입니다. 고대 그리스 시대에 밝혀진 피타고라스정리는 그때도 지금도 변함없이 언제나 진실이었고 과거에 발견된 다른 수학적 사실들도 모두 마찬가지입니다. 앞으로도 새로운 수학적 발견은 그 이전의 발견들이 쌓인 결과로 얻어질 것입니다. 뉴턴과 라이프니츠가 미적분학을 거의 동시에 독립적으로 발견한 것은 우연이 아닙니다. 수학적 지식에는 위계가 존재하고 수학의 발전에는 단계가 있기 때문에, 새로운 수학적 지식은 그에 필요한 여건과 토대가 충분히 갖추어져야만 얻을 수 있습니다. 따라서 500년 전의 수학이 있었기에 400년 전의 수학이 있고, 400년 전의 수학이 있었기에 300년 전의 수학이 있는 것입니다. 현대 수학에 대한 제대로 된 이해도 200년 전, 100년 전의 수학이 발전해 온 과정에 대한 이해를 바탕으로 이루어질 수 있습니다. 그래서 수학사가 중요합니다.

위상수학자로서 수학을 연구하고 학생들을 가르쳐온 저는 몇 년
전 전문 작가로서의 새로운 삶을 시작하면서, 집필할 때는 저만의 고
찰과 해석을 담은 책만을 쓰겠다고 결심했습니다. 이번 『문명의 뼈대』
도 예외는 아닙니다. 저는 이 책을 통해 수학의 역사 중에서 우리가 눈
여겨보아야 할 대목을 중심으로 오랫동안 수학사 강의를 이어오면서
깨닫고 숙성해 온 저의 생각을 독자들과 나누고자 합니다.

수학의 역사는 곧 인류 문명의 역사입니다

수학의 역사는 곧 과학의 역사이자 **인류 문명의 역사**입니다. 수학과
과학은 오랫동안 한 몸이었고 자연과학이 수학과 분리되어 발전하기
시작한 것은 200년이 조금 넘었을 뿐입니다. 'Science'라는 말이 '과학'
의 의미로 사용되기 시작한 것은 19세기 초입니다. 역사상 3대 수학
자 중 한 명으로 꼽히는 뉴턴은 평생 자신을 수학자라 여기며 살았습
니다. 아마도 그는 자신이 후대에 물리학이라고 하는 거대하고 중요한
학문 분야의 창시자로 간주되리라 상상해 본 적 없을 것입니다. 이 책
에서도 근대 이전의 수학을 다룰 때, 혼동되지 않는 대목에서는 수학
과 과학을 구별하지 않고 쓰는 경우가 종종 있을 것입니다.

『문명의 뼈대』는 수학의 발전 과정과 그 요인, 그리고 위대한 수학
자들의 업적을 엄선하여 서술하고 있습니다. 수학의 역사를 따라가다
보면 수학이 인류 문명의 발전과 긴밀한 영향을 주고받았다는 사실,
문명이 도약하는 순간마다 그간 쌓아온 수학의 발전이 기저에서 핵심
적인 역할을 해왔다는 사실을 알게 될 것입니다. 독자들은 이 책을 읽

으면서 다음 세 가지 핵심 키워드를 주목하면 좋겠습니다.

첫째는 **포용**입니다. 오랜 역사 속 문화와 수학의 중심지로서 번영한 도시들이 있습니다. 이러한 지역들의 중요한 공통점은 서로 다른 종교, 인종, 사상에 대해서 포용적이었다는 점입니다. 기원전 4~기원후 4세기의 알렉산드리아, 7~10세기의 장안, 9~11세기의 바그다드, 11~13세기의 코르도바, 17~18세기의 파리가 가지는 공통점이 바로 이 포용입니다. 20세기에는 뉴욕이 그러했죠. 종교와 인종에 대한 차별이 적고 능력 있는 사람들이 정당하게 인정받는 곳에서만 문화가 창대해질 수 있는 것입니다. 2026년 미국에서 벌어진 반이민정책과 미국 우선주의는 포용성을 기반으로 번영했던 미국의 전성기가 끝나가고 있음을 알리는 듯합니다. 우리 역시 유념해야 할 교훈일 것입니다.

둘째는 **진리 탐구**입니다. 진리 탐구 자체를 중시하는 것은 유럽 과학철학의 핵심입니다. 과학은 세상의 근본 원리를 탐구하는 것 자체에 가치를 두어야 지식을 쌓으며 지속적으로 발전할 수 있는데, 실용적 가치를 우선시하면 지식의 축적과 전달이 미흡해져 과학이 일정 수준 이상으로 발전하기 어려워집니다. 16세기 이후 유럽은 즉각적인 실용성이 없더라도 수학자, 과학자 들이 발견한 사실이라면 그것을 중시하였고, 그런 환경에서 과학자들은 진리를 찾기 위해 한 분야를 깊숙이 연구할 수 있었습니다. 그 결과로 지구가 태양 주위를 도는 행성에 불과하다는 사실을 알게 되었고, 뉴턴역학과 미적분학 같은 지식, 육안으로 볼 수 없는 세균의 존재와 화학 연구의 출발점이자 근간이 되는 주기율표를 발견했던 것입니다.

중국의 수학이 근대 무렵부터 유럽에 뒤지게 된 것도 세상 섭리의 탐구를 중시하는 과학에 대한 철학이 미흡했기 때문입니다. 우리에게는 타산지석으로 삼아야 할 이야기입니다. 오늘날 대한민국이 과학을 대하는 방식은 500여 년 전 명나라의 그것과 그리 다르지 않습니다. 아직도 진리 탐구가 왜 그렇게 중요한 가치인지, 왜 원리에 대한 깊은 이해가 선행되어야 하는지에 대한 이해가 부족합니다. 그래서 실용성이 없어 보이는 연구는 별 필요가 없다고 여깁니다. 그런데 그렇게 실용성을 중시해 왔음에도 불구하고 한국은 우주항공기술, 고성능 시스템 반도체, IT, 인공지능(AI) 분야에 있어 미국 같은 선진국을 따라가지 못하고 있습니다. 20년 넘게 수조 원의 세금을 개발비로 썼지만 아직도 60년 전 미국이 쏘아 올렸던 수준의 로켓밖에 개발하지 못하고 있는 것이 대표적인 예입니다.

셋째는 **기호**입니다. 수학 발전의 세 가지 요소로 위대한 수학자, 사회적 여건, 수학 기호를 꼽을 수 있습니다. 이 중에서도 가장 중요한 요소는 바로 기호입니다. 이집트와 그리스 수학에 한계가 있었던 것은 기호가 없었기 때문이고 유럽 역시 기호의 중요성을 13세기까지 깨닫지 못했습니다. 중국의 수학도 결국 기호가 미흡했기 때문에 특정 수준 이상으로 발전하지 못했습니다. 유럽에서는 인도-아라비아(Hindu-Arabic) 숫자와 0의 사용법이 도래한 덕분에, 그리고 17세기 문자 계산법과 여러 가지 기호 사용법이 등장한 덕분에 수학이 획기적으로 발전했습니다.

이상 언급한 세 가지 키워드 외에도 '문화는 열역학법칙과 같이 항상 높은 곳에서 낮은 곳으로 흐른다는 사실'에 주목하며 읽을 수도 있고, 독자들의 관심에 따라 '위대한 수학자들의 삶과 업적', '종교와 수학(과학)의 오랜 갈등', '몽골과 이슬람이 르네상스에 미친 영향' 등에 초점을 맞춰 읽을 수도 있겠습니다. 앞으로 인공지능 발전과 더불

어 수학이 어떤 역할을 할 것인지, 수학이라는 학문이 어떤 모습으로
변할 것인지에 관심이 큰 독자들은 마지막 장을 특히 흥미롭게 읽을
수 있을 것입니다.

우리는 과학의 태동기에 살고 있습니다

———

현대의 수학은 매우 어려운 학문이 되었습니다. 오랜 시간 수많은
천재에 의해 지속적으로 발전해 왔기 때문입니다. 수학자들은 지금 이
순간에도 너무 어렵고 복잡한 개념들을 만들고 있으며, 극도로 추상적
인 문제들을 풀고 있습니다. 그들은 현실과 동떨어진 수학의 세계에서
그들끼리만의 연구 활동을 하는 것처럼 보입니다. 수학은 2000여 년
전에 출발하여 저 멀리 앞으로 나아가고 있기 때문이죠. 태동한 지 얼
마 안 된 현대 과학이 고도로 발전한 수학을 활용하는 데에는 시간이
좀 필요해 보입니다. 다시 말해 인류에게는 과학 발전의 기나긴 미래
가 기다리고 있습니다. 머지않은 미래에 과학은 수학이라는 언어를 더
잘 활용할 수 있게 될 것입니다. 그러니까 지금 수학자들이 하고 있는
쓸모없어 보이는 연구들도 언젠가는 그 가치를 발휘할 것입니다.

다른 수학사 책들이 고대 수학이나 직관적으로 흥미로운 사건들
을 중심으로 다룬다면, 『문명의 뼈대』는 현대 수학을 가능한 한 비중
있게 다루고자 했습니다. 현대 수학을 다루는 6부에 가까워질수록 앞
선 내용들보다 더 어렵게 느껴지는 게 당연합니다. 하지만 **인류 지성이
지금까지 도달한 가장 위대한 정점**으로 향하는 길이라 여기고 따라와 주
기를 바랍니다. 소개되는 수식이나 개념 하나하나의 의미에 집중하기
보다 수학의 발전 흐름을 따라간다고 생각하며 읽는다면 막연한 어려

움이 아니라 의미 있는 지적 도전으로 느껴질 것입니다.

최근 AI의 시대가 본격적으로 열리면서 현대 수학에도 새로운 장이 펼쳐지고 있습니다. 인류가 수천 년에 걸쳐 쌓아 올린 수학 위에서 AI라는 도구가 탄생했고, 이제 AI가 수학의 미래를 다시 바꾸고 있습니다. 어쩌면 AI의 등장과 발전 자체가 현대 수학의 일부일지도 모릅니다. 이미 많은 연구자가 수학과 과학 연구에 AI를 활용하고 있고, 모든 학문 분야가 AI와 협업하는 새로운 패러다임에 적응해야 하는 시점입니다. 한편 AI 기술을 개발하는 데 있어서도 수학은 중요한 역할을 합니다. AI 기본 원리로 행렬과 벡터, 미분방정식 등이 쓰이는 것은 잘 알려진 사실입니다. 다만 AI 연구에 있어서는 수학의 구체적인 지식이나 이론보다도 수학적 훈련을 받은 전문 인력의 활용이 중요합니다. 수학적 통찰력과 사고력이 더 결정적인 역할을 하기 때문입니다.

한편, 구글과 오픈AI 등 AI를 개발하는 기업들은 '수학 문제 풀기'라는 구체적인 목표를 두고 경쟁하고 있고 국제수학올림피아드 같은 최고난도의 문제를 풀 수 있는 수준까지 와 있습니다. 하지만 전문 수학자들이 연구하는 문제의 단계까지는 아직 갈 길이 멉니다. 주된 이유는 전문적인 수학 문제에 등장하는 고도의 추상적인 개념들을 AI에 입력하고 이해시키는 과정이 너무 어렵기 때문입니다. 수학 개념 중에는 의외로 모호하거나, 책이나 논문에 정확하게 서술되어 있지 않은 것들도 많습니다. 게다가 수학자들이 완벽히 논리적인 단계를 밟으면서 문제를 풀지 않는 경우도 많지요. 그럼에도 AI는 수학자들이 문제를 푸는 데에 있어서 작은 렘마(lemma, 보조정리)를 증명하거나 미처 떠올리지 못했던 아이디어를 제공하는 등의 도움을 줄 수 있습니다. 그러므로 수학 연구에도 혁명의 시기가 이미 도래했다고 할 수 있습니다.

수학은 지난 수천 년간 '문명의 뼈대' 역할을 해왔지만 앞으로는 AI가 그 역할을 할 것입니다. 하지만 그로 인하여 수학의 중요성이 퇴색되지는 않을 것입니다. AI의 개발과 응용에 수학적 방법론이 쓰일 뿐만 아니라 앞으로 AI가 밝혀낼 새로운 과학적 발견, 즉 우주의 섭리는 수학이라는 언어로 표현될 것이기 때문입니다.

언젠가는 수학의 역사를 다루는 책을 써야 한다고 생각해 왔습니다. 그것은 제가 지난 30여 년간 대학에서 수학사 강의를 해왔기 때문이기도 하지만, 학생들에게 참고 서적으로 추천할 만큼 마음에 드는 수학사 책을 찾지 못했기 때문입니다. 수학이라는 학문은 그것이 발전되어 온 역사가 유난히 중요한데도 말이죠.

저의 수학사 강의를 수강한 학생들은 "수학사를 미리 배웠다면 수학 전공 공부가 더 재미있었을 것 같아요", "오일러, 라그랑주, 가우스, 코시 같은 수학자들에 대해 미리 알았다면 전공 공부에 도움이 되었을 듯합니다", "수학사를 4학년이 아니라 2학년 과목으로 하는 게 어떨까요?" 같은 수강 후기를 남기곤 합니다. 이 책을 읽는 독자들도 저의 강의를 들었던 학생들처럼 수학이라는 학문의 발달 과정과 그 배경, 위대한 수학자들에 대해 잘 알게 되어, 수학과 좀 더 친숙해지기를 간절히 바랍니다.

이 책을 쓰면서 수학자들의 삶과 업적은 여러 수학사, 과학사 관련 서적과 위키피디아를 참조하였으며, 특히 수학자들의 일대기에 대해서는 스코틀랜드 세인트앤드루스대학(University of St. Andrews)의 맥튜터 수학사(MacTutor History of Mathematics) 웹사이트를 참고하였습니다.

이 책의 출간에 힘써주신 다산북스 임직원분들께 감사드립니다. 특히 원고를 받아 보시고는 "이것이 바로 제가 기다리던 책"이라며 칭

찬과 지원을 아끼지 않으셨던 김선식 대표님께 깊은 감사를 드립니다. 이 책의 편집을 맡아주신 박나영 편집자님은 필요한 곳을 정확히 짚어 현명하게 다듬어주셨고, 끝까지 성실하고 세심하게 원고를 살펴봐 주셨습니다. 박 편집자님의 노고에 깊이 감사드립니다.

추천사를 써주신 김홍종, 신진우 교수님과 조가현《수학동아》전 편집장님께도 감사드립니다. 특히 내용을 꼼꼼히 읽어보시고 여러 곳에서 수정과 보완을 제안해 주신 김홍종 교수님 덕분에 책이 한층 단단해질 수 있었습니다. 저술 활동을 늘 응원하고 지원해 주는 가족과 동료 교수님들께도 고마운 마음을 전합니다. 끝으로 지난 30년간의 수학사 수업에서 열의와 적극적인 참여로 저에게 끊임없는 깨달음과 영감을 안겨준 수많은 수강생들에게 감사의 말을 전합니다.

차례

1부

문명의 뼈대

수학이라는 탑은 무너진 적 없었다

1장

수학:
인류가 쌓아온 지혜의 탑

수학은 세 가지 중요한 특징을 갖는다. 첫 번째, 오랫동안 지식을 축적하면서 발전해 왔다는 점이다. 이 중요한 특징에 대해서는 곧 자세히 이야기해 보자. 두 번째, 완벽한 해를 추구한다는 점이다. 이것은 현대 수학이라는 학문의 정의적인 특징이자 다른 학문과 큰 차이점이다. 예를 들어 경제학자와 수학자가 똑같은 경제 문제를 연구한다고 치자. 경제학자는 자기가 찾은 결과가 60%만 맞아도 만족할 수 있지만 수학자에게는 단 1%라도 예외가 존재하면 그 결과는 전혀 쓸모가 없다. 수학자에게는 언제 어디서나 옳은 원리와 완벽한 풀이를 찾는 것이 연구의 핵심 가치이기 때문이다. 마지막 특징으로는 수학이 언어와 더불어 기초 소양 교육의 핵심을 이룬다는 점을 꼽을 수 있다.

수천 년 축적된 지식을 가진 유일한 학문

수학은 시대마다 인간의 필요에 따라 다른 모습으로 발전해 왔다. 단순히 수를 세던 고대의 수학은 철학적 사고를 담은 학문으로 발전했고 이후 과학혁명과 함께 자연의 법칙을 설명하는 언어가 되었다. 근대에는 방정식과 함수라는 언어가 인간의 사고를 형식화했고, 현대에는 빅데이터와 AI가 수학의 힘을 빌려 복잡하고 불확실한 세계를 예측하고 분석하는 수단이 되었다. 이렇듯 수학은 단 한 번도 멈춘 적 없이 시대의 변화에 따라 늘 새로운 진리를 찾아왔다.

중요한 사실은 수학은 수천 년간 지식을 축적하며 지속적으로 발전해 왔다는 점이다. 우리는 현재 약 3700년 전 파피루스에 기록된 이집트의 수학 내용을 알고 있고, 약 2300년 전 그리스의 유클리드(Euclid, 그리스어로 Eukleides. BC 325?-BC 265?)가 쓴 『원론(Elements)』의 내용을 알고 있다. 약 1000년 전 아라비아의 수학, 중세 유럽의 수학에 대해서도 자세히 알고 있다. 수학은 오랜 세월 동안 마치 큰 탑을 쌓듯 발전해 왔고 결국 지금은 아주 크고 높은 탑이 되어 있다.

물리학, 화학(연금술 이후의 근대적 화학), 생물학, 지구과학 등의 자연과학이 독립적인 학문 분야로 자리를 잡은 것은 길어야 300년 정도이고 공학 분야의 역사도 200년을 조금 넘었을 뿐이다. 수학에서 천문학, 물리학, 기계학이 갈라져 나가고, 다시 물리학에서 기계공학, 전기공학이 갈라져 나가는 등 분파를 거듭해 수많은 이공계 학문 분야가 생겨나 현재 수학의 입지는 전에 비해 좁아졌다. 그래도 수학은 고대 문명이 시작된 순간부터 지금까지 수많은 수학자가 쌓아 올린 거대한 지식의 탑을 보유하고 있다는 특징을 갖고 있다.

"수학은 수천 년간 지식을 축적하며 발전해 온 유일한 학문이다"
라는 말은 필자가 그동안 수학사 강의를 하며 가장 강조해 온 말이다.
수학이라는 학문의 특징을 잘 나타내고 있기 때문이다.

문명의 벽돌을 쌓아 올리는 수학자들

과연 수학만이 수천 년간 지식을 축적하며 발전해 온 학문인가?
여기에는 지식을 '탑을 쌓듯이' 축적하며 발전해 왔다는 것에 방점이
있다. 오늘날 대부분의 학문이 지식을 쌓으며 발전하고 있다. 하지만
수천 년 전부터 그런 방식으로 발전해 온 학문은 흔하지 않다. 철학의
예를 들면, 소크라테스와 아리스토텔레스보다 후대의 철학자가 더 낫
다고 할 수 없고 데카르트와 칸트보다 현대의 철학자가 더 낫다고 할
수 없다. 하지만 수학은 다르다. 철학은 원래 지식을 쌓으며 발전하는
학문도 아니다. 그런 면에서 유구한 역사를 가진 대부분의 인문학이나
법학 또한 마찬가지다.

자연계열 학문이라고 할 수 있는 의학, 천문학, 물리학, 건축학, 생
물학, 공학 등은 앞서 언급했듯이 불과 수백 년 전에 새롭게 탄생했거
나 새로운 패러다임의 학문으로 거듭난 경우에 해당된다.

피타고라스는 수학을 기하, 산술, 천문, 음악 등 네 개 분야로 나누
었고 그 이후 유럽에서는 이 넷을 수학의 근간으로 여겨왔다. 즉, 천문
학은 오랫동안 수학과 한 몸이었다. 역사상 가장 위대한 수학자로 꼽
히는 카를 프리드리히 가우스(Carl Friedrich Gauss, 1777-1855)의 직업은
괴팅겐대학의 천문대장이었으며 그는 평생 천문학을 연구했다. 하지
만 천문학조차도 수학처럼 지식이 축적되며 발전해 오지는 않았다. 천

건물의 철골이 하나씩 연결되고 맞물리며 올라가듯, 수학 역시 수천 년에 걸쳐 지식을 층층이 쌓으며 오늘에 이르렀다.

문학은 망원경이 발명되고 지동설이 자리를 잡은 이후에 그 이전의 이론을 다 버리고 새롭게 태어났다고 볼 수 있다.

의학도 그런 점에서 천문학과 유사하다 하겠다. 유럽의 의학은 18세기 초에 새로운 모습으로 다시 태어난 것이라고 할 수 있다. 게다가 19세기에 이룬 병균과 세포 발견은 그 이전까지의 의학과의 완전한 결별을 초래했다.

거의 모든 수학적 지식은 그다음의 지식을 얻는 발판이 되어왔다. 2000년 전의 수학, 1000년 전의 수학 수준이 어느 정도였고 어떤 과정을 통해서 발전해 왔는지 우리는 기록을 통해 잘 알고 있다. 수학의 경우에는 500년 전의 수학이 600년 전의 수학보다 앞서 있고 300년 전의 수학이 400년 전의 수학보다 앞서 있다. 또한 300년 전의 오일러, 200년 전의 가우스, 150년 전의 리만, 100년 전의 힐베르트와 푸앵카레의 수학을 이해해야 현대 수학을 제대로 이해할 수 있다.

수학이라는 학문은 수천 년 전 일찍 출발해 이미 저 앞을 걸어가고 있는 형국이다. 그렇기에 수학적 지식이 현대의 과학기술에 직접 활용되기까지는 시간이 좀 더 필요하다. 오늘날 수학자들에게 "당신의 연구가 어디에 쓸모가 있나요?"와 같은 질문은 할 필요가 없는 것이다.

기호는 왜 중요할까

역사적으로 수학 발전에 작용한 주요 요소 세 가지를 꼽는다면 다음과 같다.

1. 위대한 수학자
2. 새로운 기호
3. 사회적 여건

위대한 수학자가 나타나 획기적인 업적을 이뤄서 수학이 발전하는 것은 당연하다. 또한 전쟁이나 정치, 경제적 변화가 수학 연구의 여건을 만들기도 하고, 사상이나 종교의 변혁이 과학의 발전을 촉진하기도 한다. 그런데 유용한 기호의 발명은 뛰어난 수학자의 탄생이나 사회적 여건보다 수학 발전에 있어서 더 큰 비중을 차지하는 요소이다.

고대 이집트는 기하의 수준은 제법 높았으나 곱셈, 분수 등 산술의 수준은 낮은 편이었다. 산술에 사용할 좋은 기호들이 없었기 때문이다. 고대 그리스나 로마 시대의 수학 역시 마찬가지였다. 모든 산술적 계산과 표현을 기호가 아닌 말이나 알파벳으로 나타냈기 때문에 복잡한 계산을 하거나 공식을 만드는 것이 거의 불가능했다. 예를 들어 고대 그리스에서는 숫자 1, 2 대신 알파벳 α(알파), β(베타)를 사용했다. $\Delta \check{\upsilon} \sigma \nu$는 오늘날의 기호로는 $250x^2$을 의미했다. 여기서 Δ(델타)와 $\check{\upsilon}$(입실론)은 미지수의 제곱, σ(시그마)는 200, ν(뉴)는 50을 의미한다.

숫자를 알파벳으로 나타내는 것도 불편했지만 0의 개념이 등장하기 전이라 수의 자릿수를 이용하는 법을 알지 못했다. 대수학의 아버지로 불리는 디오판토스가 3세기경에 최초로 몇 가지 기호를 도입한 것으로 알려져 있긴 하지만, 그는 생략 기호를 일부 사용한 것에 불과했다. 그의 대수학은 여전히 기호 부족으로 인해 일정 수준을 넘지 못했다. 말로 풀어내는 수사적 수학으로는 발전에 한계가 있었기 때문이다. 유럽의 수학자들은 16세기까지는 진정한 수학 기호 사용법을 알지 못했다.

역사적으로 수학 발전에 가장 크게 기여한 수학 기호를 꼽는다면 바로 0부터 9까지 열 개의 아라비아 숫자, 정확하게는 인도-아라비아 숫자이다. 이 숫자 표기법은 인도에서 발명되어 아라비아를 거쳐 유럽으로 전파되었다. 유럽에 이를 처음 소개한 사람은 유명한 수학자 레오나르도 피보나치(Leonardo Fibonacci, 1170?-1240?)이다. 그는 북아프리카, 이집트, 시리아 등에서 아라비아의 수학을 접하고 이를 정리해 유럽에 전파하는 큰 공을 세웠다.

우리는 어린 시절부터 수학 기호를 당연하게 사용해 왔기 때문에

1	α	alpha	10	ι	iota	100	ρ	rho
2	β	beta	20	κ	kappa	200	σ	sigma
3	γ	gamma	30	λ	lambda	300	τ	tau
4	δ	delta	40	μ	mu	400	υ	upsilon
5	ε	epsilon	50	ν	nu	500	Φ	phi
6	ϛ	stigma	60	ξ	xi	600	χ	chi
7	ζ	zeta	70	ο	omicron	700	ψ	psi
8	η	eta	80	π	pi	800	ω	omega
9	θ	theta	90	ϟ	koppa	900	ϡ	sampi

→ 그리스의 숫자 표기법

과거의 위대한 수학자들이 이런 기호를 몰랐다는 사실이 낯설게 느껴질 수 있다. 옛날에는 수학자들 간에 학문적 교류가 어려웠기 때문에 누군가가 새로운 공용의 기호를 만들어서 소통하는 게 쉽지 않았을 것이다. 다른 한편으로는 원래 기호나 문자를 만드는 것 자체가 어려운 일이기도 하다.

문자도 일종의 기호이다. 그래서 문자의 발명과 사용도 지난한 과정을 거쳐서 이루어졌다. 인류의 문화가 오랜 세월 발전해 오며 수많은 문자가 만들어졌겠지만 지금까지 살아남아 사용되고 있는 문자의 종류는 의외로 많지 않다. 전 세계 대다수의 나라는 로마문자, 키릴문자, 아랍문자 중 하나를 사용하고 있고 자기 나라 고유의 문자를 사용하는 곳은 한국, 중화권(중국, 타이완, 홍콩 등), 일본, 태국 정도이다. 그만큼 문자를 만들어 널리 사용한다는 것은 어려운 일이다. 일본의 가나는 한자의 일부를 차용해 고유의 발음을 나타냈고, 태국의 타이문자는

13세기에 람캄행대왕이 창제했다고는 하나 기본적으로 크메르문자를 자신들의 언어에 맞게 변형한 것에 불과한 반면, 한글은 세종대왕이 자음과 모음의 결합 원리로 고안한 완전히 독창적인 표음문자이다. 한글은 전 세계의 수많은 문자 중 한 사람에 의해 창조된 것으로 알려진 유일한 문자이다. 대한민국이 세계에 내세울 가장 자랑스러운 문화유산을 꼽으라 한다면 그것은 바로 한글이다. 그만큼 세종대왕의 업적은 대단한 것이다.

0의 발견, 없는 것을 나타내는 방법

독자들은 0의 발견이 매우 중요한 사건이라는 말을 한 번쯤 들어봤을 것이다. 0은 물건의 개수를 셀 때는 등장하지 않으므로 자연스럽게 생각할 수 있는 수는 아니다. 없는 것을 굳이 숫자로 나타낸다는 발상을 처음 떠올리기는 쉽지 않았을 터다. 우리는 수학을 배우며 일찍이 0을 접하게 되고 10, 20 같은 숫자도 당연하게 써왔기 때문에 0의 중요성을 실감하기란 어렵다. 0은 십진법에서 자릿수를 구분하고 계산하기 위해 의도적으로 고안해 낸 숫자이다.

이런 0이 탄생한 곳은 고대 인도였다. 당시 인도인들은 '비어 있음'을 뜻하는 슈냐(Shunya)라는 철학적, 종교적 개념을 가지고 있었다. 인도 수학자 아리아바타(Aryabhata, 476-550)는 십진법 자릿수 체계를 정립하며 자릿수를 나타내는 기호로 0을 활용했으며, 브라마굽타(Brahmagupta, 598-668?)가 『브라마스푸타시단타』(628)에서 0을 작은 동그라미로 표기하면서 독립적인 숫자로 정의하고 연산 규칙을 명문화했다.

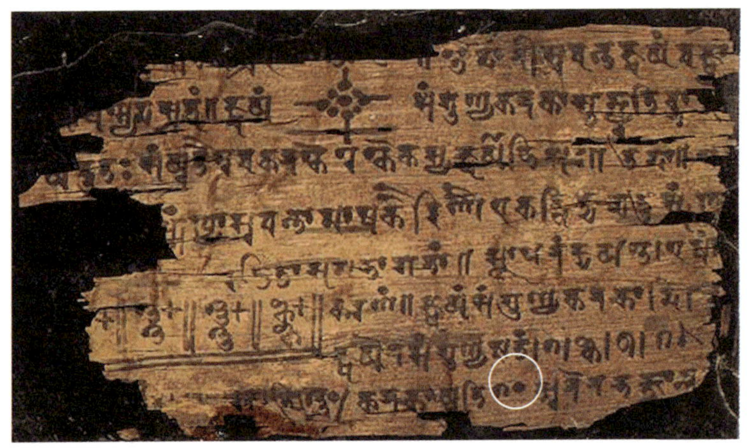

1881년 바크샬리 마을(현재 파키스탄)에서 발견된 고대 인도의 수학 문서로 연대 측정 결과 기원전 9~11세기에 제작된 것으로 알려져 있다. 사진 속 점 모양의 기호는 오늘날의 0처럼 자릿수를 나타내고 있다.

손가락이 열 개이기 때문인지 역사적으로 세계의 많은 문화권에서 십진법을 써왔지만 20진법이나 60진법을 쓴 문화권도 있다. 아마도 0의 용법을 발견하기 전이라 자릿수를 활용하기가 불편했고, 10보다 더 큰 수를 이용한 진법을 쓰는 편이 일상생활에 더 편했기 때문일 것이다. 그다지 크지 않은 수에 대해서는 두 자릿수 또는 세 자릿수를 쓰지 않아도 되니까 말이다. 프랑스어에는 아직도 20진법의 흔적이 생생히 남아 있다. 그래서 예컨대 81은 $4 \times 20 + 1$(quatre-vingt-un)이라고 하고, 90은 $4 \times 20 + 10$(quatre-vingt-dix)이라고 한다.

현대 수학에서는 0을 무엇이라고 정의할까? 0이란 '덧셈에 대한 항등원(어떤 수에 대해 연산한 결과가 처음의 수와 같도록 만들어주는 수)'이다. 즉, 모든 실수 x에 대해 등식 $x + 0 = x$가 성립하도록 하는 수이다.

기호의 혁명과 수학의 혁신

유럽 문명이 크게 발전하기 시작한 16세기에는 당연히 수학도 발전했다. 16세기에는 이탈리아반도를 중심으로 3, 4차방정식의 일반해를 찾는 과정에서 수학이 발전했다. 이 시기 수학의 발전은 새로운 기호를 낳고 또 새로운 기호는 수학의 발전을 이끄는 순환이 시작되었다. 특히 17세기 초반에 이뤄진 '문자 계산' 방식은 수학에 혁신을 가져왔다.

이처럼 16~17세기에는 많은 수학 기호가 발명되고 채택되었다. 이 시기에 발명된 여러 가지 기호와 문자 계산에 대한 이야기, 미적분학과 연관된 기호 이야기, 그리고 위대한 수학자 레온하르트 오일러(Leonhard Euler, 1707-1783)가 기호 발전에 기여한 이야기 등은 뒤에 자세히 나올 것이다.

수학은 발명인가, 발견인가

수학에서 다루는 내용들이 발명에서 비롯된 것인지, 아니면 발견에서 비롯된 것인지 궁금해하는 이들이 꽤 많다. '외계인에게도 수학이 있다면 그 내용은 우리의 것과 똑같을까, 혹은 전혀 다를까?'라는 질문과도 유사하다 하겠다. '수학의 수많은 내용 중에는 세상의 섭리를 발견한 것과 순전히 수학자들의 상상을 통해 인위적으로 만들어진 것이 섞여 있을 텐데, 그렇다면 그중에 어느 쪽의 비중이 더 큰가?'가 좀 더 정확한 질문일 것이다.

수학 이외의 과학에서는 발견이 중시되지만 수학에서는 공식과 같은 언어적 표현이 중시되기 때문에, 수학은 수학자들의 발명품이 아닌가 하는 생각을 할 수 있다. 하지만 수학의 언어가 품고 있는 핵심적인 내용 대부분은 '발견'이라고 보는 것이 타당하다. 수학은 오랜 세월 동안 세상의 진리를 발견하고자 하는 과정을 통해 발전되어 왔기 때문이다. 진리 탐구는 수학의 핵심적 가치이다. 그래서 외계인들의 수학과 지구의 수학은 그것을 표현하는 기호와 언어는 달라도 그 안의 진리는 별 차이가 없을 것이라고 생각한다.

오랫동안 서로 독립적으로 발전한 지역의 수학을 비교해도 그들이 발견한 내용이 거의 동일함을 알 수 있다. 고대에는 이집트와 메소포타미아의 수학이 그러하고, 근대까지는 서양과 동양의 수학이 그러하다. 그래서 수학은 서로 다른 문명 간에도 어느 쪽이 더 발달했는지 우열을 가르기가 비교적 쉬운 편이다.

수학에서도 기호 만들기, 개념 정리하기, 이름 붙이기 같은 '발명'의 작업이 필요하다. 수학적 개념과 용어로부터 파생되는 추상적이고 인위적인 문제들도 있고, 수학자들이 만든 추상의 세계에만 존재하는 수학적 개념들도 많다. 하지만 그러한 것들도 궁극적으로 현실과의 연결성이 떨어진다면 별 가치가 없다고 평가된다.

수학 중에서도 특히 기하는 대부분의 내용을 발견했다고 하는 편이 바르다. 고대 그리스 이후로 2000년 이상 연구된 고전적 평면기하만 보더라도 그것의 핵심은 메넬라우스정리, 파푸스정리, 체바정리, 파스칼정리, 심슨정리 같은 수많은 발견들이다. 평면기하에서 지금까지 발견된 사실을 다 모은다면 아마도 수만 개에 이를 것이다.

그리스의 수학자들은 기하를 공부하며 자신들이 발견한 뜻밖의 규칙성과 아름다움에 매료되었다. 기하 공부를 통해 자연이 품고 있

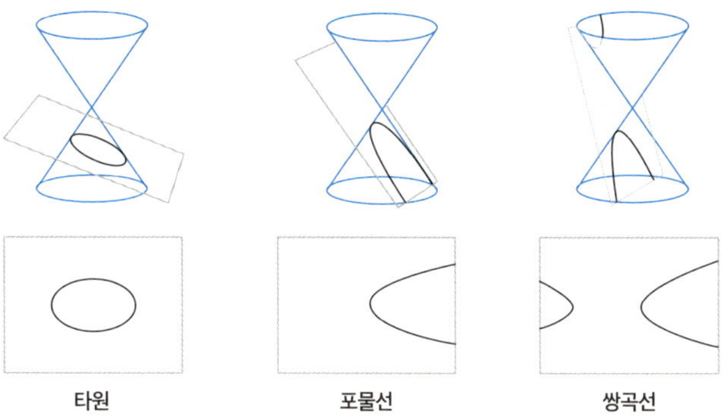

→ 원뿔곡선

는, 신이 창조한 듯한 신비를 찾아나간다는 느낌을 갖게 되었고, 그래서 그들은 기하를 높이 숭상했다. 플라톤이 기원전 387년에 세운 교육기관 아카데미아의 입구에 '기하를 모르는 자는 이 문으로 들어오지 말라'라는 간판이 걸려 있었다는 이야기는 너무나 유명하다.

고대 그리스인들은 원뿔곡선(conic curves)을 발견했다. 원뿔을 평면으로 자를 때 그 각도에 따라 단면이 타원,* 포물선, 쌍곡선을 이루는 것이다. 이러한 원뿔곡선들은 현대에 와서는 x와 y에 대한 2차식으로 나타낼 수 있으므로 2차곡선이라고도 부른다. 이 곡선들의 영어 표현인 ellipse, parabola, hyperbola는 각각 '모자람', '꼭 맞음', '넘침'을 뜻하는 그리스어로부터 유래되었는데 이 이름들은 아폴로니우스(Apollonius, BC 262–BC 190)가 저술한 책에 등장한다. 우리가 일상에서 접하는 '곡선' 중 대부분이 원뿔곡선이라는 점을 생각하면, 당대의 수

* 원은 타원의 특수한 형태라 볼 수 있다.

학자들이 이를 이미 이해하고 있었던 사실은 실로 놀랍다.*

기하 이외에도 실수와 복소수, 좌표와 그래프, 미적분학, π(파이)와 e(오일러수), 벡터와 행렬 등은 수학자들이 만들어낸 추상적인 개념이지만 이것들은 매우 보편성을 가지고 있어 발명보다는 발견에 가깝다고 보는 게 타당하다. 이런 것들은 필수적인 수학 개념이어서 다른 외계 문명이 있다면 그들도 이와 똑같은 개념을 만들어 쓸 것이다. 이것들 외에도 정수와 소수(prime number), 다항식, 2차방정식의 근의 공식, 삼각함수, 지수함수, 인수분해 등 대다수의 기초적인 수학 개념은 모두 보편적이고 우주적인 개념이지, 지구에 사는 수학자들의 상상 속 세계에만 존재하는 것은 아니다.

수학을 공부하다 보면 아름답고 신기한 공식과 정리들을 만나게 된다. 미적분학에서만 해도 미분과 적분의 관계를 하나의 등식으로 표현한 미적분학의 기본 정리, 코시-슈바르츠부등식, 다변수 적분에 등장하는 스토크스정리와 가우스의 발산정리, 복소수함수의 선적분에 등장하는 아름다운 등식인 코시의 적분공식 등을 만날 수 있다.

수학적 언어는 수식으로만 구성되어 있지 않다. 수없이 많은 정리와 이론이 수식만이 아닌 다양한 수학적 개념과 용어로 표현된다. 또한 정리, 이론, (추상적 또는 기하적) 개념, 용어는 각각 그 형태는 다르지만 모두 수학적 언어의 핵심 구성 요소가 된다. 갈루아이론의 예를 들어보자. 프랑스의 에바리스트 갈루아(Évariste Galois, 1811-1832)가 십 대 후반의 나이에 찾아낸 이 이론은 역사상 가장 아름답고 위대한 정리 중 하나이면서, 그것이 의미하는 바가 너무나 크기 때문에 단순히 정

---

* 다른 곡선들은 대부분 17세기 데카르트의 해석기하학 발견 이후에 수식으로 밝혀진 것들이다.

리(theorem)라는 말 대신 이론(theory)이라는 말로 부른다. 갈루아이론을 이용하면 '5차 이상의 방정식은 일반해를 구하는 공식이 존재할 수 없다'*라는 사실을 간단히 증명할 수 있다. 그가 발견한 새로운 이론은 마치 신이 알려준 사실처럼 놀랍고 아름답다. 이 이론에 등장하는 갈루아대응은 수학에서 일종의 철학적 일반성을 갖고 있어서, 신기하게도 필자의 전공 분야이자 방정식의 해법과는 전혀 무관한 기하적 분야인 위상수학에서도 등장한다.

* 4차방정식까지는 일반해를 구하는 공식이 있다. 2차방정식은 중학교 3학년 과정에서 배우는 근의 공식이 바로 그것이다. 반면 3, 4차방정식은 공식이 노트 한 페이지가 넘어갈 정도로 길고 복잡하다. 3차 이상 방정식의 각 공식을 찾기 위해 16세기 내내 수학자들이 분투했으나 5차방정식의 공식은 끝내 찾지 못했는데, 그 공식이 존재하지 않는다는 사실을 갈루아가 증명한 것이다.

2장

문명:
수학사는 과학사이자 문명사이다

수학의 역사가 곧 과학의 역사이자 문명의 역사이다. 예전에는 수학이 과학과 한 몸이기도 했지만 수학(mathematics)은 오랫동안 아주 넓은 의미의 학문이었다. Mathematics라는 말의 어원인 그리스어 마테마(μάθημα)는 '배워서 얻은 것'의 의미를, 마테마티코스(μαθηματικός)는 '지식에 관련된 것'이라는 의미를 갖는데, 이는 훗날 '수학적인' 또는 '수학자'라는 뜻이 되었다. 이러한 어원은 수학이 단순히 숫자와 계산뿐 아니라 더 넓은 지식 추구의 영역으로 인식되었음을 잘 보여준다.

과학의 역사는 아직 '프롤로그'를 넘기지 못했다

흔히 현대는 첨단 과학기술의 시대라고 말하지만, 사실 우리는 과학의 여명기에 살고 있다. 과학기술이 우리의 삶을 본격적으로 조형하기 시작한 것은 인류 역사로 보면 불과 몇백 년 전이다. 호모사피엔스가 지구상에 출현한 이후, 이집트 문명이 피어난 지 5000년이 지났고 튀르키예에서 발견된 괴베클리 테페 같은 유적은 놀랍게도 1만 2000년이 넘었다고 한다. 이렇게 오랜 세월 동안 인류가 문명을 발전시켜 왔지만 과학의 힘이 일상에 깊숙이 스며들어 사람들의 생활을 변화시킨 것은 고작 200년 전에 시작된 일이다. 그 이전까지 지구상에 살았던 보통 사람들의 일상생활은 500년 전이나 1000년 전이나 별반 다르지 않았다.

우리가 현재 과학의 여명기에 살고 있다는 자각은 현대 과학에 대한 세 가지 현실적인 통찰로 이어진다. 첫째, 과학은 발전의 한계에 도달한 것이 아니라 이제 시작 단계이기 때문에, 우리가 잘 모르던 사실들을 앞으로 새롭게 알아가게 될 것이라는 점이다. 우리가 그동안 발견하고 해결하지 못한 문제가 무수히 많고 언젠가는 그것들을 다 해결할 수 있게 되리란 인식은 과학의 가치를 높여준다.

둘째, 아직 과학이 덜 성숙했다는 인식은 과학에 대한 좀 더 긍정적인 시각을 불러올 수 있다. 지금까지는 과학 발전의 초기였기 때문에 환경오염과 지구온난화와 같은 부작용이 발생했지만, 과학이 더 발전한다면 그러한 문제들마저 극복하리란 믿음을 가질 수 있을 것이다. 좋지 않은 부작용은 미숙한 과학기술의 소산일 뿐이라는 인식이다.

셋째, 과학의 발전 가능성이 무궁무진하다는 관점은 현재 그다지 쓸모없어 보이는 기초학문이자 순수학문으로서의 과학과 수학의 가치를 이해하도록 돕는다. 당장 활용될 곳이 보이지 않는 추상적인 개념과 수학자들이 풀고 있는 고난도의 문제가 미래에 언젠가는 유용하게 쓰이리란 믿음에 도움을 준다. 비록 지금은 수학적 발견들의 유용성이 명확하지 않더라도, 미래의 과학 발전을 위한 중대한 초석이 될 가능성이 높다. 지금 당장 실용성이 큰 과학과 수학만을 추구하는 사람들에게는 여전히 과학에는 기나긴 앞날이 남아 있다는 인식이 필요하다.

인류의 미래는 어둡지 않다

미래에 AI의 발달과 침습으로 인해 많은 사람이 직장을 잃고 살기 어려운 세상이 오지 않을까 불안해하는 이들이 있다. 과학기술이 크게 발전함에 따라 전 세계의 극히 소수만이 행복해지고 대다수의 사람은 지금보다 더 불행해지지 않을까, 자기만 도태되지 않을까 하는 막연한 불안감을 가질 수 있다.

환경이 점점 나빠져서 지구가 더 이상 살기 어려운 행성으로 변할 것이라 믿는 사람들도 있다. 미래를 그렇게 묘사한 SF 영화나 소설이 사람들의 시각에 영향을 미쳤을 것이다. 어두운 미래라는 소재는 굳어진 통념이 되어버렸다. 밝은 미래보다는 어두운 미래를 주제로 한 이야기가 더 큰 재미와 감동을 주는 모양이다. 과연 100년 후 지구는 어떻게 변해 있을까? 그때도 지구 환경은 점점 더 나빠지고 사람들은 점점 더 살기 힘들어하고 있을까? 심지어 지구가 이미 사람이 살 수 없는 행성으로 변해 있지는 않을까?

실제로 지구온난화와 환경오염 문제는 심각하다. 북극과 남극의 빙하가 녹아 해수면이 상승하고, 지구 곳곳이 폭우와 가뭄으로 시달리고 있다. 숲이 줄어드는 문제도 마찬가지다. 브라질 아마존을 중심으로 한 세계적인 열대우림의 파괴에 대해 많은 이가 걱정하고 있다. 한

인류 문명이 시작한 그 순간부터 아직 오지 않은 미래에 이르기까지 수학은 언제나 문명 발전의 중요한 지적 토대가 되어왔다.

때 지구 면적의 14%를 차지하던 열대우림이 지금은 8%밖에 남지 않았다. 매년 1200만 헥타르의 열대우림이 사라지고 있는데 이는 1분마다 축구장 30개 면적에 해당하는 밀림이 없어지는 것이다. 플라스틱에 의한 환경오염은 더욱 문제다. 태평양 한가운데에 한반도 면적의 7배가 넘는 플라스틱 섬(Great Pacific Garbage Patch)이 있다.

그러나 이런 환경 문제가 곧바로 인류의 멸종으로 이어지는 일은 상상하기 어렵다. 인류가 이미 환경 문제를 심각하게 받아들여 개선의 노력을 시작한 지 여러 해가 지났고, 지난 몇 년간 실제로 가시적인 성과들을 거두고 있다. 소행성 충돌이나 핵전쟁과 같은 잠재적 위험도 있지만 그 확률도 그다지 높지는 않다. 인류가 멸종하지 않고 일부만이라도 살아남는다면 과학은 지속적으로 발전할 것이다.

실제로 오랜 세월 동안 과학과 수학은 인류의 삶의 질과 행복 지수를 높이는 데에 공헌했다. 200년 전 또는 그 이전의 인간과 현대인들의 삶을 비교해 보면 과학이 가져온 변화를 한눈에 알 수 있다. 과거의 사람들이 살아가면서 가졌던 최대 관심사 세 개를 꼽는다면 죽음, 전쟁, 종교가 아닐까 싶다. 인간은 예나 지금이나 늘 가까운 이들의 죽음을 목격하며 살아왔지만, 질병이 일상이던 과거에는 그 빈도가 훨씬 높았다. 또한 예전에는 온 국민이 나라가 치르는 전쟁에서 승리하기 위해 전력을 다해야 했다. 대다수 국가에서는 전쟁의 승리가 그 어떤 다른 가치보다 우선시되었다.

현대인들이 갖는 관심사 세 개를 꼽는다면 무엇일까? 날이 갈수록 삶의 형태가 다양해져서 모두가 같은 답을 내놓지는 않겠지만 가장 보편적인 것을 꼽으라면 돈, 일, 건강이 아닐까? 그만큼 현대인들은 예전 사람들에 비해 행복한 삶을 살고 있는 것이다. 그게 모두 과학의 발전 덕분이다.

과학기술의 발전은 비록 초기에 부작용을 동반하더라도 장기적으로는 인간의 행복을 증진하는 방향으로 발전할 것이다. 대부분의 수학자와 과학자는 합리적이고 정의롭기도 하거니와, 삶이 풍요로워질수록 대체로 사람들은 점점 더 선량해지는 법이다. 합리적인 접근과 절제를 통해, 과학자들은 변화의 수단을 인간의 발전과 복지에 기여하는 방향으로 설정하게 될 것이다.

21세기, 새로운 과학혁명의 시대가 도래한다

과학과 기술이 진보함에 따라 우리가 요즘 생활에서 크게 느끼는 변화들은 주로 의학, 생물학, 우주과학 등의 발전이나 혹은 화학제품, 전기제품, 자동차, 항공기, 컴퓨터 등의 혁신에 따른 것들이다. 앞으로는 AI와 빅데이터가 사람들의 삶에 더 큰 변화를 가져올 것이다.

과학의 역사를 돌이켜 보면 엄청난 변화는 언제나 있어왔다. 요즘 많은 이가 "과학기술의 발전 속도는 점점 빨라져서 몇십 년 후의 세상은 지금과는 완전히 달라질 것이다"라고 말하지만 인류는 이미 과학기술의 발전에 따른 급격한 변화를 경험한 바 있다. 증기기관이 산업 생산의 기본을 완전히 바꾸고, 철로 만든 기차가 연기를 뿜으며 달리고, 전기의 힘으로 궁전과 도시의 밤거리를 밝히고, 전화를 통해 먼 거리의 사람들과 대화하고, 소리를 녹음해 축음기로 음악을 듣고, 비행기가 하늘을 날아다니는 것을 본 사람들의 충격은 요즘 IT 발전으로 우리가 느끼는 충격보다 결코 더 작지는 않았을 것이다.

지금 이 순간 AI가 세상을 바꾸는 속도와 규모가 너무 빠르고 거대하게 느껴진다면, 그것은 모두 우리가 그 변화의 한복판에 서 있기 때문이다. 역사로 흘러간 일을 멀리서 바라보는 것과, 눈앞에서 목도하고 체감하는 것은 다르기 때문이다.

발견의 시대

수로 세상을 이해하다

이집트:
현대 수학의 오래된 시작점

고대 이집트의 수학은 인류가 기록으로 남긴 수학 중 가장 오래된 것이다. 이집트는 수학만 살펴보아도 그 문명의 높은 수준을 엿볼 수 있다. 여러 문화권의 전반적인 수준과 사회상을 비교할 때 수학은 좋은 잣대가 되어준다. 이집트 수학은 그리스 수학처럼 철학자의 사유에서 나온 것은 아니었다. 국가를 운영하기 위해 절박하게 필요해 나왔다. 나일강이 범람할 때마다 토지를 새롭게 측량하고, 노동자들에게 임금을 배분하며, 어마어마한 건축물들을 짓기 위해서는 정확한 수와 도형의 언어를 다룰 수 있어야 했다. 오늘날 우리가 알고 있는 이집트 문명은 수학 없이는 존재할 수 없었다. 이집트 문명은 지구상의 어떤 인류 문명보다도 훨씬 일찍이 깜짝 놀랄 만한 발전을 이루었다. 발전한 시기가 타 문명보다 지나치게 이르고 그 수준도 너무 높다 보니 이것이 외계인이 이룬 문명이라고 하는 공상소설과 영화도 자주 등장한다.

피라미드: 정교한 설계로 이루어진 불멸의 건축

이집트의 고대 문명은 지금까지 남아 있는 거대한 피라미드들을 통해 대중에게 잘 알려져 있다. 피라미드의 역사는 이집트 제3왕조(BC 2670?-BC 2613) 시대에 시작되었고 최초의 피라미드는 파라오 조세르(Djoser, BC 2670?)를 위해 건축가 임호테프(Imhotep, ?-?)가 설계한 계단식 피라미드였다. 나일강 서안 사카라에 위치한 이 피라미드는 6단의 계단 구조로 이뤄져 있으며, 기존의 평평한 무덤인 마스타바를 수직으로 쌓아 올린 형태이다.

현재 이집트의 수도인 카이로 도심에서 서쪽으로 가다 보면 나일강이 남북으로 흐르는데, 강을 건너면 기자(Giza)라는 지역의 사막 한가운데에 서 있는 거대한 피라미드 세 기(基)를 볼 수 있다. 이 중 가장 큰 피라미드가 바로 유명한 파라오 쿠푸(Khufu, BC 2589-BC 2566)의 피라미드이다. '기자의 대피라미드'라고도 불리는 이것은 대략 기원전 2700년에서 기원전 2500년 사이에 축조된 것으로 추정된다. 이 시기는 이집트 제4왕조(BC 2613-BC 2494) 시대로 피라미드 건설의 황금기였다. 기자의 대피라미드는 높이 약 146.5미터로, 14세기 잉글랜드에 링컨대성당이 완공되기 전까지 세계에서 가장 높은 건축물이었다.

이집트에는 현재까지 약 130기의 피라미드가 발견되었으며, 이것들은 고대 이집트의 뛰어난 건축 기술과 경제적, 사회적 규모를 보여주는 중요한 문화유산으로 남아 있다. 쿠푸왕의 피라미드를 대표적으로 살펴보자면 이 피라미드 건설에 사용된 약 230만 개의 돌들은 나일강 상류에서 캐서 운반했으며 그 무게가 약 2톤부터 최대 50톤에 이른다고 한다. 피라미드의 내부도 정교한 3차원 설계를 바탕으로 지어진 것으로, 짐작건대 당시 피라미드를 건설한 사람들은 상당히 높은 수준의 수학을 이해하고 활용했음을 알 수 있다. 게다가 이집트 전역의 모든 피라미드는 밑면을 이루는 정사각형의 각 변이 정확하게 동서남북을 가리키고 있다.

이집트인들은 피라미드뿐만 아니라 곳곳에 거대한 신전과 신상, 그리고 오벨리스크 등의 거대한 유적들을 많이 남겼다. 고대 이집트의 수도이기도 했던 남부 도시 룩소르(과거의 테베)에는 특히 유적들이 많다. 투탕카멘의 무덤을 발견한 장소로 유명한 왕가의 계곡에는 비밀스러운 왕의 무덤들이 산재해 있고 멤논의 거상, 룩소르 신전, 카르나크 신전 등이 자리 잡고 있다. 이곳을 방문한 사람들은 고대 이집트인들의 엄청난 스케일에 압도당한다. 역사에 관심이 있는 독자라면 꼭 한 번 방문해 보기 바란다.

아쉽게도 이집트 전역의 피라미드, 석상, 신전 들은 모두 심하게 훼손되어 있다. 왕가의 계곡에 있는 파라오의 무덤들도 철저하게 도굴을 당했는데 이는 오랫동안 지방 정부 또는 군대가 주도한 일이다. 왜 이런 거국적인 파괴 행위가 이루어졌을까? 그것은 바로 이 땅에 이슬람이라고 하는 새로운 종교가 상륙했기 때문이다. 유일신을 믿는 이슬람교도에게 고대 이집트의 유물은 부끄러운 유산이고 없어져야 할 대상일 뿐이었다. 종교로 인한 역사적 유물의 파괴는 세계 곳곳에서 오랫동안 발생해 왔고 심지어는 현대에도 일어나고 있다. 21세기 초 아프가니스탄에서 이슬람 극단주의자 탈레반에 의해 저질러진 바미안 석불의 폭파는 세계를 놀라게 한 바 있다.

이집트 기자 평원에 자리한 세 기의 피라미드로, 맨 뒤에서부터 순서대로 파라오 쿠푸, 카프레 (Khafre, 쿠푸의 아들), 멘카우레(Menkaure, 카프레의 아들)의 피라미드이다. 중앙의 카프레 피라미드가 높은 암반 위에 건설되어 있어 더 커 보이지만, 실제로는 쿠푸의 피라미드가 가장 높고 크다.

오벨리스크: 잠들어 있던 문명의 재발견

찬란했던 고대 이집트 문명은 오랫동안 기독교 세계에 살고 있던 유럽인들에게는 잊힌 먼 옛날의 전설과 같은 것이었다. 그러던 중 1798년 나폴레옹의 이집트 원정은 유럽인들에게 이집트에 대한 뜨거운 관심을 불러왔다. 나폴레옹은 원정 이전부터 학술 조사를 했을 뿐 아니라 약 150명의 과학자와 예술가 들을 데려갔다. 원정대는 고대 이집트의 유물들을 체계적으로 조사하고 기록했으며, 이것이 현대 이집

→ **이집트 아스완의 미완성 오벨리스크**
나일강 오른쪽 기슭의 도시 아스완은 화강암의 주산지였다. 고대 이집트인들이 이 아스완 채석장에서 거대한 한 덩어리의 돌을 자르고, 옮기고, 세우는 모습을 상상해 볼 수 있다.

트학(Egyptology)의 출발점이 되었다.

유럽의 과학자들은 오벨리스크에 열광적인 관심을 보였다. 그 이유는 이 아름다운 건축물이 고대 이집트인들이 도달했던 높은 수학과 과학의 수준을 대변하기 때문이다. 수백 톤에 달하는 하나의 거대한 화강암 덩어리를 깎아 만든 오벨리스크는 설계 단계부터 조금의 수치 오류도 허용되지 않았는데, 이에는 고도의 산술 능력이 요구된다. 위로 갈수록 좁아지는 사각형 기둥 몸체를 유지하면서 수십 미터 높이로 솟게 하려면 정확한 기울기 계산과 기하학적 비례가 필수적이었다. 거대한 암석을 수직과 수평이 완벽하게 맞도록 깎아낸 기술은 당시 이집트인들이 피타고라스정리와 같은 원리를 실무에 응용하고 있었음을 보여준다. 또한 오벨리스크는 특정 절기나 천문 현상에 맞춰 그림자의 위치나 빛의 각도를 계산해서 배치되었는데, 이는 시간 측정과 천체 관측을 위한 정교한 삼각법 지식이 존재했음을 의미한다. 게다가 수백 톤의 석재를 아스완 채석장에서 수백 킬로미터 떨어진 곳으로 옮기고, 이를 수직으로 세우는 과정에는 하중 분산, 지레의 원리, 경사면 계산 등 복합적인 물리적, 수학적 계산이 필요하다. 이처럼 정교하고 거대한 건축물들을 통해 고대 이집트인들이 이룬 기하학, 부피 계산, 삼각법 등의 수학적 이해를 엿볼 수 있다.

오벨리스크를 유럽으로 운반해 오는 것은 당시에는 매우 어려운 일이었다. 가장 유명한 사례는 1830년대 이집트 정부에서 선물한 오벨리스크를 프랑스 파리로 옮겨온 것이었다. 이 오벨리스크는 원래 룩소르 신전에 한 쌍으로 세워져 있었는데, 이집트 제19왕조 람세스 2세(Ramses II, BC 13C?)의 이름도 새겨져 있다. 높이 23미터, 무게 222톤, 받침대까지 합하면 33.37미터, 240톤에 달하는 이 오벨리스크를 운반하기 위해 프랑스는 특수한 배를 건조했다. 이 배는 우여곡절 끝에 나일강 하구 로제타(오늘날의 라시드)와 알렉산드리아를 거쳐 프랑스로 향했다. 그 후 증기기관과 돛을 갖춘 스핑크스호의 견인을 받았으며 센강을 거슬러 올라 1833년 12월 파리에 입성했다.

그로부터 3년 후 콩코르드 광장의 정중앙에 이 오벨리스크를 세워 올리는 행사가 성대하게 치러졌다. 오벨리스크 운반과 설치의 전 과정은 유럽 전체를 떠들썩하게 했고 여러 나라가 자국의 긍지를 높이기 위해 오벨리스크 수집 경쟁에 뛰어들었다. 예를 들어 런던에는 일명 '클레오파트라의 바늘'이라 불리는 오벨리스크가 템스강 변에 세워졌다,

오벨리스크의 옆면에는 상형문자로 '람세스 2세'라고 쓰여 있다. 상형문자를 둘러싼 타원형의 테두리는 '카르투슈(cartouche)'라고 부르는데, 고대 이집트의 벽화나 오벨리스크에는 이처럼 파라오의 이름과 카르투슈가 함께 그려져 있다.

실은 오벨리스크에 대해 관심을 가졌던 원조 국가는 로마제국이었다. 현재 이탈리아의 수도 로마에는 열세 개의 오벨리스크가 세워져 있다. 여덟 개는 이집트에서 가져왔고 다섯 개는 로마제국이 세웠는데, 그중에서도 라테란 오벨리스크는 현존하는 가장 큰 고대 오벨리스크이다.

4세기부터 로마제국의 새로운 수도였던 콘스탄티노플과 오늘날 튀르키예의 도시 이스탄불에 위치한 술탄아흐메트 광장에도 멋진 오벨리스크가 서 있다. 이것은 390년 테오도시우스 1세(Theodosius I, 347-395)가 이집트에서 들여왔다. 붉은 화강암을 조각한 것으로, 원래는 기원전 1490년 투트모세 3세(Thutmose III, BC 1481?-BC 1425) 시대에 룩소르의 카르나크 신전에 세워져 있었다.

미국의 수도 워싱턴 D. C.에 위치한 워싱턴 기념탑은 세계에서 가

장 높은 석조 구조물(약 170미터)이자 오벨리스크 형태의 탑으로 화강암, 대리석 등으로 만들어졌다. 오벨리스크가 영원성, 권위, 신성함을 상징한다고 여겼기 때문에 이러한 형태로 건설한 것이다.

파피루스: 문자와 생각의 매체

이집트 문명의 발전에 파피루스(papyrus)는 큰 역할을 했다. 종이를 뜻하는 영어 paper의 어원이기도 한 파피루스는 나일강 유역 늪에서 자라는 식물로, 자연이 이집트에 준 선물이었다. 어느 고대 문명이든 적을 곳이 있어야 문자도 만들어지고 문자로 생각을 전달할 수 있는 법인데 문자를 적을 재료를 자연에서 구하는 일은 쉽지 않았다. 메소포타미아 문명은 진흙판에 쐐기문자를 썼고 황하 문명은 갑골(거북의 등딱지나 동물의 뼈)에 갑골문자를 쓰거나 죽간(대나무 조각), 양피지(동물의 가죽)를 활용했다.

파피루스는 종이와 헝겊의 중간 형태로, 만들기도 쉽지만 잘 부식하지 않아 오래 보존될 수 있다는 장점이 있다. 필자는 이집트에 가서 파피루스를 직접 만들고 그 위에 글을 쓰는 체험을 해본 적이 있다. 이 신기한 작품 몇 점을 집 안에 붙여놓고 30년 가까이 옛 이집트인들과 교감하고 있다.

린드 파피루스: 원주율의 근삿값을 구하다

고대 이집트의 수학이 특별히 중요한 이유는 고대 그리스의 초기 수학에도 영향을 미쳤기 때문이다. 탈레스, 피타고라스 같은 그리스 수학자들이 이집트를 여행하며 수학 지식을 배웠다는 기록이 있다. 그리스 수학이 현대 수학의 원류이기 때문에 결국 이집트 수학이 바로 현대 수학의 시작점이라고 할 수 있다.

스코틀랜드의 젊은 고고학자 알렉산더 헨리 린드(Alexander Henry Rhind, 1833-1863)는 1858년 이집트에서 기원전 1650~1550년 무렵 서기관 아메스(Ahmes)가 기록한 파피루스를 발견한다. '린드 파피루스'라고 불리는 이 파피루스는 더 오래된 기원전 2000~1800년경의 텍스트를 베껴 쓴 것으로 여러 수학 문제와 해법이 기술되어 있다. 주요 내용으로는 분수 계산, 면적과 부피 계산, 비례와 분배 문제, 기하학적 계산 등을 담고 있다.

고대 이집트인들은 십진법을 썼지만 자릿수의 개념과 0이라는 수의 존재를 알지 못했기 때문에, 큰 수를 적을 때는 1, 10, 100, 1000 등을 가리키는 기호를 필요한 만큼 단순 나열해서 표현했다. 예를 들어 276과 같은 수는 '100+100+10+10+10+10+10+10+10+1+1+1+1+1+1'로 나타낸 것이다.

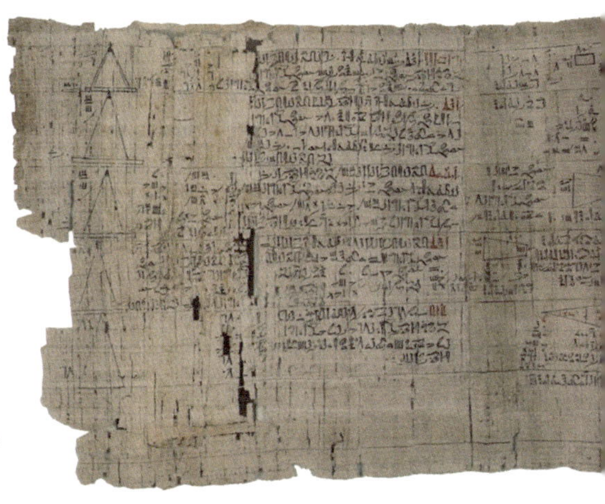

→ **린드 파피루스**

총 길이가 약 5미터에 폭은 약 32센티미터로, 린드가 구매했던 파피루스는 이 중 약 3미터이며 현재 대영박물관에 보관되어 있다. 나머지 약 2미터의 부분은 미국인 에드윈 스미스(Edwin Smith, 1822-1906)가 1860년대에 구매한 것으로 현재 미국의 브루클린미술관에 보관되어 있다.

이집트 수학은 도형 및 공간의 성질을 다루는 기하의 수준은 높았지만 문자를 사용해 수의 관계, 성질, 계산 등을 다루는 대수의 수준은 높지 않았다. 수를 표기하는 법도 불편했고 곱셈을 계산할 때는 일종의 거듭 덧셈으로 답을 구했다.

이집트인들은 특이하게도 분자가 1인 분수만 사용했는데, 이러한 분수를 이집트 분수 또는 단위 분수라고 부른다. 일반적인 분수는 이러한 단위 분수들의 합으로 나타냈다. 예를 들어 $\frac{3}{5}$ 은 $\frac{1}{2}+\frac{1}{10}$ 로 표현했다. 린드 파피루스에 등장하는 분수 계산의 예를 하나 들어보자.

$$\frac{2}{29} = \frac{1}{24} + \frac{1}{58} + \frac{1}{174} + \frac{1}{232}$$

분수 표기법과 곱셈법 등이 제대로 개발되지 않은 상황임에도 불

							→	
1	10	100	1000	10000	100000	10^6		276

1은 막대기 또는 한 획, 10은 뒤꿈치 뼈, 100은 감긴 밧줄, 1000은 연꽃, 1만은 구부린 손가락, 10만은 올챙이, 100만은 놀란 사람 또는 이집트의 신 헤(Heh)이다. 또한 이집트인들은 단위 분수 $\frac{1}{n}$ 을 나타낼 때, 정수 n 위에 분수를 의미하는 '입' 모양의 기호를 써서 표시했다.

구하고 이와 같은 복잡한 계산을 해내는 수학자들이 존재했다. 린드 파피루스에는 이처럼 $\frac{2}{n}$ 꼴의 분수를 단위 분수의 합으로 나타내는 50개의 예(n이 3부터 101까지)가 소개되어 있다.

이 외에도 91개의 문제가 서술되어 있는데 지금은 이 문제들에 고유의 번호가 매겨져 있다. 예를 들어 제41번은 원기둥의 부피를 구하는 문제로, 이를 통해서 이집트인들이 사용했던 원주율 π의 값을 알 수 있다. 이 문제에서는 밑면 지름의 길이가 d이고 높이가 h인 원기둥의 부피 V를 다음과 같이 나타내고 있다.

$$V = [(1-\frac{1}{9})d]^2 h$$

즉, 밑면인 원의 넓이를 $[(1-\frac{1}{9})d]^2 = (\frac{8}{9}d)^2 = \frac{256}{81}r^2$ 로 표현한 것이다(여기에서 r은 반지름의 길이이므로 $d=2r$). 이것은 원주율을 $\frac{256}{81} \approx 3.1605$ 로 쓴 것이다. 3.14와 매우 가까운 값을 상용적으로 썼다는 사실은 이집트인들의 수학 수준이 매우 높았다는 것을 의미한다. 메소포타미아, 중국 등에서는 원주율을 통상적으로 3으로 사용했다.

모스크바 파피루스: 피라미드의 부피를 계산하다

고대 이집트 수학의 수준을 파악할 수 있는 또 다른 유물로 모스크바 파피루스가 있다. 러시아의 블라디미르 골레니셰프(Vladimir Golenishchev, 1856-1947)가 1893년경 룩소르에서 구입했는데, 린드 파피루스보다 약 200년 정도 더 오래된 것이다. 길이는 5.5미터 정도이나 폭은 3.8~7.6센티미터 정도로 좁은 편이다. 린드 파피루스에 비해 내용이 적고 설명이 자세하지 않다. 여기에 서술된 수학 문제들은 1930년경 바실리 스트루베(Vasily Struve, 1889-1965)가 고유 번호를 붙여 25개로 정리했다.

린드 파피루스에 대수적인 내용이 많다면, 모스크바 파피루스는 주로 기하적인 내용으로 이뤄져 있다. 25개의 문제 중 제10번과 제14번 문제가 유명하다. 제10번 문제는 반구의 겉넓이에 대한 문제로 지름의 길이가 d인 바구니의 겉넓이 A를 다음과 같이 서술하고 있다.

$$A = (((2 \times d) \times \frac{8}{9}) \times \frac{8}{9}) \times d$$

이 식을 정리해 보면 $A = \frac{128}{81}d^2$이 되고, 이것을 다시 반지름의 길이 r을 써서 나타내면 바로 $A = 2(\frac{256}{81})r^2$이 된다(구의 겉넓이는 $4\pi r^2$이므로 반구의 겉넓이는 $2\pi r^2$). 즉 여기서도 이집트인들이 원주율을 $\frac{256}{81} \approx 3.1605$로 썼다는 것을 알 수 있다.

제14번 문제는 잘린 피라미드•의 부피를 구하는 문제이다. 이 파

• 이런 형태의 입체를 각뿔대(frustum)라고 한다.

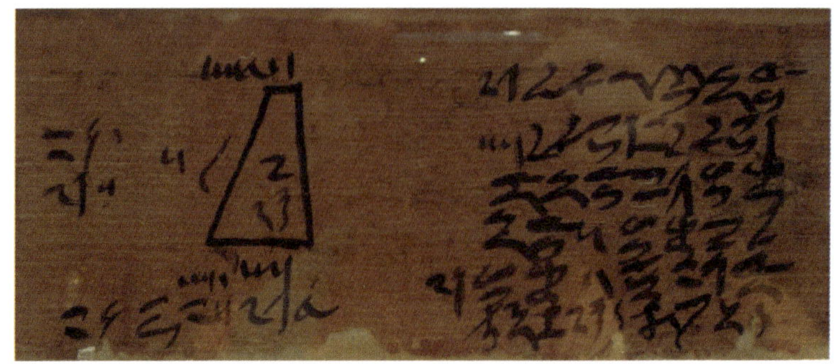

피루스에는 다음과 같이 잘린 피라미드의 부피가 56이라고 정확하게 쓰여 있다. 이것은 그들이 높이가 h이고 윗변과 아랫변의 길이가 각각 a와 b일 때, 입체의 부피가 $V = \dfrac{h}{3}(a^2 + ab + b^2)$이라는 사실을 알고 있었음을 의미한다. 잘린 피라미드의 부피를 구하는 문제는 현대인에게도 꽤 난도가 높다. 계산적, 대수적 방법론이 미흡했던 4000여 년 전의 이집트 수학자들이 그 해답을 찾은 것은 대단한 일이다. 그들은 부피, 겉넓이, 원주율 등의 계산법을 알아냈고, 그들이 찾은 수학적 지식은 그 옛날에도 오늘날에도 변함없이 진리로 남아 있다.

로제타석: 고대 문명사의 미스터리를 푼 열쇠

고대 이집트의 상형문자를 히에로글리프(hieroglyphs)라 한다. 이 문자는 약 기원전 3200년부터 기원후 4세기까지 3500여 년간 이집트에서 사용되었다. 그림 기호들로 이뤄져 있으며 각 기호는 사물, 개념, 소리 등을 가리키는데, 의미를 나타내는 표의문자로 쓰이기도 하고 소리를 나타내는 표음문자로 쓰이기도 한다. 히에로글리프는 특이하게도 왼쪽에서 오른쪽으로 쓰기도 하고 오른쪽에서 왼쪽으로 쓰기도 한다. 물론 오벨리스크 같은 곳에는 세로로 쓴다. 읽는 방향은 사람이나 동물 기호가 바라보는 방향에 따른다.

영국의 대영박물관에는 수많은 유물이 소장되어 있지만 그중에서도 관람객들의 시선을 독차지하다시피 하는 유물이 하나 있다. 그것은 바로 로제타석이다. 이 검은색 화강섬록암은 1799년 나폴레옹의 이집트 원정 중, 나일강 하구 근처의 로제타 지역에서 요새를 건설하던 프랑스 군인 피에르프랑수아 부샤르(Pierre-François Bouchard, 1771-1822)에 의해 우연히 발견되었다. 이후 이집트에서 프랑스를 물리친 영국이 로제타석을 획득해 1802년부터 대영박물관에서 소장하고 있다.

로제타석은 기원전 196년경 제작된 것으로 당시 파라오인 프톨레마이오스 5세(Ptolemy V, BC 210-BC 180)를 찬양하는 내용과 칙령이 적혀 있다. 높이 113센티미터, 너비 75센티미터, 두께 28센티미터의 이 석판이 특별한 이유는 동일한 내용이 서로 다른 세 가지 문자로 새겨져

→ **로제타석**
똑같은 내용이 상단에는 고대 이집트의 신성문자(Hieroglyphs, 상형문자), 중단에는 고대 이집트의 민중문자(Demotic, 신성문자에서 나온 신관문자를 간이화한 문자), 하단에는 고대 그리스어로 쓰여 있다.

있기 때문이다.

고대 이집트 문자는 오랫동안 미스터리의 존재였다. 이 문자를 해석하게 된 결정적인 돌파구는 1822년 프랑스의 언어학자 장프랑수아 샹폴리옹(Jean-François Champollion, 1790-1832)이 로제타석에 적혀 있는 문자를 연구하면서부터 열렸다. 그는 히에로글리프가 단순한 그림문자가 아니라 표음문자와 표의문자가 혼합된 체계라는 사실과 카르투슈(타원형 테두리)로 둘러싸인 기호가 왕의 이름을 나타낸다는 사실을 알아냈다. 그리고 프톨레마이오스와 클레오파트라 등 그리스 이름의 음성 표기를 통해 개별 기호의 음가를 파악했다. 그 이후로도 여러 이집트학자에 의해 문자 해독법이 발견된 덕분에 인류는 파라오의 무덤, 신전, 파피루스에 적힌 수많은 기록을 이해할 수 있게 되었다. 고대 이집트의 종교, 정치, 문화뿐만 아니라 파피루스에 적힌 수학에 대한 이해가 가능해진 것이다. 오늘날 '로제타석'이라는 말은 서로 다른 언어나 체계를 연결해 주는 열쇠라는 의미로 널리 사용되고 있다. 이는 이 돌의 발견이 인류 지성사에 미친 엄청난 영향을 잘 나타내 준다.

4장

메소포타미아와 인도: 60진법과 0이 탄생한 땅

이집트 문명은 다른 문명들과 비교하면 매우 이른 시기부터 발전하였다. 하지만 이에 비견되는 문명이 하나 더 있다. 그것은 바로 기원전 3000년경부터 발전한 메소포타미아 문명이다. 메소포타미아 문명은 유럽 문명의 원류인 그리스와의 연관성이 적다는 이유로 그동안 이집트 문명에 비해 관심을 덜 받아왔으나, 최근의 연구 결과에 따르면 그 수준이 이집트 문명에 비할 정도였다고 한다. 또한 당대에 이집트와의 문화적, 인적 교류가 상상 이상으로 활발했다는 것이 밝혀지고 있다.

한편 인도 문명은 메소포타미아 문명, 이집트 문명과 함께 수학의 3대 고대 문명 중 하나로 평가받는다. 인도 문명도 수학사적으로 매우 중요하다. 이들의 수학이 나중에 이슬람 세계에 영향을 미치고 이슬람의 수학이 다시 유럽에 전파되기 때문이다. 고대 인도 문명은 지리적으로 가까운 메소포타미아의 영향을 받았으며, 그들 사이의 문화적 교류의 흔적은 여러 군데에 남아 있다.

메소포타미아 문명

메소포타미아(Mesopotamia)는 고대 그리스어로 '두 강 사이의 땅'이라는 뜻으로 티그리스강과 유프라테스강 사이의 비옥했던 지역을 말한다. 수메르인, 아카드인, 바빌로니아인, 아시리아인 등 다양한 민족이 이 지역에서 흥망성쇠를 거듭하며 독창적인 문화와 지식을 발전시켰다.

메소포타미아 문명이라는 말 대신 바빌로니아 문명이라는 말을 쓰기도 한다. 하지만 바빌로니아 세력이 이 지역을 지배한 기간은 고바빌로니아 제국과 카시트왕조에 이르는 기원전 1895~1155년, 신바빌로니아 제국의 기원전 626~539년까지뿐이므로 바빌로니아보다는 메소포타미아라는 말을 채택하는 편이 좀 더 표준적이다.

바빌로니아라는 이름의 기원인 '바빌론(Babylon)'은 아카드인들이 기원전 2300년경 건설한 도시 이름이다. 이곳은 2000년이 넘는 기간 동안 메소포타미아 지역의 정치적, 문화적 중심지였다. 바빌론은 기원전 539년에 페르시아의 키루스 2세(Cyrus II, ?-BC 530)•에 의해 정복되었고 그 후 이 지역은 한동안 페르시아의 지배하에 있었다. 그래서 페르시아는 곧 이야기할 쐐기문자를 포함하여 수메르 문화와 아카드 문화를 계승하게 된다.

• 유대인들을 바빌론 포로 생활에서 해방시켜 준 그 키루스왕이다. 지금은 이스라엘이 이란을 극도로 미워하지만 먼 옛날에는 이란으로부터 은혜를 입은 적 있다.

점토판과 쐐기문자: 시간과 각도를 나누는 60진법의 시작

이집트 문명에 파피루스가 있었다면 메소포타미아 문명에는 점토
판과 쐐기문자가 있었다. 점토판은 쉽게 제작이 가능하고 장기간 보존
할 수 있었기 때문에 여러 가지 기록뿐 아니라 계산과 학습 자료를 담
는 데 유용했다. 그래서 현존하는 자료도 파피루스보다 점토판이 그
개수로는 더 많다. 다만 점토판은 파피루스와 달리 무기물이어서 연대
측정이 불가능하다는 단점이 있다. 초기에 쐐기문자는 회계 기록 위주
로 쓰이다가 점차 수학, 문학, 법률 등 다양한 분야로 그 활용 범위가
확대되었다.

메소포타미아 문명은 여러 민족과 언어가 복잡하게 얽혀 발전했
기 때문에 쐐기문자의 해독에 많은 어려움이 있었다. 그렇지만 최근에
는 큰 진전을 이루어 행정적, 학문적인 문서의 해독은 거의 다 가능한
수준까지 이르렀다. 다행히 로제타석처럼 쐐기문자 해독에 결정적 역
할을 하는 비문이 있었기 때문이다. 이란 베히스툰산에 위치한 베히스
툰 비문(Behistun Inscription)은 석회암 절벽에 새겨진 거대한 조각물로
여기에는 페르시아의 왕 다리우스 1세(Darius I, BC 550-BC 486)의 업적
이 세 개의 언어, 즉 고대 페르시아어, 엘람어, 바빌로니아어(아카드어)로
기록되어 있다. 19세기부터 영국의 헨리 롤린슨(Henry Rawlinson, 1810-
1895) 등에 의해 그 실마리가 풀린 이래로 쐐기문자의 완전 해독을 위
한 노력은 아직도 진행 중이다. 엘리너 롭슨(Eleanor Robson, 1969-)이 쓴
『고대 이라크의 수학(Mathmetics in Ancient Iraq: A Social History)』은 특히
메소포타미아의 수학과 쐐기문자에 대한 자세한 내용을 담고 있다.

오늘날 우리가 사용하는 수학 중에도 메소포타미아로부터 유래된

부조는 절벽 100미터 높이에 새겨져 있으며, 전체 크기는 가로 25미터, 세로 15미터에 달한다. 다리우스 1세가 두 호위병과 함께 반란을 일으킨 왕의 몸을 발로 밟고 서 있으며, 그 앞에는 손이 묶인 포로들이 줄지어 있는 장면을 묘사하고 있다.

것이 꽤 있다. 고대 메소포타미아의 수학은 단순한 계산 수단을 넘어서 추상적 사고와 실용적 문제 해결을 결합한 지식 체계였다. 방정식 풀이의 원형과 천문학적 계산의 전통은 오늘날까지 이어지고 있다. 따라서 메소포타미아 수학을 보면 수학이라는 언어가 시공간을 뛰어넘는 보편성을 가지고 있다는 사실을 알 수 있다. 그들은 달과 태양의 주기를 계산하여 태음태양력을 제작했고, 별자리와 행성의 움직임을 기록하면서 복잡한 수치 계산을 발전시켰다.

메소포타미아인들의 수학 체계 중 가장 주목할 만한 것 중 하나는 60진법이다. 오늘날 우리가 시간을 60분, 60초 단위로 나누고 원을 360도로 나누는 전통은 바로 이 60진법의 유산이다. 60은 약수가 많기 때문에 분수 계산에 특히 유리했다. 이는 농업, 천문학, 토지 측량 등 실제 생활에서 효과적으로 사용되었다. 그들은 1에서 59까지의 숫

→ 쐐기문자로 표기한 60진법 숫자

자를 쐐기문자로 조합하여 표기하고, 위치기수법을 통해 큰 수를 기록했다. 이는 후대 십진법 자릿값 체계의 선구적 형태로 평가된다.

플림프턴 322: 피타고라스정리보다 1300여 년 앞선 기록

메소포타미아에는 이집트의 린드 파피루스에 비견되는 수학 점토판이 있다. 그것은 플림프턴 322라는 점토판으로, 1920년대 초 영국의 고고학자 에드거 뱅크스(Edgar J. Banks, 1866-1945)가 오늘날의 이라크 남부 지역에서 발견한 것으로 알려져 있다. 이후 미국 출판업자이자 수집가였던 조지 플림프턴(George Arthur Plimpton, 1855-1936)의 소장품이 되었다가 그의 기증을 통해 현재는 뉴욕 컬럼비아대학 도서관에 보관되어 있다. 길이 약 13센티미터, 폭 9센티미터, 두께 2센티미터의

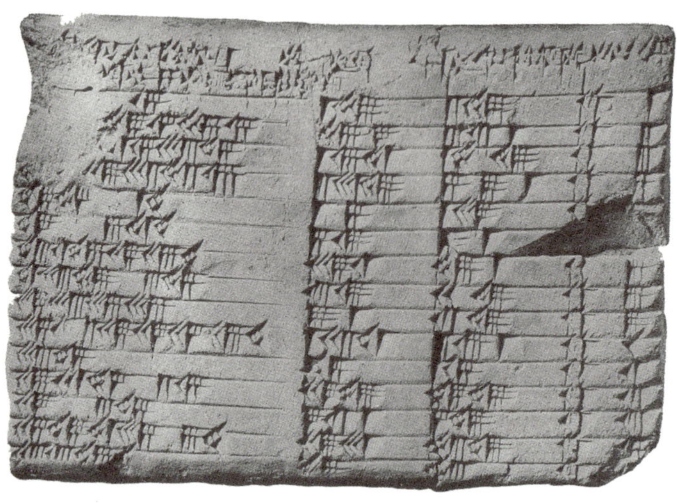

→ 플림프턴 322

이 점토판은 기원전 1800년경의 산물로 추정된다.

점토판에는 네 개의 열과 열다섯 개의 행이 기록되어 있다. 왼쪽 열은 일종의 일련번호로 보인다. 나머지 세 열에는 각각 큰 수들이 기록되어 있는데, 예를 들어 '119, 120, 169', '3367, 3456, 4825', '4601, 4800, 6649' 등이다. 놀랍게도 이 숫자들은 모두 피타고라스 세 쌍, 즉 피타고라스정리 $a^2+b^2=c^2$을 만족하는 세 개의 수이다. 즉 당시 메소포타미아 사람들은 피타고라스보다 1300여 년 전에 이미 이 정리를 알고 있었던 것이다.

이집트 수학과 메소포타미아 수학의 특징을 비교하자면 이집트 수학은 기하와 측량 위주였던 반면 메소포타미아의 수학은 산술, 대수, 천문 등이 중심이었다. 이러한 두 문화권의 수학은 후일 그리스 수학에 영향을 미친다. 즉, 그리스 수학은 이집트의 기하와 메소포타미

→ **아마르나 문서**
점토의 색깔과 점토판의 형태, 문체가 발신지나 발신자를 식별하는 단서가 되었을 것으로 추정한다.

아의 대수를 받아들이며 발전했던 것이다.

그러나 이는 메소포타미아 수학이 상대적으로 천문과 달력에 주력했다는 의미이지 이집트 수학이 천문에 무관심했다는 뜻은 아니다. 전 세계 모든 문화권의 수학은 천문학을 포함하고 있다. 예전에는 농업, 목축업, 어업 등 주로 자연환경의 영향을 크게 받는 경제활동을 해왔기에 정확한 달력을 만들고 기상을 예측하는 일이 매우 중요했다. 그런 일은 수학자(과학자)들의 주요 임무 중 하나였다.

고대 이집트와 메소포타미아 사이에는 외교적 교류와 지적 교류가 일찍부터 이뤄졌다. 이런 교류에 대한 고고학적 증거들이 꽤 많은데 그중에는 공예품이나 외교 문서 등이 있다. 예를 들어 아마르나 문서는 외교 문서로 쓰인 점토판으로, 기원전 14세기경 이집트 왕조의 수도였던 텔엘아마르나(Tell-el-Amarna)에서 발견되었다. 아카드어로 쓰인 이 문서는 후기 청동기 시대에 이 두 문화권이 서로 활발히 교류했음을 잘 보여주고 있다.

인도 문명

오늘날 인도가 단일 국가의 형태를 띠게 된 것은 영국의 지배하에 있다가 한 나라로 독립한 결과일 뿐이다. 역사적 관점에서 인도는 하나의 국가라기보다 거대한 아대륙이자 문화권으로 보는 것이 타당하다. 유럽이 현재 수십 개의 나라로 나뉘어 있음에도 역사적으로는 하나의 문화권으로 묶이듯, 인도 역시 통일 제국의 시기를 제외하면 오랫동안 수십 개의 나라로 쪼개져 있었다. 그래서 이곳에는 다양한 언어, 민족, 문화가 존재한다. 인도, 파키스탄, 방글라데시, 스리랑카의 현재 인구를 다 합치면 거의 20억 명쯤 된다. 이 거대한 지역은 오랜 세월 동안 이질적이면서도 동질적인 특성을 둘 다 가지는 문화권을 형성해 왔다.

인도 문명은 지구상에서 오래된 문명 중 하나이자 현재까지 연속성을 갖는 문명이라 할 수 있다. 현재의 힌두교라는 종교와 카스트제도가 고대 문명에서부터 이어진 것이기 때문이다. 고대 인도 문명은 수천 년에 걸친 복잡한 문화적 융합과 변화의 산물이다. 이 문명은 기원전 2600년경 시작된 인더스 문명에서부터 기원전 1500년경 시작된 베다 문명을 거쳐 기원전 6세기경 고전적 힌두교의 토대가 마련되기까지 약 2000년에 걸쳐 이루어졌다.

인더스강 유역에서 발생한 인더스 문명(약 BC 2600-BC 1900)은 오늘날의 파키스탄과 인도 북서부 지역에 걸쳐 광대한 지역에 분포했다. 인더스 문명의 가장 주목할 만한 특징은 고도로 발달한 도시 계획과 기술력이다. 하라파와 모헨조다로 같은 대표적인 고대 도시들은 이 문명이 격자형 도로망, 고도화된 배수시설, 표준화된 벽돌과 도량형 체계를 가지고 있었음을 보여준다. 이는 강력한 중앙집권적 권력과 체계적인 행정조직이 존재했음을 시사한다. 특히 각 가정에 설치된 우물과 화장실, 그리고 도시 전체를 관통하는 하수도 체계는 당시로서는 매우 선진적인 위생 관념이었을 것이다.

한편, 기원전 1500년경 중앙아시아에서 남하한 아리아인들이 인도반도에 정착하기 시작했다. 이들이 가져온 베다(Veda)* 문화는 기존의 인더스 문명과 만나 새로운 문명의 기초를 형성했다. 베다 문명은 초기 베다 시대(약 BC 1500-BC 1000)와 후기 베다 시대(약 BC 1000-BC 500)로 나눌 수 있다.

후기 베다 시대에는 아리아인들이 갠지스강 유역으로 진출하면서 농업 중심의 정착 생활을 하게 되었다. 이 과정에서 철기 사용이 보편화되어 농업 생산성이 크게 향상되었고, 인구 증가와 도시 형성이 촉진되었다. 이 시대의 가장 중요한 문화적 성취는 인도의 고전어이자 고급 문장어인 산스크리트(Sanskrit) 문학의 발달이다. 베다 찬송가들과 『브라마나(Brahmana)』, 『우파니샤드(Upanisad)』 등의 종교, 철학 문헌

---

* 인도 브라만교 사상의 근본 성전이면서 그 후신인 힌두교의 근원을 이루는 경전이자 문헌이다.

파키스탄 신드주에 위치한 모헨조다로 유적지는 전성기 인구 4만 명 이상으로 추정되는 인더스 문명 최대 도시였다. 이곳에서 출토된 상아 자는 34밀리미터 단위에 십진법 눈금이 새겨져 있으며, 오차가 0.13밀리미터 이내였다.

들이 체계화되면서 인도 고전 문화의 기반이 마련되었다. 또한 아리아 문화와 토착 문화의 융합 과정에서 독특한 종교적 관념들이 형성되었는데, 삼사라(Samsara, 윤회)와 카르마(Karma, 업) 사상, 모크샤(Moksha, 해탈) 개념 등이 그 대표적인 예이다. 베다 시대를 거치면서 인도의 종교는 단순한 자연신 숭배에서 고도로 체계화된 종교이자 철학으로 발전했다. 이 과정에서 형성된 것이 후일 힌두교라고 불리게 되는 종교 전통이다.

이 시대에 형성된 또 다른 중요한 개념은 다르마(Dharma, 법, 질서, 의무)이다. 다르마는 개인의 사회적 지위와 인생 단계에 따른 의무와 역할을 규정하는 것으로, 사회 질서 유지의 핵심 원리가 되었다. 이는 후에 마누법전으로 체계화되어 인도 사회의 기본 규범이 되었다.

인도 종교가 갖는 관용과 철학적 사유의 전통은 후에 불교, 자이나교 등 새로운 종교들의 출현을 가능하게 했다. 삼사라, 카르마, 모크샤, 다르마 등의 개념은 힌두교와 불교를 통해 동남아시아와 동아시아 지역으로 전파되어 광범위한 문화적 영향을 미쳤다.

0과 인도-아라비아 숫자: 수학의 기초를 세우다

인도의 수학은 기원전 1500년경 베다 시대부터 독자적으로 발전했으며 인도 수학의 고전기라고 불리는 5~12세기에는 당대 지구상에서 가장 높은 수준의 수학을 이루었다. 그리스 수학은 알렉산드리아의 전성기인 1~3세기[*]가 지나가고 난 후에는 오랫동안 정체되었으나, 인도 수학은 위대한 수학자들의 등장과 함께 꾸준히 발전했다. 그리스 수학은 기하학을 중심으로 발전한 반면 인도 수학에서는 산술법과 대수가 발달했다. 인도의 수학은 십진법을 채택했고, 0의 개념과 위치기수법, 음수, 방정식의 해법, 삼각법, 분수 등 현대 수학의 기초가 된 핵심 개념들이 모두 인도에서 기원했다.

0은 수의 자릿값을 결정하는 위치기수법을 완성하는 데 필수적인 개념이었던 한편 이를 기호로 나타내는 것도 획기적인 발상이었다. 인도인들은 0을 사용하여 1, 10, 100과 같은 자릿수를 효율적으로 표현할 수 있었다. 0과 함께 수를 나타내는 기호들은 아라비아 상인들을 통해 이슬람 세계로 전파되었고, 이후 유럽으로 퍼져나가 오늘날 전 세계에서 사용되는 인도-아라비아 숫자의 기원이 되었다. 인도 수학

• 헤론, 메넬라우스, 프톨레마이오스, 디오판토스 등이 활동하던 시기였기에 알렉산드리아의 전성기라 할 수 있다. 이에 대한 자세한 설명은 6장에 나온다.

자들은 0을 기준으로 양수와 음수의 개념을 확립하고, 이 개념들을 사용한 연산을 발전시켰다. 또한 미지수를 사용하여 방정식을 푸는 대수학 분야에서 상당한 발전을 이뤘다. 2차방정식을 푸는 일반적인 방법을 개발했으며 1, 2차방정식의 정수해를 구하는 방법도 연구했다.

고대 인도의 수학은 천문학과 밀접하게 연관되어 발전했다. 직접 잴 수 없는 천체까지의 거리나 크기를 재기 위해 삼각법을 사용했는데, 특히 사인(sine),* 코사인(cosine)과 같은 개념을 정립하고 그 값을 계산하는 표를 만들었다. 또한 다양한 기하학적 문제도 해결했다. 대표적인 예로 원에 내접하는 사각형의 넓이를 구하는 브라마굽타 공식이 있다. 이는 기원후 1세기 헤론의 공식(삼각형의 세 변의 길이로 넓이를 구하는 공식)을 일반화한 것으로, 현대 기하학에서도 중요한 공식 중 하나이다.

고대 인도 수학이 갖는 가장 중요한 특징으로 두 가지를 꼽을 수 있다. 첫 번째, 인도 수학은 단지 실용적 필요에 의한 것이 아니라 종교적, 철학적 사상과 천문학적 관측이 복합적으로 작용한 결과라는 점이다. 지나치게 실용만을 추구하다 보면 원리에 대한 탐구, 지식의 축적과 전달이 잘 이뤄지지 않는다. 앞서 머리말에서도 언급했듯이 수학적, 과학적 사실을 중시하고 그것을 발견하려는 행위를 중시하는 사상이 과학 발전의 중요한 원동력이 되는 법이다. 그러나 인도 수학조차 그리스 수학에 비해서는 실용적이고 계산적인 편이라 할 수 있다. 그리스 수학은 엄밀한 논리적 증명을 중시하는, 당대의 다른 문화권에서는 상상하기 어려운 매우 선진적인 수학을 발전시켰다.

두 번째, 인도-아라비아 숫자와 0의 활용이 상징하듯이 수학에서

---

* 사인이라는 용어는 '반현'을 의미하는 인도어에서 유래했다.

만 사용하는 기호를 창조했다는 점이다. 기호의 발명이 수학 발전에 얼마나 중요한 요소인지는 앞에서도 언급한 바 있다.

패엽과 암송: 고대 인도 수학의 전승 매체

고대 인도에는 이집트의 파피루스나 메소포타미아의 점토판에 버금가는 기록 매체가 있었을까? 있었다면 여러 언어 중 어떤 언어로 기록했을까? 우선, 고대 인도에서 가장 중요한 기록 매체는 야자 잎으로 만든 패엽(貝葉)이었다. 말린 야자 잎에 음각을 새기고 먹물로 글자를 선명히 했다. 그런데 야자 잎은 습기와 벌레에 약해서 주기적으로 다시 베껴 써야 하는 불편이 있었다. 곧 살펴볼 대다수의 고대 인도 수학서가 이 방식으로 전승되었다. 인도 북부 카슈미르 지역에서는 얇게 벗긴 자작나무 껍질도 사용했는데, 야자 잎과 마찬가지로 내구성이 약해 주기적인 복사가 필요했다. 한편 숫자 체계와 달력 계산은 비문, 동전, 동판 등에도 남아 있다. 예를 들어, 이후 아라비아 숫자의 기원이 되는 고대 인도의 브라미(Brahmi) 숫자•는 주로 석각과 동전에서 발견되었다.

사실 고대 인도의 주된 지식 전달 방식은 암송과 구전이었다. 베다 시대부터 수천 년 동안 이런 방식이 유지되었다. 슐바수트라(Sulbasutra)•• 같은 초기 수학 자료는 처음에는 구두로 전술되다가 나중

• 기원전 3세기경부터 사용된 숫자 체계로, 1부터 9까지의 기본 숫자와 10의 배수 기호로 구성되어 있지만 위치기수법이 아니며 0을 포함하지 않았다.
•• 베다 경전의 일부로 기하학적 내용을 다루며, 피타고라스정리가 명시되어 있다. 이 경전은 기원전 9~10세기경에 처음 작성된 것으로 알려져 있어서 이 정리의 발견이 서양보다 앞선다.

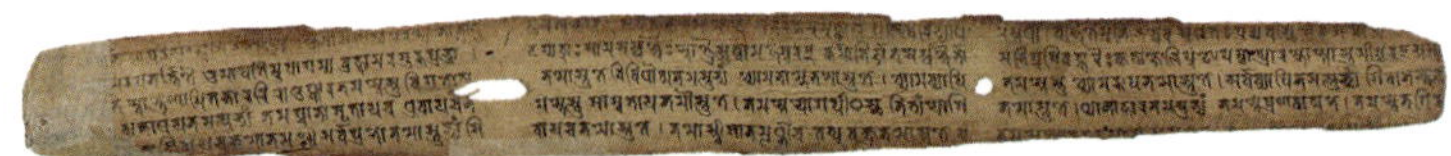

→ 패엽 필사본

현존하는 가장 오래된 산스크리트어 사본으로 알려진 패엽 필사본이다. 시바파(시바를 최고신으로 숭배하는 힌두교 종파) 경전의 내용을 담고 있으며, 252년 혹은 일부 학자에 따르면 828년에 필사된 것으로 추정된다. 케임브리지대학 도서관에 보관되어 있다.

에 문자로 기록되었다. 그렇게 길고 복잡한 수학 내용을 암송해서 전달한다는 것이 의아하게 느껴질 수도 있지만, 당시에는 고도로 훈련된 사람들이 있었고 그들은 실제로 엄청나게 많은 내용을 기억할 수 있었다. 요즘에도 인도에는 원주율 π의 값을 소수점 수만 자리까지 외우는 사람들이 꽤 있다.

고대 인도의 수학 문헌은 대부분 산스크리트어 운문 형식으로 쓰였다. 공식이나 계산법을 운율 있는 시구로, 즉 숫자와 기호 대신 단어와 은유로 표현했기 때문에 암송과 전승이 쉬웠다. 범어라고도 불리는 산스크리트어는 인도의 학문, 종교, 문학의 중심 언어였는데 초기 베다 시대부터 그러했다. 후기 베다 시대에는 고전 산스크리트어라 불리는 언어를 사용했다.

일반인들이 사용하는 구어체 언어인 프라크리트어(Prakrit)도 있다. 이것은 자이나교 경전과 불교 초기 문헌에서 많이 쓰였다. 불교 경전의 주요 언어였던 팔리어(Pali) 역시 프라크리트어의 한 종류로 분류된다. 그럼에도 산스크리트어가 학문과 종교의 공식 언어였다. 이것을 기독교와 비교한다면 예수가 사용했던 아람어(Aramic)가 팔리어에 해당하고, 당시 로마제국의 언어인 라틴어가 산스크리트어에 해당한다 하겠다.

인도의 주요 수학자들: 지구의 둘레부터 미적분학의 초기 개념까지

끝으로 5~12세기 인도의 수학자 중 가장 유명한 네 명의 업적에 대하여 살펴보자. 대다수의 고대 수학자가 그렇듯이 이들은 모두 수학 자이자 천문학자였다. 이 책은 앞으로도 수학사의 결정적 순간마다 그 중심에 있던 수학자들의 이름을 불러낼 것이다. 수학의 역사는 결국 그것을 만든 수학자들의 역사이기 때문이다.

아리아바타: 지구가 돈다고 말한 수학자

『아리아바티야(Aryabhatiya)』(499)라는 저서를 남긴 아리아바타 (Aryabhata, 476−550)[•]는 이 책에서 산술과 대수, 평면기하, 구면기하, 2차방정식 등에 대해 서술했으며, 삼각함수 사인 값의 표를 만들었다. 그는 원주율 π의 근삿값에 대하여 다음과 같이 표현했다.

100에 4를 더한 것에 8을 곱한 다음 62,000을 더한다. 이것은 지름의 길이가 20,000인 원의 둘레 길이이다.

이것은 π를 3.1416으로 나타낸 것으로 실제 값 $\pi=3.1415926\cdots$에 굉장히 가까운 값이다. 후일 브라마굽타는 보통의 계산에서 이 복잡한 값 대신 간단히 $\sqrt{10}$을 썼지만, 당시 이 정도의 근삿값을 알아냈다는 사실이 인도 수학의 수준을 보여준다.

『아리아바티야』의 끝부분에 서술된 천문학 관련 내용은 놀랍기

• 두 권의 저서가 더 있지만 현존하는 것은 『아리아바티야』뿐이다. 약 400년 늦게 태어난 동명의 수학자가 있어, 아리아바타 1세라고 부르기도 한다.

그지없다. 아리아바타는 행성과 달의 궤도가 타원이라고 언급하였을 뿐 아니라 지구가 구형이며 지구의 자전에 의해 천구가 돌아가는 것이라고 했다. 더욱 놀라운 사실은, 그가 지구의 둘레가 4,967요자나(yojana)이고 지름의 길이가 $1,581\frac{1}{24}$요자나라고 썼다는 것이다. 1요자나가 약 8.01킬로미터이므로 아는 약 39,800킬로미터로서 실제 지구 둘레 약 40,000킬로미터에 거의 근접한다. 또한 그는 1년을 365일 6시간 12분 30초라고 했다.

인도 정부가 1975년 처음으로 쏘아 올린 인공위성의 이름을 '아리아바타호'로 명명했을 정도로 그의 수학적 발견들은 너무나 놀라운 수준이었다. 그렇기에 아리아바타의 수학이 그리스 수학의 영향을 받았다는 설이 제기되기도 했지만, 지금은 인도의 독창적인 수학이라는 것이 정설로 인정받고 있다.

바스카라 1세: 0을 표기하다

바스카라 1세(Bhaskara I, 600?-680?)의 제일 중요한 업적은 아리아바타의 저서인 『아리아바티야』에 대한 주석서인 『아리아바티야바샤(Aryabhatiyabhashya)』(629)이다. 이 주석서는 수학과 천문학에 관한 산스크리트어 산문 가운데 가장 오래된 책 중 하나이다. 그는 이 책에서 아리아바타의 사상을 명확히 하고 확장하여 더 많은 사람이 이해할 수 있도록 도왔다.

그는 또한 인도-아라비아 십진법을 사용하고 널리 알렸다. 위치 기수법의 개념은 인도에 이미 알려져 있었지만, 바스카라 1세는 작은 원을 사용하여 숫자 0을 표기한 최초의 인물 중 한 명이었다.

그런가 하면 바스카라 1세는 사인함수에 대한 놀랍도록 정확

→ 인도의 2루피 지폐

1975년 인도 최초의 인공위성 아리아바타호 발사 성공을 기념해 뒷면 도안으로 채택되었다. 6세기 수학자 아리아바타의 이름이 국가 과학기술의 상징으로 화폐에 새겨진 것이다.

한 유리수 근사 공식으로도 유명하다. 그는 저서 『마하바스카리야(Mahabhaskariya, 바스카라의 위대한 책)』에서 각도 x와 $\sin x\,(0 \leq x \leq 180)$에 대하여 다음 공식을 제시했다.

$$\sin x° = \frac{4x(180-x)}{40500-x(180-x)}$$

이 공식은 고대 인도 수학의 정교함을 보여주는 증거이다. 대부분의 각도에서 오차가 1% 미만일 정도로 정확하기 때문이다.

바스카라 1세는 대수학에도 상당한 공헌을 했다. 『아리아바티야바샤』에서 그는 선형방정식을 푸는 아리아바타의 방법•을 설명하고

• 여기서 선형방정식이란 1차 부정방정식(해가 무수히 많은 방정식) $ax-by=c$를 말하는 것으로, 그의 방법은 유클리드 호제법과 근본적으로 같다.

수많은 예시를 제공했다. 또한, 펠방정식[*]과 관련된 문제들을 다루며 부정방정식에 대한 그의 뛰어난 이해를 보여주었다.

그의 업적은 후대 동명의 수학자 바스카라 2세(Bhaskara II, 1114-1185?)에 비해 다소 손색이 있다는 평가도 있지만, 바스카라 1세의 저서들은 나중에 아랍어로 번역되어 이슬람 세계의 수학 발전에 영향을 미쳤을 만큼 영향력이 매우 컸다.

브라마굽타: 아랍과 유럽 수학의 씨앗이 되다

브라마굽타(Brahmagupta, 598-668?)의 혁신적인 수학 개념들은 인도 수학과 천문학의 발전에 중대한 영향을 미쳤다. 그는 특히 음수와 0에 대한 규칙을 체계화하고, 원에 내접하는 사각형의 넓이를 구하는 공식을 발견한 것으로 유명하다. 오늘날 인도 서북부의 라자스탄주[**]에서 태어난 그는 당시 천문학 연구의 중심지였던 우자인의 천문대 책임자였다. 그의 주요 저서 『브라마스푸타싯단타(Brahmasphutasiddhanta, 브라마의 우주 체계)』(628)는 수학뿐만 아니라 행성의 위치를 계산하고, 일식과 월식을 예측하며 달의 위상 변화를 설명하는 등 천문학에 대한 방대한 지식을 담고 있다. 이 책은 8세기 이슬람의 알만수르(al-Mansur, 714-775) 시대에 아랍어로 번역되어 그의 지식이 중동과 유럽으로 전파되었다. 이는 아라비아 수학과 과학 발전에 큰 영향을 미쳤으며, 아라비아 숫자의 서양 전파에도 기여했다.

브라마굽타 공식은 네 변이 모두 한 원에 내접하는 사각형의 넓이

---

[*] $x^2 - ny^2 = 1$ (n은 제곱수 아님) 형태의 부정방정식으로 자연수 해를 구하는 것이 목표이다. 정수해를 구하는 부정방정식을 일반적으로 디오판토스방정식이라고 부른다.
[**] 고대 인도의 학문은 주로 북부 지역을 중심으로 발달했다.

에 대한 공식이다. 변의 길이가 각각 a, b, c, d이고, 둘레 길이의 반을 s라 할 때, 사각형의 넓이 A는 다음과 같다.

$$A = \sqrt{(s-a)(s-b)(s-c)(s-d)}$$

브라마굽타는 대수학에 대해서도 2차방정식의 해를 구하는 방법을 제시했으며, 특히 펠방정식과 같은 부정방정식을 푸는 데 기여했다. 그의 저서에는 여러 미지수를 포함하는 방정식에 대한 해법도 포함되어 있다.

바스카라 2세: 미적분학의 기초 개념을 설파하다

바스카라 2세(Bhaskara II, 1114-1185?)는 인도 역사상 가장 위대한 수학자로 널리 인정받고 있다. 그는 12세기 인도 수학의 황금기를 이끌었다. 대수학, 미적분학, 기하학, 천문학 등 여러 분야에 걸쳐 탁월한 업적을 남겼으며, 그의 저작들은 이후 수 세기 동안 인도의 학문 발전에 막대한 영향을 미쳤다.

그는 아버지로부터 수학과 천문학을 배웠으며, 유명한 책『싯단타 시로마니(Siddhanta-Shiromani, 원리의 왕관)』(1150)를 저술했다. 이 방대한 저서는 네 개의 주요 부분으로 나뉘어 있다.

1부 릴라바티(Lilavati): 산술에 관한 부분으로, 곱셈, 제곱근, 분수 등 기본적인 연산부터 방정식을 푸는 방법까지 다룬다.

2부 비자가니타(Bijaganita): 대수학에 관한 부분으로, 2차방정식, 3차방정식, 4차방정식을 푸는 방법과 부정방정식에 대한 심도 있는 논의를 담고 있다.

3부 그라하가니타(Grahaganita): 행성운동에 대한 계산을 다룬다.

4부 골라댜야(Goladhyaya): 구체에 관한 부분으로, 천체와 구면삼각법에 대한 내용을 다룬다.

바스카라 2세의 가장 중요한 수학적 업적은 미적분학의 초기 개념을 발전시킨 것이다. 그는 순간속도의 개념을 도입하고, 행성의 위치를 계산하는 데 이를 적용했다. 또한 미분계수와 유사한 개념을 사용하여, 어떤 함수의 변화율이 0일 때 그 함수가 극댓값 또는 극솟값을 가진다는 것을 설명했다. 이는 뉴턴과 라이프니츠가 미적분학을 발견하기 수백 년 전의 일이다.

게다가 바스카라 2세는 펠방정식의 특별한 해법인 차크라발라 방법(Chakravala method, 순환 방법)을 발견했는데, 이것은 당시 서양의 수학자들이 수 세기 동안 풀지 못했던 복잡한 부정방정식의 해를 구하는 데 효율적인 방법이었다. 메소포타미아의 60진법은 그리스 천문학자들을 거쳐 오늘날 시간과 각도를 재는 방법으로 살아남았고, 인도의 0과 십진법은 이슬람 세계를 통해 유럽으로 건너가 현대 수학의 기본 언어가 되었다. 서로 다른 땅에서 출발한 두 유산은 결국 하나의 수학으로 합쳐져 오늘 우리 곁에 있다.

철학의 시대

5장

그리스:
진리 탐구로 꽃피운 문명

오늘날 수학에서 당연하게 여기는 것, 공리에서 출발해 논리적 추론으로 정리를 증명하는 방식은 기원전 그리스에서 처음 만들어진 것이다. 이집트나 메소포타미아의 수학이 실용적 문제를 풀기 위한 도구였다면, 고대 그리스인들은 전혀 다른 질문을 던졌다. "왜 그것이 참인가?" 탈레스는 경험 대신 논리로 기하학적 사실을 증명하려 했고, 피타고라스는 세계의 본질이 수(數)라고 선언했으며, 아르키메데스는 2000년 후에야 완성될 미적분학의 씨앗을 심었다. 5장에서는 수학을 단순한 계산 도구가 아닌 진리 탐구의 언어로 만든 그리스 수학의 정신과 그 유산을 따라간다.

고대 그리스는 기원전 8세기부터 5세기에 걸쳐 지중해에서 꽃을 피운 문명이자, 오늘날까지도 서구 문명의 근간을 이루는 핵심적 가치들을 창조해 낸 문명이다. 민주주의, 철학, 예술, 수학 등 다양한 분야

에서 독보적인 진보를 이룬 그리스 문화는 당대 지구상의 그 어떤 문명도 근접할 수 없는 경지에 이르렀다.

고대 그리스는 폴리스(polis)라 불리는 도시국가 체제를 가지고 있었다. 각 폴리스는 독립적인 정치, 경제, 문화의 중심지였으며, 이는 경쟁과 협력을 통해 발전하는 상황을 만들었다. 특히 아테네에서 발달한 직접민주주의는 모든 시민이 정치 과정에 직접 참여할 수 있게 함으로써 인류 최초의 민주주의적 정치 체제를 이뤄냈다. 이런 환경은 자연스럽게 시민들의 자유로운 토론을 장려했으며, 이성적 사고와 비판적 정신을 바탕으로 한 철학의 발전으로 이어졌다.

고대 그리스 문화의 가장 중요한 특징은 인간 이성과 탐구 정신을 중시했다는 점이다. 그리스 철학자들은 세상의 본질과 인간의 삶에 대한 근본적인 질문을 던졌다. 그들의 사유는 서양 철학의 뿌리가 되었을 뿐만 아니라 윤리, 정치, 교육 등 다양한 학문의 기초가 되었다. 그들은 합리적인 사고를 통해 세상을 이해하려고 노력했고 철학, 수학,

천문학, 의학 등 자연과학 분야에서 진리를 탐구하고 다양한 이론을 찾아냈다. 그들이 중시한 이성적 사유의 가치, 그리고 인간과 세상에 대한 진리를 탐구하는 정신은 지금까지도 우리에게 영향을 미치고 있다.

이론과 증명: 모든 현대 학문의 배경 철학이 되다

고대 그리스의 수학은 이전 문명들의 실용적이고 경험적인 수학과는 큰 차이가 있다. 이집트나 메소포타미아에서 수학이 주로 토지 측량, 세금 계산 등 현실의 문제를 해결하기 위한 도구였다면, 고대 그리스에서는 이론과 증명을 통해 수학을 학문으로 발전시켰다. 이 시기의 수학자들은 직관이나 경험에 의존하지 않고 공리(axiom, 증명 없이 자명한 진리로 인정되거나 다른 명제를 증명하는 데 전제가 되는 원리)에서 출발하여 논리적인 추론을 통해 명제를 증명하는 연역적 사고를 확립했다. 이는 당대의 다른 문화에서는 상상도 하지 못할 경지의 성취였으며 오늘날 우리가 연구하는 모든 학문의 배경 철학이 되고 있다.

그리스 수학의 유산을 다음 두 개로 간단히 정리할 수 있다.

1. 당연해 보이는 사실을 공리 또는 정리의 형태로 모아서 남들이 쓰기 좋게 정리하는 것
2. 증명이라는 행위를 통해 수학적 사실의 정확성과 명확성을 추구하는 것

이 두 가지 특징 때문에 그리스 수학을 한마디로 '공리적 논증 수학'이라고 한다. 이 수학의 전통은 지금까지 유지되고 있다. 고대 그리스 수학은 6장에서 다루는 유클리드의 『원론』이 대변한다고 할 수 있다.

그리스 철학자(수학자)들의 과학에 대한 철학은 이슬람 세계와 중세 유럽을 거치며 계속 이어졌고, 이후 유럽의 과학이 급속하게 발전하는 데 큰 역할을 했다. 그리스 과학철학의 핵심은 자연의 섭리를 탐구하는 일 자체에 가치를 두는 것이다. 흔히들 "그리스의 철학자들은 수학도 공부했다"라고 한다. 그런데 이 말보다는 "당시에는 철학과 수학의 구분이 없었다"라는 말이 더 정확할 것 같다. Mathematics의 그리스어 어원은 앞서 언급했듯이 다소 넓은 의미를 갖는다. 그래서 당시 그리스의 철학자는 오늘날의 학자 또는 지식인에 해당한다. 철학자와 수학자는 거의 같은 의미를 지니는 말이었으며 이런 전통은 17세기 데카르트, 파스칼 등에 이르기까지 지속되었다.

고대 그리스의 수학자들은 기하의 유용함과 아름다움에 매료되어 기하를 최고의 지식으로 여기며 공부했다. 한편 기하 외에도 피타고라스의 영향을 받아 정수들이 갖는 신비에 대해서도 깊은 관심을 가졌다. 고대 그리스의 수학이 대수보다는 기하를 중심으로 발달한 이유는 당대의 수학자들이 기하의 위대함에 반해 열심히 연구했기 때문이기도 하지만, 또 다른 이유로는 대수학이 발달하기 어려웠던 상황을 꼽을 수 있다. 당시에는 적정한 기호가 발달하지 못했고 0의 활용을 통한 자릿수 계산도 알지 못해 복잡한 계산을 하거나 방정식을 푸는 등 대수를 발전시키기 어려운 상황이었다.

한편 우리말로 '기하'가 옳은지, 아니면 '기하학'이 옳은지에 대한 논란이 있다. 그 이유는 영어 geometry가 geo(땅)와 metry(측량)의 합성어인데, 중국인들이 geo의 발음만 따서 기하(幾何, 중국어 발음으로 '지허')라는 이름을 붙였기 때문이다. 그래서 기하라는 단어가 이미 geometry를 의미하므로 '학(學)'이라는 말을 추가로 붙이지 말아야 한다는 의견과 모든 학문의 이름은 '학'으로 끝나야 일관성이 있다는 의견이 팽팽하다.

탈레스: 논증 수학의 기초를 세우다

고대 그리스 수학의 선구자인 탈레스(Thales, BC 624?-BC 547?)는 흔히 최초의 수학자이자 철학자로 불린다. 탈레스는 이집트에서 기하학을 배우고 돌아와 이를 단순히 경험적 지식으로 받아들이지 않고, 논리적 증명을 통해 수학적 사실들을 정리했다. '원의 지름은 원을 이등분한다', '이등변삼각형의 두 밑각은 같다', '두 개의 삼각형에 대해 그 두 내각과 끼인 한 변의 길이가 각각 같으면 두 삼각형은 합동이다', '반원에 내접하는 삼각형은 직각삼각형이다' 등의 정리는 탈레스가 증명한 것으로 알려져 있다. 이러한 정리들은 그리스 특유의 논증 수학의 기초가 되었다. 특히, 그는 피라미드의 그림자와 막대의 그림자 비율을 이용해 피라미드의 높이를 계산하는 기발한 방법을 고안하여 실용적인 문제 해결에서도 뛰어난 재능을 보였다고 한다. 그러나 그가 직접 쓴 문건 중에 남아 있는 것은 없고, 그에 대한 이야기는 모두 후대 철학자들의 기록에만 남아 있다.

피타고라스: 수학은 모든 학문의 중심이 되어야 한다

피타고라스(Pythagoras, BC 570?-BC 495?)는 고대 그리스 수학의 발전에 결정적인 기여를 했다. 그는 '만물의 근원은 수'라고 주장하며, 세계를 수의 관계와 비율로 이해하려는 시도를 했다. 피타고라스학파

는 정수와 그 비율(유리수)을 절대적
인 진리로 여겼으며, 음악의 화음에
서 현의 길이를 정수의 비로 나타내
는 수학적 원리를 발견하기도 했다.

사모스섬에서 태어난 그는 탈레
스의 제자이며, 이집트에서 수학을 배
운 것으로 추정된다. 탈레스와 마찬
가지로 워낙 오래전 인물이어서 그
에 대한 이야기는 모두 사후 사람들
에 의해 전해진 이야기이다. 그의 이

→ 피타고라스

름이 붙은 피타고라스정리조차 그가 처음 발견한 것인지는 알 수 없다.
이 정리는 이집트와 메소포타미아 등에서 이미 오래전부터 알려져 있
기는 했으나 탈레스가 처음 논리적으로 증명했을 가능성이 있다.

그는 인간의 지성으로 우주의 섭리를 탐구하는 것 자체를 숭고하
게 여겼다. 우주에는 일정한 법칙이 있고 그 법칙은 수와 조화로 나타
낼 수 있다고 믿었다. 통이나 줄로 이루어진 악기가 크기와 길이에 따
라 음높이가 달라진다는 사실에 착안하여, 만물에는 이처럼 비례적인
수가 존재한다고 믿었다. 따라서 그는 사물이 갖는 크기나 무게의 비
례관계, 음의 높낮이, 화음의 원리 등에 대한 연구를 중시했고 만물이
갖는 양(量)은 서로 정수의 비를 이룬다고 생각했다. 그는 철학, 수학,
예술, 도덕, 종교 등을 모두 하나의 몸체로 보았으며 '조화'는 우주 최
고의 원리이며 동시에 사회생활의 기본 원리라 여겼다.

음악에 대한 그의 관심은 2000년 후에까지 영향을 미쳐서 유럽에
서는 근대까지도 음악이 수학의 한 과목으로 간주되었다. 전 세계의

민족들이 다양한 음 체계를 만들었지만 유럽에서 개발된 음 체계가 다른 문화의 것보다 우수한 이유는, 수학자들에 의해 비례적 진동수를 기준으로 만들어졌으며 그에 따라 화성학이 발전했기 때문이다.

피타고라스는 남부 이탈리아의 크로토네(Crotone)에서 제자들과 함께 일종의 종교 집단과 같은 단체를 만들어 함께 수학을 공부했다고 알려져 있다. 제자들에게 엄격한 규율을 지킬 것을 요구했던 피타고라스는 실제로 종교 집단의 지도자 같은 역할을 했다. 이들의 사상은 곧 무리수(분수로 표현할 수 없는 수)의 발견으로 인해 큰 위기를 맞게 된다. 피타고라스학파는 무리수의 존재가 자신들의 신념 체계를 흔든다고 여겨 이를 비밀에 부치기도 했다. 그는 아마도 당시 지중해 일대에서 가장 유명한 수학자이자 지식인이었을 것이며 수많은 우수한 제자를 배출했다.

우주의 섭리를 인간의 순수이성으로 탐구하는 것을 중시하는 피타고라스의 철학은 후에 소크라테스(BC 470?-BC 399)와 그의 제자 플라톤(BC 428?-BC 348?), 또 플라톤의 제자인 아리스토텔레스(BC 384-BC 322) 등 위대한 철학자들에게 영향을 주었다. 플라톤의 경우 이탈리아 여행 중 피타고라스학파의 학자 필롤라오스(Philolaus, BC 470?-BC 399?)의 저서를 읽은 것으로 추측되고, 또 다른 학자 아르키타스(Archytas, BC 428?-BC 347?)와는 친한 친구 사이였다고 한다.

피타고라스는 수학이라는 언어가 거대하고 복잡한 세상의 섭리를 설명해 줄 수 있다고 믿었으며, 따라서 수학이 모든 학문의 중심이 되어야 한다고 생각했다. 그의 사상은 그리스의 주류 철학자들을 거쳐서 유럽의 갈릴레오, 데카르트, 라이프니츠, 칸트 등 위대한 수학자, 철학자 들에게까지 깊은 영향을 미쳤다.

아리스토텔레스: 과학에 대한 철학의 기초를 세우다

아리스토텔레스(Aristoteles, BC 384-BC 322)는 2000년에 가까운 긴 시간 동안 유럽의 철학자, 과학자 들에게 사상적으로 매우 큰 영향을 미친 학자이다. 아카데미아에서 수학한 그는 플라톤의 수제자라고 할 수 있으며, 알렉산드로스대왕(Alexandros, BC 356-BC 323)의 스승이기도 했다. 그는 당대에 이미 그리스 전역에서 가장 유명한 지식인이었다. 아리스토텔레스는 스승 플라톤의 관념론적인 이상주의(이데아 철학)를 비판하고 실증론적인 현실주의를 지향했다.

형이상학적인 그의 사상은 중세의 이슬람교와 유대교에도 깊은 철학적, 신학적 영향을 줬고 후에 이슬람 세계가 소화한 그의 철학은 다시 유럽의 스콜라철학에 깊은 영향을 미쳤다. 그는 여러 학문에 관심을 가져서 생물학, 광학, 연금술, 물리학, 천문학 등 다양한 분야에 걸쳐 많은 관찰과 과학적 이론을 기록으로 남겼고, 그러한 그의 탐구 정신과 그가 정립한 세계관은 후세의 과학자들에게 큰 영향을 미쳤다.

오늘날까지 알려진 그의 약 40권에 이르는 저서 중 『자연학(Physica)』의 그리스어 원제는 오늘날 물리학을 뜻하는 physics의 어원이다. 그는 이 책에서 자연을 알아야 하는 이유와 그 원리를 탐구하는 절차를 다뤘다. 이로부터 시작된 자연철학(natural philosophy)이라

→ 아리스토텔레스

는 용어는 오랫동안 자연을 탐구하는 실험적 연구를 의미했다. 이 용어는 19세기 초에 과학(science)이라는 말이 등장하기 전까지 수학, 물리학, 생물학, 인류학 등을 포괄하는 의미를 가졌고, 19세기 중반 이후 한동안은 물리학을 의미하는 말로 쓰였다.

그는 논리학 분야에서도 두드러진 업적을 남겼고, 그로 인해 유럽에서 그는 2000년간 논리학의 최고 권위자로 인정받았다. 그가 언급했던 연역적 삼단논법은 너무나 유명하다.

사람은 다 죽는다.
소크라테스는 사람이다.
그러므로 소크라테스는 죽는다.

아리스토텔레스가 후대에 남긴 학문적 영향 중 가장 중요한 것은 바로 과학에 대한 철학이다. 그는 자연의 현상과 법칙에 대하여 신이나 종교적인 판타지에 의존하지 않고 순수한 이성과 관찰을 통해 연구해야 한다는 정신을 남겼다. 아리스토텔레스의 이러한 철학은 1600여 년 후 유럽에서 르네상스 시대가 열리는 데에 큰 영향을 미치게 된다. 그의 철학은 데카르트에게로 이어졌고, 그의 우주론은 뉴턴에 의해 수정되기 전까지 오랜 세월 동안 진리로 받아들여졌다.

아르키메데스: 역사상 가장 위대한 3대 수학자

아르키메데스(Archimedes, BC 287?-BC 212)는 뉴턴, 가우스와 함께 역사상 가장 위대한 3대 수학자 중 한 명으로 꼽힌다. 그는 수학적 이론 연구뿐만 아니라 수학과 물리학을 결합하여 경이로운 발명품을 만들어내는 데 있어서도 천재였다. 그는 18세 무렵 당시 지중해 일대 문화와 학문의 중심지였던 알렉산드리아에서 유학했다. 이곳의 도서관에서 유클리드와 그의 후계자들이 이뤄놓은 수학, 천문학 등을 배운 후에 귀국했다.

그의 학문적 업적에 얽힌 이야기 중 가장 유명한 것은, '물체에 작용하는 부력은 물체가 밀어낸 물의 무게와 같다'라는 아르키메데스 원리*의 발견 일화이다. 전해지는 바에 따르면, 히에로 2세(Hiero II, BC 308?-BC 215)의 황금 왕관이 순금으로 만들어졌는지 확인하는 임무를 맡은 아르키메데스는 욕조에 몸을 담갔을 때 물이 넘치는 것을 보고 이 원리를 깨달아 "유레카(Eureka, 찾았다)!"를 외치며 목욕탕을 뛰쳐나갔다고 한다. 이 발견은 물체의 밀도를 측정하는 획기적인 방법을 제공했다.

그는 도르래, 나선양수기를 발명했고 지렛대 원리의 중요성을 널리 알렸다. "충분히 긴 지렛대와 기댈 곳만 있다면 지구를 움직일 수 있다"라는 그의 말은 유명하다. 로마와의 전쟁 중에는 아르키메데스 갈고리를 만들어 로마군의 배를 들어 올려 뒤집거나 침몰시키기도 했다. 또한 그의 지능적인 투석기는 로마군을 혼란에 빠뜨렸다. 거대한 거울을 이용해 태양열을 한 점에 모아 로마군의 배를 불태웠다는 이야기도 전해지지만, 이는 역사적 사실보다는 전설에 가깝다.

• 현대 수학에도 아르키메데스 원리라 불리는 또 다른 원리가 있다. '어떤 실수에 대해서도 그것보다 더 큰 자연수가 존재한다'라는 것이다. 쉽게 증명될 수 있는 사실이지만 현대 미적분학의 기초 과정에 자주 등장하는 원리이므로 아르키메데스를 기리기 위해 그의 이름을 붙였다. 수학의 정리나 원리의 이름에는 이러한 경우가 종종 있다.

→ 나선양수기

기원전 3세기 아르키메데스가 고안한 나선양수기는 나선이 연결된 축을 돌려 높은 곳으로 물을 길어 올리는 구조로, 고대에 농지 관개에 쓰이거나 오늘날 공장에서 유체를 운반하기 위한 스크루컨베이어에 적용되는 등 이 원리를 활용한 기계들은 다양한 곳에서 사용되고 있다.

아르키메데스는 순수수학 분야에서도 대단한 업적을 남겼다. 그는 원주율 π의 근삿값을 구하였다. 그리고 정구십육각형의 둘레를 이용하여 π 값이 $3\frac{10}{71} < \pi < 3\frac{1}{7}$ 임을 보였다. 이것은 π 값의 범위가 $3.1408 < \pi < 3.1429$임을 밝힌 것으로 매우 정확한 값이다.

한편 아르키메데스는 구분구적법을 이용하여 반지름이 r인 구의 부피가 $\frac{4}{3}\pi r^3$임을 알아냈다. 구분구적법이란 도형의 넓이(부피)를 구할 때 주어진 도형을 여러 개의 작은 도형(직사각형)으로 나누고 그 넓이(부피)의 합을 구한 다음, 나눈 도형의 개수를 무한대로 보내 도형의 넓이(부피)를 구하는 방법이다. 이것은 현대적 정적분의 개념과 같은 것이며 극한을 다룬다는 점에서는 본질적으로 미적분학의 기초 개념

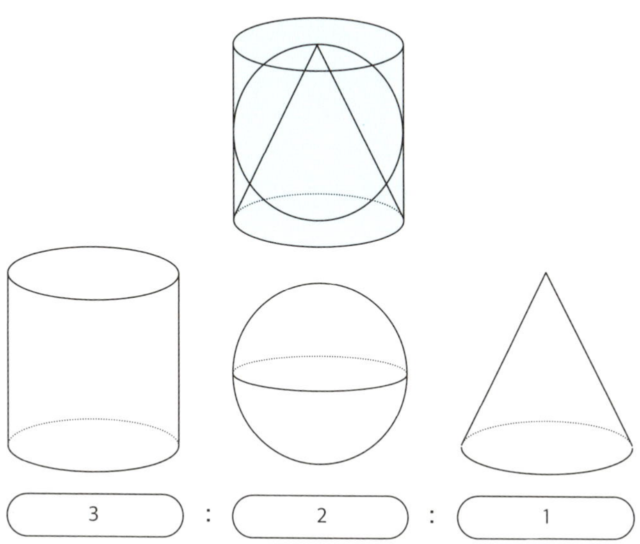

→ **구의 부피**

원기둥과 구와 원뿔의 부피는 3:2:1의 비율을 가진다.

과 연결된다. 결국 아르키메데스의 계산법은 1900여 년 후 발견된 미적분학의 출발점이 된 셈이다.

그가 살았던 시라쿠사는 시칠리아섬에 위치한 그리스의 식민지로, 그의 조국은 로마와 카르타고의 전쟁인 제2차 포에니 전쟁(BC 218-BC 202) 중에 로마군의 공격을 2년간 견뎌냈지만 결국 함락되고 말았다. 전쟁 중 땅 위에 그림을 그리고 있던 아르키메데스가 로마 병사에게 "내 원에 손대지 말라"라고 외치는 바람에 죽임을 당했다는 이야기가 유명하지만, 이는 후대에 지어냈다고 보는 게 타당할 것이다.

마르쿠스 툴리우스 키케로(Marcus Tullius Cicero, BC 106-BC 43)에 따르면 아르키메데스의 묘비에는 그가 자랑스러워했던 구의 부피에 대한 그림이 그려져 있었다. 이 그림은 "구의 부피는 원기둥의 부피의 3분의 2"라는 그의 발견을 나타낸 것이다.

아폴로니우스: 원뿔곡선론으로 기하 연구의 획을 긋다

아르키메데스에 버금가는 수학자가 한 명 더 있었으니 그는 바로 아폴로니우스(Apollonius, BC 262-BC 190)다. 그는 '위대한 기하학자'로 불리며 원뿔곡선에 대한 연구를 집대성하여 후대 수학과 천문학의 발전에 지대한 영향을 미쳤다.

소아시아의 페르게(Perge)에서 태어난 아폴로니우스는 알렉산드리아로 건너가 유클리드학파에 속해 공부했다. 그가 활동했던 시기는 알렉산드리아가 한창 학문의 꽃을 피우던 때였다. 그의 가장 큰 관심사는 고대 그리스 기하학의 오랜 난제 중 하나였던 원뿔곡선에 대한 연구였다. 우리가 일상에서 접하는 '곡선' 중 대부분이 원뿔곡선이라는 점을 생각하면, 당대의 수학자들이 이를 이미 이해하고 있었던 것은 실로 놀랍다.•

그의 최고 업적은 총 여덟 권으로 구성된 『원뿔곡선론(Conics)』이다. 원뿔곡선에 대한 고대 수학의 모든 지식을 집대성하고, 자신이 발견한 사실들을 추가하여 저술한 책이다. 이 책은 첫 네 권만 그리스어로 남아 있었으나 다행히도 이슬람 문명 쪽에 일곱 권이 보존되어 있었고 17세기에 이것이 유럽에 전해졌다. 아폴로니우스 이전에도 원뿔곡선에 대한 연구는 있었지만, 그는 이를 일반화하여 모든 원뿔곡선을

• 다른 곡선들은 대부분 17세기 데카르트가 해석기하학을 발견한 이후에 수식으로 밝혀진 것들이다.

원론적으로 정의했다. 원뿔을 자르는 각도에 따라 세 가지 곡선이 모두 나타난다는 것을 증명했고, 이 곡선들을 현대의 용어와 같은 타원(ellipse), 포물선(parabola), 쌍곡선(hyperbola)으로 명명했다.

아폴로니우스는 이 책에서 원뿔곡선의 성질에 대해 400개가 넘는 명제와 정리를 제시했으며, 각 곡선의 초점, 준선, 이심률* 등 핵심적인 기하학 성질을 깊이 있게 탐구했다. 그의 이러한 연구 결과는 후에 천문학자 요하네스 케플러(Johannes Kepler, 1571-1630)가 행성의 궤도가 태양을 하나의 초점으로 두는 타원임을 밝혀내는 데 결정적인 기초를 제공했다.

아폴로니우스는 기하, 천문학에 관련된 다른 책들도 여러 권 저술한 것으로 알려져 있지만 그것들은 전해지지 않는다. 하지만 『원뿔곡선론』만으로도 그가 고대 세계에서 얼마나 위대한 지적 탐구를 수행했는지 충분히 짐작할 수 있다. 물건을 던지면 그것이 포물선의 궤적을 이루며 날아간다는 것은 17세기 초 갈릴레오가 처음 밝혀냈다고 알려져 있다.** 그때는 데카르트가 좌표계를 착안해 내기 이전이어서 곡선을 식으로 나타낸다는 것을 상상하지 못했을 때이다. 또한 뉴턴의 운동법칙이나 해석기하학을 전혀 알지 못했던 갈릴레오가 어떠한 수학적 근거로 이를 밝혀냈는지 알 수 없다.*** 즉 그가 탐구한 곡선은 가로 거리의 제곱이 세로 거리에 비례하는 곡선으로 이것이 포물선이

---

* 고등학교 기하 과목에 자세한 설명이 나온다. 원뿔곡선을 평면상에서 초점과 준선을 통하여 정의하고 이를 이차식으로 나타낼 수 있다. 이심률 e는 곡선의 찌그러진 정도를 나타내는 것으로 타원일 때는 e<1(원일 때는 e=0), 포물선일 때는 e=1, 쌍곡선일 때는 e>1이다.

** 포물선의 포물(抛物)은 물건을 던진다는 뜻이며 포물선이란 말은 중국식 용어이다. 개화기 이후에는 일본식 한자어를 수용했으므로, 중국에서 개화기 전부터 '포물선'을 써왔다는 것을 알 수 있다. 일본에서는 방물(放物)선이라고 부른다.

라는 것은 기원전부터 알려져 있었다.

원뿔곡선은 현대에 와서 x와 y에 대한 2차식으로 나타낼 수 있으므로 2차곡선이라고도 불린다. 이 곡선들이 평면 위에서 매우 중요하지만, 이 곡선들을 중심축에 대해 회전하여 얻는 타원면(ellipsoid), 포물면(paraboloid), 쌍곡면(hyperboloid)도 3차원 공간에서 매우 중요한 곡면들이다. 이 곡면들도 모두 x, y, z에 대한 2차식으로 나타낼 수 있어서

••• 물체를 던질 때 운동 궤적이 포물선을 이룬다는 것은 중력가속도와 해석기하학을 통해서만 엄밀하게 증명할 수 있기 때문이다.

2차곡면이라고 부른다. 포물면은 빛이나 전파를 한 점으로 모으기 때문에 거울 면이나 안테나 면으로 쓰인다. 이 개념을 가장 먼저 실용적으로 사용한 사람은 아마도 반사망원경을 만든 뉴턴일 것이다. 베른하르트 리만(Bernhard Riemann, 1826-1866)이 기하학을 재정립한 이후에는 평평한 공간에서의 기하학인 유클리드기하를 넘어서 구부러진 공간에서의 기하인 비유클리드기하가 보편화되었다. 현대 수학에서 2차곡면 위에서의 기하는 학부 수학 정도의 기초적인 기하에 속한다.

탈레스의 논리적 증명에서 시작된 그리스 수학의 정신은 피타고라스의 수 철학, 아르키메데스의 정밀한 계산, 아폴로니우스의 원뿔곡선 연구로 이어지며 하나의 거대한 지적 전통을 형성했다. 이들이 남긴 가장 큰 유산은 특정 공식이나 정리가 아니라, 공리에서 출발해 증명으로 나아가는 사고의 틀이었다. 다음 장에서는 이 전통이 한 도시에서 집대성되는 장면을 만나보자.

6장

알렉산드리아: 문화와 수학의 중심지

고대 수학의 역사에서 찬란한 시기를 하나만 꼽으라면 많은 이가 알렉산드리아의 시대를 떠올릴 것이다. 알렉산드로스대왕이 이집트의 땅에 세운 이 도시는 단순한 무역 중심지가 아니었다. 인류가 그때까지 쌓아온 지식을 한곳에 모아 체계화하고, 그 위에 새로운 지식을 쌓으려 했던 거대한 지적 실험의 현장이었다. 오늘날 우리가 배우는 기하학의 직접적인 뿌리인 유클리드의 『원론』, 현대 대수학의 출발점이 된 디오판토스의 방정식 연구, 프톨레마이오스의 천문학이 모두 이곳에서 탄생했다.

알렉산드리아는 마케도니아왕국 알렉산드로스대왕(Alexandros, BC 356-BC 323)의 이름을 따 건설된 도시로, 아프리카부터 유럽, 아시아에 이르기까지 그가 정복한 땅 곳곳에 세워졌으나 그중에서도 이집트의 알렉산드리아가 가장 크고 유명하다. 이처럼 고대 세계에서 그리스

→ **프톨레마이오스 1세**
유클리드가 감히 왕에게 했다는 유명한
말 "수학에는 왕도(王道)가 없습니다"는
바로 이 프톨레마이오스 1세와의 대화에
서 나온 것이었다. 프톨레마이오스 1세
는 유클리드에게 기하를 배우며 국가를
지도하는 소양과 통찰을 얻고자 했다.

의 영향력이 절정에 달했던 헬레니즘 시대(그리스와 오리엔트 문명이 융합
을 이룬 시대)가 시작되자마자 알렉산드로스대왕은 사망했다. 그의 부하
장군들 사이에서 후계자 자리를 둘러싼 다툼(디아도코이전쟁)이 수십 년
간 벌어졌고, 그들 중 한 명인 프톨레마이오스 1세(Ptolemaios I Soter, BC
367?-BC 283)가 이집트의 지배자이자 파라오가 되었다. 그가 세운 왕
조가 고대 이집트의 마지막 왕조이자 제32왕조인 프톨레마이오스왕
조(BC 305-BC 30)이다.

한편 이 왕조의 마지막 왕이 바로 클레오파트라 7세(Cleopatra, BC
69-BC 30)이다. 카이사르, 안토니우스와의 사랑 이야기, 악티움해전(안
토니우스와 옥타비아누스 간의 전쟁) 등 파란만장한 역사 스토리에 등장하
는 여주인공으로 유명하다.

알렉산드리아: 수학의 메카가 되다

프톨레마이오스 1세와 그의 후손들은 아테네를 능가하는 학문의 중심지로 알렉산드리아를 만들고자 했다. 그들의 가장 위대한 업적은 바로 학술 연구소인 무세이온(Mouseion, 라틴어로 Musaeum)•과 이에 속한 알렉산드리아 도서관의 설립이다. 무세이온은 당대 최고의 학자들이 모여 연구에 전념하는 공간이었으며, 도서관은 전 세계의 지식을 모아 기록하고 보존하는 역할을 했다. 당시 프톨레마이오스왕조의 열성적인 수집 정책 덕분에 도서관은 수십만 권에 달하는 엄청난 양의 파피루스 두루마리를 소장하게 되었다. 유클리드의 『원론』, 에라토스테네스의 지구 둘레 측정, 아리스타르코스의 태양 중심설 등 고대 서양 문명의 기초를 이룬 수많은 지적 성과가 바로 이 도시에서 탄생했다.

알렉산드리아는 학문만이 아니라 무역과 상업의 중심지로도 번성했다. 도시의 상징인 파로스 등대는 고대 7대 불가사의 중 하나로, 항해의 안전을 도모하는 동시에 도시의 위용을 과시하는 기념비적인 건축물이었다. 이 도시에는 그리스인, 이집트인, 유대인 등 다양한 민족들이 거주하며 헬레니즘 문화의 용광로 역할을 했다. 이러한 문화적 다양성은 활발한 학문적, 상업적 교류를 촉진하며 도시의 번영을 이끌었다. 알렉산드리아의 왕족과 상류층은 대개 그리스 혈통이었다. 이 도시는 로마가 지배하고 있던 지중해 전역에서 수백 년 동안 문화가 제일 앞선 곳이자 문화 교류의 중심지였다.

남유럽, 북아프리카, 소아시아 등을 포함하는 광활한 지중해 지역

• 지식과 예술을 관장하는 아홉 여신의 신전을 뜻하며, 박물관을 뜻하는 영어 Museum의 어원이기도 하다.

→ 알렉산드리아 항구와 카이트베이 요새

지금의 알렉산드리아 항구 전경으로, 멀리 보이는 카이트베이 요새(15세기 건립)는 고대 세계 7대 불가사의 중 하나였던 파로스 등대가 서 있던 자리에 세워졌다. 기원전 3세기에 이 항구는 지중해 최대의 학문, 교역 도시로 번성했다.

은 바다를 통한 인적, 물적 교류를 통해 문물이 크게 발전했다. 자고로 문화와 경제는 교류를 통하여 진보하는 법이다. 그리고 육상보다는 해상을 통한 교류가 더 용이하기 때문에 여러 항구 도시가 발달했다. 그중에서도 정치의 중심은 로마였지만 학문과 문화의 중심은 알렉산드리아였다. 문화는 마치 열과 같아 열역학 제2법칙과 유사한 법칙을 따른다. 즉, 문화는 늘 높은 곳에서 낮은 곳으로 흐른다. 이처럼 알렉산드리아의 문화는 지중해 전역에 영향을 미쳤다.

기원전 3세기경 지중해를 제패한 로마가 수백 년간 이 드넓은 지역을 지배하고 있었지만 문화만큼은 그리스인들의 영향하에 있었다.

로마의 문자는 그리스문자를 모방해 만들어졌으며 문학과 학문적 서적들은 대부분 그리스어로 쓰였다. 로마 귀족의 자제들은 출세를 위해 어려서부터 그리스어와 그리스 문학을 익히기 위해 노력해야 했다.

플루타르코스(Ploutarchos, 46?-120?)의 기록에 따르면 알렉산드리아 도서관은 기원전 48년 율리우스 카이사르(Julius Caesar, BC 100-BC 44)가 알렉산드리아를 방문했을 때 그의 배에 붙은 불이 번져 소실되었다고 한다. 그 후 기독교가 로마제국 전역에 전파된 다음인 391년, 주교 데오빌로(또는 테오필로스 황제)의 지시에 의해 비기독교 문화의 중심지였던 세라페움 신전이 파괴될 때 도서관의 마지막 남은 장서들도 다 사라졌을 가능성이 높다. 알렉산드리아 도서관의 파괴는 인류 역사상 가장 큰 문화적 손실로 꼽히고 있다.

이후 프톨레마이오스 시대의 영광은 점차 시들어갔고 지식과 학문 연구의 중심지는 로마와 동로마제국(비잔티움제국)의 수도이자 종교적, 정치적 중심지인 콘스탄티노플(오늘날의 이스탄불)로 이동하기 시작했다. 알렉산드리아의 쇠퇴는 종교적 갈등과도 밀접하게 연결되어 있었다. 지중해 지역에 기독교가 확산하던 시기에 이교도 문화의 중심지였던 알렉산드리아는 종교적 분쟁의 격전지가 되었다. 종교적 편협은 도시의 문화적 쇠퇴를 초래했다. 역사상 문화적, 경제적으로 번영한 지역들의 중요한 공통점이 하나 있는데 그것은 바로 종교, 인종, 사상에 대한 포용력을 지니고 있었다는 점이다. 그것은 과거 알렉산드리아, 로마, 장안(당나라 수도, 오늘날의 시안), 바그다드, 코르도바, 파리, 뉴욕 등이 갖는 공통점이다.

앞서 살펴봤듯 유클리드 외에도 그리스의 위대한 수학자 아르키메데스와 아폴로니우스 등이 이곳에서 유학하고 학술적으로 교류했다. 알렉산드리아에서 태어나고 활동한 수학자로는 삼각형의 넓이에 대한 공식으로 유명한 헤론(Heron, 10?-75?), 삼각형을 가로지르는 직선에 대한 유명한 정리를 찾은 메넬라우스(Menelaus, 70?-130?), 뒤에 소개할 위대한 저서 『알마게스트』를 쓴 프톨레마이오스, 대수학의 아버지라 불린 디오판토스, 육각형 정리를 찾은 파푸스 등이 있다.

유클리드: 2300년의 세월을 버틴 교과서, 『원론』

유클리드(Euclid, 그리스어로 Eukleides, BC 325?-BC 265?)[*]는 알렉산드리아에서 기원전 300년경에 활동했던 수학자라는 것 외에는 그의 일생에 대해 알려진 바가 거의 없다. 그는 요즘으로 치면 그리스계 이집트인이다.

유클리드의 『원론』은 두 가지 측면에서 역사상 가장 영향력이 큰 수학책이다. 첫 번째는 아주 오랜 세월 동안 기하학의 교과서로 자리매김해 왔다는 점이다. 『원론』은 9세기 아라비아에서 문명이 꽃을 피우기 시작하던 때나 유럽에서 르네상스라는 새로운 시대가 시작되던 때나, 언제나 제일 먼저 현지 언어로 번역되고 주석이 추가되었으며 아울러 제일 널리 읽히는 책이었다. 두 번째는 이 책의 형식과 '논증'이라고 하는 방식이 후대 수학자들에게 큰 영향을 미쳤다는 점이다. 15장에서 자세히 소개할 뉴턴의 『프린키피아』(1687)도 기본적인 틀은 『원론』의 형식을 따랐다. 스피노자의 『에티카』(1677) 같은 과학철학 저

• 아리스토텔레스(Aristoteles)를 영어 이름인 아리스토틀(Aristotle)로 부르지 않듯이 에우클레이데스라고 부르는 것이 맞지만, 영어 이름 유클리드가 대중에게 훨씬 익숙하기 때문에 이 책에서는 유클리드라고 부르기로 한다.

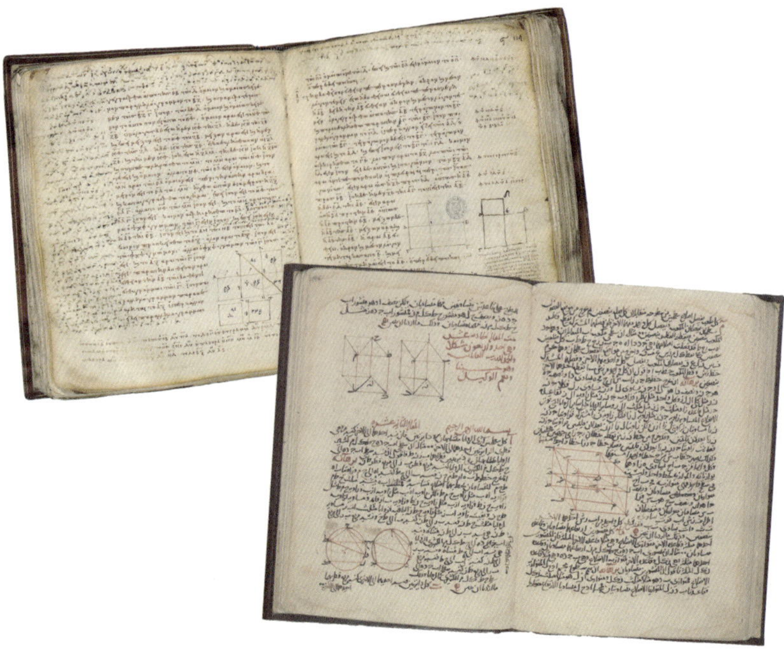

→ 『원론』의 필사본들

왼쪽은 888년 제작된 필사본, 오른쪽은 1270년 바그다드에서 제작되었을 것이라 추측되는 필사본이다. 『원론』의 내용이 각각 그리스어와 아랍어로 쓰여 있다.

→ 1570년 출간된 『원론』의 영문본

중앙에 저자 이름이 'Euclid of Megara'라고 쓰여 있다. 고대 그리스에서는 이름이 '주어진 이름'과 '가족의 성'의 조합이 아닌 '주어진 이름'으로만 이뤄져 있었기 때문에, 사람을 지칭할 때는 'Appolonius of Perga'와 같이 출신 지역을 함께 불렀다. 그러다가 유럽에서 봉건제도가 시작되면서 귀족들의 성이 생겼고, 'of Perga'가 곧 가족의 성이 되었다. 예컨대 프랑스어로 'of'를 뜻하는 'De(단수형)/Des(복수형)'가 붙은 드골(De Gaul), 드모르간(De Morgan), 데카르트(Descartes)는 모두 그렇게 생겨난 성이다.

서와 미국의 「독립선언문」(1776) 및 헌법 체계에도 『원론』의 흔적이 남아 있다.

　기원전 탄생한 『원론』이 시대마다 새로운 언어로 번역된 만큼, 현재 전해지는 판본의 종류 역시 다양하다. 현존하는 가장 오래된 판본은 888년 9월 스테파노스 클레리쿠스(Stephanos Clericus)에 의해 출간된 것이다. 『원론』의 첫 영문본은 1570년에 출간되었다. 영문본이 비교적 늦게 출간된 이유는 유럽에서 학문적, 종교적 서적들이 오랫동안 라틴어로 통용되어 온 데다가, 영국이 문명의 중심지였던 지중해로부터 비교적 멀리 떨어져 있었기 때문이다. 그런가 하면 이 영문본 『원론』의 표지에는 저자가 '메가라의 유클리드(Euclid of Megara)'라고 쓰여 있다. 중세 유럽에서는 한동안 『원론』의 저자가 잘못 알려지기도 했는데, 그것은 유클리드가 워낙 고대의 인물인 데다 동명의 인물이 여럿 있었기 때문이다.

　『원론』은 13권에 달하는 여러 권의 책으로 이루어져 있다. 고대의 책이라는 것이 여러 개의 파피루스 두루마리를 합친 형태였기 때문이다. 실은 기독교의 초기 성경들도 그러했다. 여러 개의 두루마리로 이뤄져 있던 그것들끼리 서로 더해지고 제외되는 과정을 거듭하다가 지금과 같은 형태의 성경이 만들어진 것이다. 한편 우리말 '책'의 한자인 '冊'은 대나무를 엮어 만든 형상을 글자화한 것이다. 종이가 널리 사용되기 전인 아주 옛날에는 대나무(죽간)에 글을 쓴 후 그것을 엮어 책으로 만들었기 때문이다. 참고로 책을 현대의 중국에서는 '서(書)'라 하고 일본에서는 '본(本)' 또는 '서(書)'라 한다.

제5공준: 기하학의 코페르니쿠스적 전환

『원론』은 고대 그리스의 공리적 논증 수학이라는 중요한 특징을 가장 잘 보여준다. 다만 이 책의 모든 내용을 유클리드가 독창적으로 쓴 것은 아닐 테다. 유클리드가 피타고라스와 히포크라테스(Hippocrates of Chios, BC 470?-BC 410?) [*] 등의 영향을 받았으며, 플라톤이 아테네[**]에 세운 아카데미아에서 유학하며 얻은 지식을 바탕에 두고 있을 것이라고 보는 역사가들이 많다. 즉 『원론』은 당시 알려진 수학적 사실들을 유클리드가 모아 편집한 책으로 보인다.

『원론』의 논리적 엄밀함은 실로 놀랍기 그지없는데, 19세기 새로운 논리학의 발전이 이루어지기 전까지 이를 뛰어넘는 책이 없을 정도였다. 『원론』 제1권의 형식이 가장 중요한 이유는 요즘의 수학이나 논리학 책처럼 '정의 → 공리와 기본 개념 → 명제와 정리'와 같은 형식으로 구성되어 있기 때문이다. 구체적으로는 정의(definition) 23개,[***] 공준(postulate) 5개, 공통 개념(common notion) 5개, 정리(proposition) 48개가 기술되어 있다. 여기서 공준이란 공리(axiom)와 유사한 개념으로, 증명할 필요 없이 당연히 받아들일 수 있는 명제를 말한다. 『원론』 제1권의 공준 5개는 워낙 유명한데, 그중에서도 특히 중요한 제5공준에 주목해보자.

---

[*] 의학의 역사에서 가장 중요한 인물인 코스의 히포크라테스(Hippocrates of Cos, BC 460?-BC 370?)와는 다른 사람이다.

[**] 유클리드가 살던 시절 지중해 문화의 중심지는 아테네였다.

[***] 점, 직선, 원, 원의 반지름 등의 개념을 정의하고 있다.

제1공준. 어떤 점으로부터 어떤 점까지 선분 긋기가 가능하다.

제2공준. 선분을 연장한 직선 긋기가 가능하다.

제3공준. 어느 중심에서 임의의 반지름을 갖는 원을 그릴 수 있다.

제4공준. 모든 직각은 같다.

제5공준. 한 직선이 두 직선을 가로지를 때 한쪽의 내각의 합이 두 직각
(180°)보다 작으면, 그 두 직선은 두 직각보다 작은 내각들이 있는
쪽에서 만난다.

제5공준은 서술만으로는 이해하기 다소 어렵다. 하지만 그것을 표현한 그림을 보거나, 표현을 달리했지만 동치인 '평행선 공준'을 통해 이해할 수 있다. 즉 "주어진 직선의 밖에 놓인 점을 지나면서 그 직선에 평행한 직선은 많아야 한 가지만 존재한다". 이와 동치인 또 다른 공준 중에 가장 대표적인 것은 "모든 삼각형의 내각의 합이 180°이다"라는 공준이다.

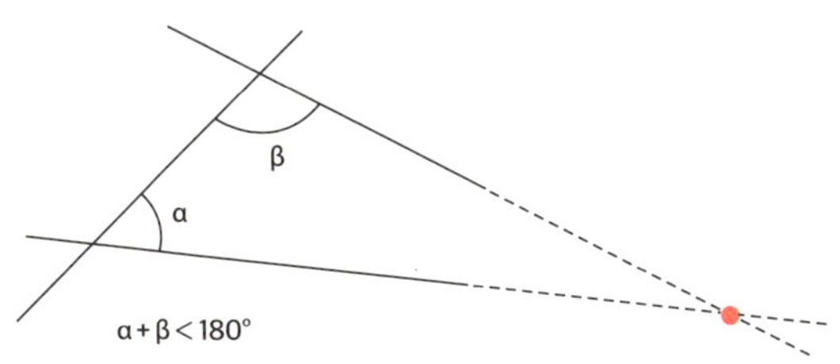

『원론』의 제5공준

그렇다면 제5공준은 왜 중요할까? 결론부터 말하자면 제5공준은 약 2000년이라는 긴 시간 동안 수학자들에게 의문을 불러일으키는 존

재였고, 이에 대한 탐구가 결국 기하학의 범위를 확장했기 때문이다. 즉 수학이라는 학문의 역사에서 지적인 도약이 어떻게 이뤄지는지, 그리고 그 과정에서 논증의 과정과 진리 탐구가 얼마나 중요한지 보여주는 사례라고 할 수 있다.

오랫동안 수학자들은 제5공준이 과연 꼭 필요한 공준인지 궁금해했다. "꼭 필요한 공준인가?"라는 질문은 "나머지 네 개의 공준만으로 제5공준이 성립함을 증명할 수 있다면 제5공준은 불필요한 것이 아닐까?"와 같은 질문이다. 그래서 수많은 수학자는 제5공준을 증명하기 위해 매달렸고, 그 과정에서 평면이 아닌 곡면에서의 기하를 떠올리게 되었다. 이로부터 유클리드기하와 비유클리드기하의 구분이 생기게 된 것이다. 독자들은 아주 간단하게 유클리드기하는 '평평한' 공간에서의 기하, 비유클리드기하는 '휘어진' 공간에서의 기하로 이해해도 된다. 조금 더 구체적으로 설명하자면, 제5공준이 성립하는 기하가 유클리드기하, 성립하지 않는 기하가 비유클리드기하이다. 제5공준과 제1~4공준은 서로 독립적이다. 즉, 제5공준의 성립 여부는 제1~4공준과는 무관하다. 다시 말해 유클리드기하에서도 제1~4공준이 성립하고 비유클리드기하에서도 제1~4공준이 성립한다.

비유클리드기하의 발견은 '기하학의 코페르니쿠스적 전환'이라 부를 정도로 중요한 사건이었다. 우리가 살고 있는 현실 세계는 완벽한 평면이 아닌 휘어진 공간들로 이뤄져 있기 때문이다. 아인슈타인의 일반상대성이론 역시 비유클리드기하학이 있었기 때문에 설명이 가능했다. 기원전 유클리드가 정리한 공준을 의심하는 과정에서 수학자들은 기하학의 새로운 가능성을 발견할 수 있었고, 그것은 후대의 수학자와 과학자 들에게 또 다른 발판이 되어주었다.

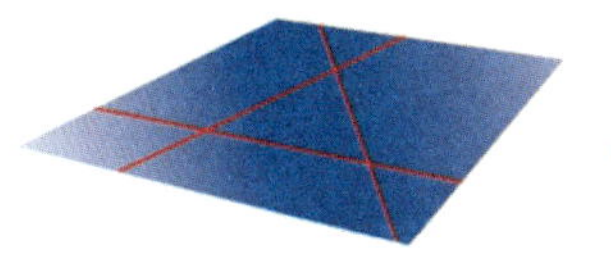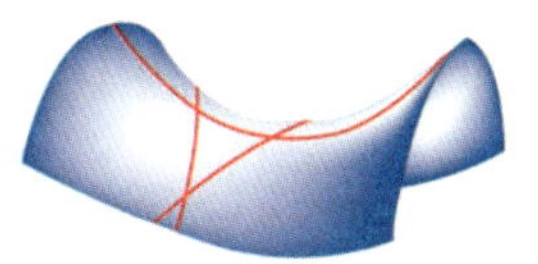

→ 유클리드기하(왼쪽)와 비유클리드기하인 쌍곡기하(가운데)와 곡면기하(오른쪽)

비유클리드기하는 러시아의 로바쳅스키와 헝가리의 보여이에 의해 각각 독립적으로 발견되었는데, 19세기 유럽은 이 비유클리드기하의 발견으로 떠들썩했다. 이들의 기하학은 쌍곡면 위의 쌍곡기하(hyperbolic geometry)로 제5공준이 성립하지 않는다. 이 기하에서는 주어진 직선의 밖의 한 점을 지나며 평행한 직선이 무한히 많다. 반면 구면기하(spherical geometry)에서는 평행한 직선이 존재하지 않는다.

『원론』에서는 제1권을 끝으로 더 이상 공준이 나오지 않는다. 제2권부터 제13권까지는 모두 기본적으로 정의와 정리,[•] 그것들의 증명만으로 이뤄져 있다. 제1권부터 제6권까지는 '평면에서의 기하', 즉 유클리드기하만을 다루고 있고 제7권부터 제10권까지는 정수론을 다루고 있는데 그 수준이 의외로 높다. 그리스에서 기하는 아름다움과 실용성 때문에 매우 중시되었다고 했지만, 정수론도 그에 못지않게 중요하게 여긴 것이다. 피타고라스의 영향으로 많은 수학자가 "이 세상은 수와 비례관계로 이뤄져 있다"라고 믿었기 때문에 그들은 정수들이 갖는 신비에 대해 깊은 관심을 갖고 연구했다.

제9권에는 완전수에 대한 내용이 수록되어 있다. 완전수란 자신을 제외한 모든 약수의 합이 자기 자신과 같아지는 양의 정수이다. 예를

• 영어로는 proposition으로, 이것은 우리말로 '정리' 또는 '명제'라고 해석할 수 있다. 현대 수학에서는 정리처럼 증명할 수 있는 명제를 그것의 중요성이나 증명의 난이도에 따라 lemma, proposition, theorem 등으로 부르고 있다.

들어 6은 약수 1, 2, 3을 가지며, 이 약수들을 모두 더하면 6이므로 완전수이다. 6 다음의 완전수는 28이다. 피타고라스도 완전수에 큰 관심을 가지고 연구했다고 전해진다. 유클리드는 제9권에서 2^p-1이 소수일 때[*] $2^{p-1}(2^p-1)$는 완전수가 된다는 사실을 밝혔고, 훗날 18세기 수학자 오일러가 모든 짝수 완전수는 이런 형태로 표현된다는 것을 증명했다. 하지만 홀수 완전수가 존재하는지, 완전수가 무한히 많은지에 대해서는 현재까지도 밝혀지지 않았다.

『원론』에 담겨 있는 수학 지식의 수준은 놀랍도록 높다. 하지만 이 책이 수학사적으로 중요한 진정한 이유는 이 책이 담고 있는 수학에 대한 철학 때문이다. 엄밀한 논증을 바탕으로 새로운 지식을 쌓아가는 수학의 핵심적 가치는 이 책으로부터 시작되었다고 할 수 있다.

프톨레마이오스: 중세 하늘을 지배한 한 권의 책, 『알마게스트』

클라우디오스 프톨레마이오스(Claudius Ptolemaeus, 85?-165?)[**]는 알렉산드리아에서 활동했던 그리스계 수학자, 천문학자, 지리학자이다. 그는 유클리드, 아폴로니우스 등의 업적을 계승하고 집대성하여 고대 과학의 황금기를 마무리하는 중요한 역할을 했다. 그의 생애에 대한 기록은 많지 않지만, 그의 책들은 인류 역사에 큰 영향력을 미친 과학 서적으로 꼽힌다. 특히 대표작 『알마게스트(Almagest)』는 1000년 이상 서양 및 이슬람 세계의 천문학 교과서로 자리매김하며 고대 우주관의 정수를 보여줬다. 이 책은 유클리드의 『원론』, 뉴턴의 『프린키피아』

---

[*] 이런 소수를 메르센(Mersenne) 소수라 한다.
[**] 프톨레마이오스왕조의 왕과 성이 같다. 영어로는 Ptolemy라 쓰고 '톨레미'라고 읽는다.

와 더불어 역사상 가장 유명한 3대 수학서라 할 수 있다.

『알마게스트』의 원래 이름은 『수학집성(Syntaxis Mathematica)』이었으나, 아랍 학자들이 '가장 위대한(al-majisti)'이라는 존경의 의미를 담아 『알마게스트』라고 부르면서 이 이름으로 널리 알려지게 되었다. 총 13권으로 구성된 이 방대한 저서는 고대 천문학 지식을 담은 백과사전이라 할 수 있다. 이 책의 주요 내용은 다음과 같다.

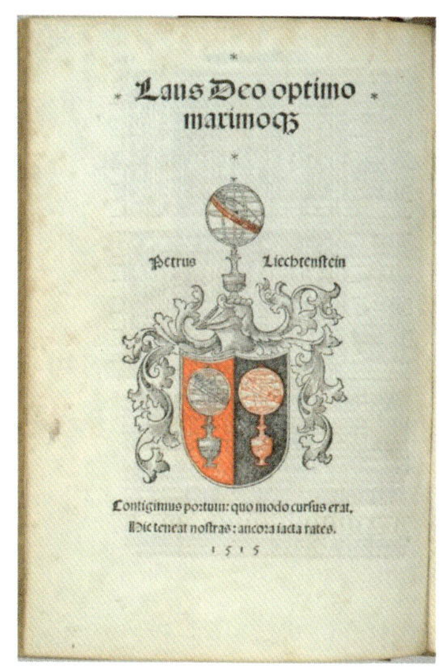

→ 1515년 출간된 『알마게스트』의 라틴어 판본

제1~2권은 '수학적 기초'로 지구가 구형이고 우주의 중심에 위치한다는 가정, 삼각법의 기초 등 천문학적 계산에 필요한 수학적 도구를 제시한다. 특히 현의 길이를 60진법으로 계산해 정리한 현표(chord table)는 오늘날의 사인함수와 유사한 역할을 했다. 제3~6권은 '태양과 달의 운동'으로 태양과 달의 궤도운동을 상세히 다루고, 이들의 위치를 예측하는 모델을 제시한다. 월식과 일식의 원리 및 예측 방법도 설명한다. 제7~8권은 '항성 목록'으로, 히파르코스(Hipparchus, BC 190-BC 120)의 연구를 바탕으로 1022개의 항성에 대한 목록을 작성하고 각 별의 위도와 경도, 그리고 밝기 등급을 기록했다. 이 목록은 현대 천문학에서도 그 정확성을 인정받고 있다. 마지막 제9~13권은 '행성의 운동'이다. 수성, 금성, 화성, 목성, 토성 등 5개 행성의 복잡한 역행운동을 설명하기 위해 주전원과 이심

원 이론을 적용하여 각 행성의 모델을 제시한다. 프톨레마이오스의 이 모델은 당시의 관측 데이터를 상당히 정확하게 예측할 수 있었기 때문에, 과학적 사실로 굳건히 받아들여졌다. 그의 천동설은 16세기 코페르니쿠스의 지동설이 등장하기 전까지 1400여 년 동안 서양 천문학의 주류 이론으로 군림했다.

프톨레마이오스의 중요한 저서 중에는 『지리학(Geographia)』도 있다. 이 책에서 그는 최초로 위도와 경도를 사용하여 세계 지도를 그리는 방법을 제시했다. 그는 당시까지 알려져 있던 세계 8000여 지역의 좌표를 수록하여 체계적인 지리 정보의 정리를 시도했다. 비록 경도 측정의 한계로 인해 많은 오류를 포함하고 있었지만 그의 지리학적 접근법은 이후 지도 제작의 기초를 마련했으며, 콜럼버스를 비롯한 대항해 시대 탐험가들에게 중요한 참고 자료가 되었다.

또한 그는 『광학(Optics)』에서 빛의 굴절과 반사에 대해 실험적으로 접근했으며, 음악 이론에 관한 『화성학(Harmonics)』에서는 음정의 수학적 관계를 탐구했다. 이처럼 그는 여러 학문 분야에서 수학적 방법론을 적용하여 과학적 분석의 토대를 마련했다.

아리스타르코스: 역사상 처음으로 지동설을 주장하다

대중에게는 잘 알려져 있지 않지만 프톨레마이오스 이전에도 천문학에 대해 뛰어난 업적을 남긴 수학자들이 있었다. 아리스타르코스(Aristarchus of Samos, BC 310-BC 230)는 피타고라스의 고향 사모스섬에서 태어났지만 알렉산드리아에서 공부하고 활동했다. 그는 역사상 처음으로 지동설을 주장한 사람이다. 또한 그는 태양이 뜨겁고 커다란 금속 덩어리에 불과하다는 아낙사고라스(Anaxagoras, BC 499?-BC 428?)의 이론을 지지한 사람이기도 하다. 그러나 아리스타르코스가 주장한 천문학 이론은 아리스토텔레스와 프톨레마이오스의 천동설(지구중심설) 이론에 밀려 주류로 수용되지는 못했다.

프톨레마이오스에 따르면 그는 기원전 280년에 하지점을 관측했다고 한다. 또한 기하학적인 방식을 도입하여 태양 및 달의 크기와 지구와 태양, 지구와 달 사이의 거리를 처음으로 계산했다. 아리스타르코스는 히파르코스(Hipparchus, BC 190-BC 120)•와 함께 고대 세계에서 위대한 업적을 남긴 천문학자 중 한 명이었다.

에라토스테네스: 막대기로 지구의 둘레를 구하다

알렉산드리아의 에라토스테네스(Eratosthenes, BC 276?-BC 194?)는 수학, 문헌학, 천문학, 지리학 등에 업적을 남겼다. 무세이온의 관장이기도 했던 그는 천문학에서 후세까지 큰 영향을 미쳤다. 그는 지구의 크기를 처음 계산해 낸 것으로 유명하다. 당대 천문학자들은 북극성의 각도(높이)가 지역에 따라 다르다는 사실을 통해 지구가 둥글다는 것을 알고 있었다. 에라토스테네스는 알렉산드리아와 시에네(오늘날의 아스완)에서 태양의 각도를 측정하고 이 두 지역 사이의 거리를 측정한 후 지구 둘레가 46,250킬로미터라는 계산 결과를 얻었다.

• 니케아 출신의 히파르코스는 지구와 달 사이의 거리를 처음으로 정확하게 계산했으며, 삼각법에 의한 삼각표를 가지고 다닌 것으로 유명하다. 춘분점의 세차운동(기울어진 팽이의 회전축이 만드는 원뿔형의 운동)을 인지하고 일식을 예견하는 방법을 개발하기도 했다. 프톨레마이오스의 천동설이 등장하기 전까지 히파르코스의 이론은 우주론의 주류를 이루었다.

순수수학적으로는 '에라토스테네스의 체'라 불리는 소수(1과 자신 이외의 자연수로는 나눌 수 없는 자연수)를 찾는 쉬운 방법을 발견한 것으로 유명하다. 자연수를 순서대로 나열한 표에서 합성수를 차례로 지워가는 방법으로 오늘날에도 흔히 쓰인다.

디오판토스: 미지수를 기호로 쓴 최초의 수학자

알렉산드리아는 기원전 30년 프톨레마이오스왕조가 멸망하며 로마제국의 점령하에 놓였다. 기원후 알렉산드리아의 수학자들은 기존의 지식을 체계적으로 정리하고 주석을 달아 후대에 전달하는 데 집중했으며 유클리드, 아폴로니우스 등 고전 수학자들의 저술을 해설하며 새로운 풀이법이나 문제를 덧붙이기도 했다.

디오판토스(Diophantus, 200?-284?)는 이 시기를 대표하는 수학자 중 한 명이다. 그는 중세 시대까지도 거의 알려져 있지 않다가 저서 『산술(Arithmetica)』이 이슬람 세계로부터 수입된 후로 유명해졌다. 디오판토스는 '대수학의 아버지'•라고 불린다. 유럽의 수학자들이 『산술』로부터 큰 영향을 받았기 때문이기도 하지만, 무엇보다 미지수를 문자로 놓고 문자 계산을 했기 때문이다. 앞서 1장에서 소개한 $250x^2$을 나타내는 그리스의 기호 $\Delta\ddot{v}\sigma v$는 바로 디오판토스의 기호이다.

미지수를 문자로 나타내는 것이 곧 대수의 시작이라고 할 수 있다. 요즘 수학으로 비유하면 초등학교까지의 수학은 그냥 '산수'이고 미지수에 대한 문자 기호 x가 등장하는 중학교 수학부터 '대수'가 시작된

• 아라비아의 알콰리즈미(al-Khwarizmi) 역시 '대수학의 아버지'라고 불린다.

다고 보면 된다.

디오판토스의 일생에 대해서는 알려진 것이 거의 없지만, 그가 생전 누린 나이만큼은 '대수학의 아버지'다운 방식으로 전해진다. 다음 같은 퀴즈가 그의 묘비명으로 알려져 있다. "그는 인생의 $\frac{1}{6}$을 소년으로 보냈다. 그리고 다시 인생의 $\frac{1}{12}$이 지난 뒤에 얼굴에 수염이 자라기 시작했다. 다시 $\frac{1}{7}$이 지난 뒤 그는 아름다운 여인을 맞이하여 결혼했으며, 결혼한 지 5년 만에 귀한 아들을 얻었다. 그러나 그의 가여운 아들은 아버지의 반밖에 살지 못했다. 아들을 먼저 보내고 깊은 슬픔에 빠진 그는 그 후 4년을 더 살다가 일생을 마쳤다." 이를 방정식으로 나타내면 $\frac{x}{6}+\frac{x}{12}+\frac{x}{7}+5+\frac{x}{2}+4=x$가 되며, 이것의 해를 구하면 디오판토스가 향년 84세에 생을 마감했다는 사실을 알 수 있다.

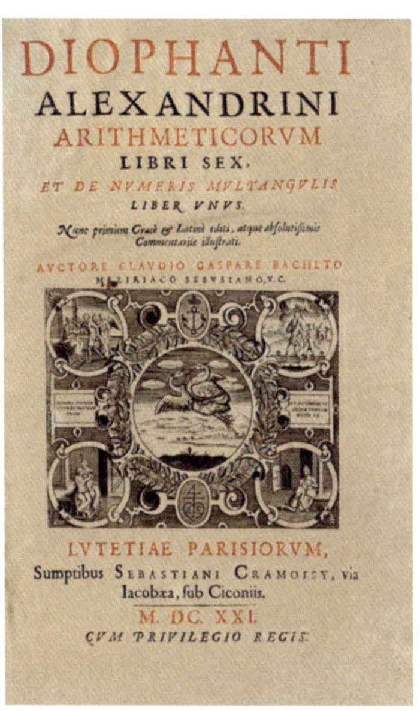

→ **1621년 출간된 『산술』의 라틴어 판본**

디오판토스방정식은 정수해만을 갖는 부정다항방정식을 의미하며, 페르마방정식이나 펠방정식 등이 이에 해당한다. 17세기 프랑스 수학자 페르마는 디오판토스의 『산술』을 연구하면서 그 여백에 메모를 남겼는데, 그중 하나가 그 유명한 '페르마의 마지막 정리(14장에서 자세히 다룬다)'이다.

파푸스: 고대 그리스 수학의 유산을 전달하다

파푸스(Pappus, 290?-350?)는 고대 그리스의 마지막 위대한 기하학자로 불리며, 그의 주요 업적은 『수학집성(Synagoge, 영어로 Collection)』에 집약되어 있다. 고대 그리스 수학의 내용을 보존하고 체계화한 것으로, 기존의 지식에 자신의 새로운 정리와 증명, 그리고 주석을 추가했다.

『수학집성』은 디오판토스의 『산술』과 함께 알파벳으로 미지수를 나타낸 첫 번째 수학자 프랑수아 비에트(François Viète, 1540-1603)에게 중요한 참고 서적이 되어주었다. 또한 『수학집성』은 데카르트가 해석기하(analytic geometry)*를 고안해 내는 데에도 영향을 미쳤으며 파스칼, 뉴턴, 오일러 등은 물론이고 17~18세기에 활동한 거의 모든 유럽 수학자에게 영향을 줬다.

디오판토스와 마찬가지로 파푸스의 존재는 중세까지 거의 알려져 있지 않다가 『수학집성』이 이슬람 세계로부터 수입된 이후 17세기 초엽부터 유럽 수학계에 뜨거운 반향을 일으켰다. 유클리드, 아르키메데스, 아폴로니우스 등 고대 그리스 수학자들의 업적을 모아 설명하고 있는 이 8권 구성의 책이 없었다면, 우리는 고대 그리스 수학의 많은 부분을 알 수 없었을 것이다. 또한 파푸스는 여러 정리를 남겼다. 그중에서도 가장 유명하고 중요한 두 개만 소개하자면 그것은 바로 '파푸스의 육각형정리'와 '파푸스의 중심정리'이다.

• 해석기하란 도형(곡선)을 수식으로 나타내 다루는 것을 말한다. 예컨대 반지름이 1인 원은 수식 $x^2+y^2=1$로 표현할 수 있다. 이렇게 곡선을 수식으로 나타내는 건 데카르트가 '좌표평면'이라는 개념을 도입함으로써 가능해졌다.

파푸스의 육각형정리

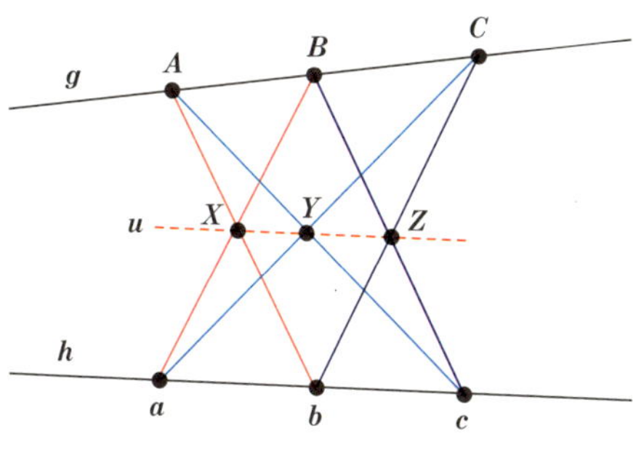

파푸스의 육각형 정리

서로 다른 두 직선 위에 각각 3개의 점이 있을 때, 세 교점이 항상 하나의 일직선 위에 위치한다는 정리이다. 이 정리는 그가 유클리드 기하학의 틀을 넘어선 사영기하학의 기초적인 개념을 4세기 무렵부터 이미 어느 정도 이해하고 있었다는 것을 보여주며, 17세기에 지라르 데자르그(Girard Desargues, 1591-1661)에 의해 시작된 사영기하학 발전의 초석이 되었다.

파푸스의 중심정리*

평면 도형을 어떤 축을 기준으로 회전시킬 때 생기는 회전체의 부피와 겉넓이를 구하는 정리이다. 평면 도형의 넓이 또는 길이에 이 도형의 무게중심이 그리는 원둘레를 곱하여 계산한다. 이 정리를 이용하면 복잡한 적분 계산 없이 회전체의 부피와 겉넓이를 쉽게 구할 수 있

* 스위스의 파울 굴딘(Paul Guldin, 1577-1643)이 이 정리를 증명하고 일반화했기에, 파푸스-굴딘정리라고 부르기도 한다.

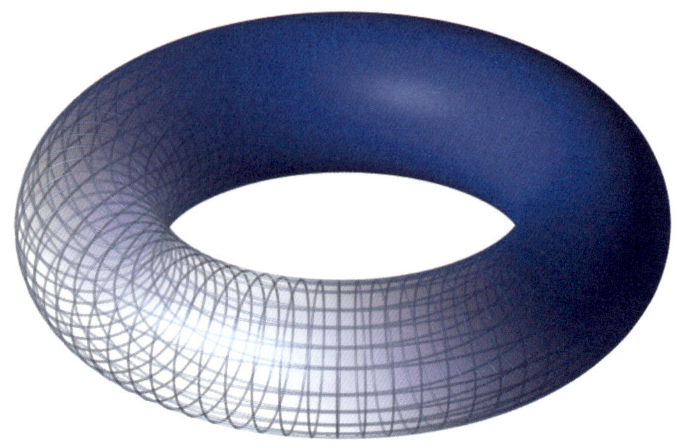

평면 위의 원을, 같은 평면 위에 있고 도형과 만나지 않는 축을 중심으로 360° 회전시킬 때 생기는 도형을 토러스(torus, 원환면)라고 한다.

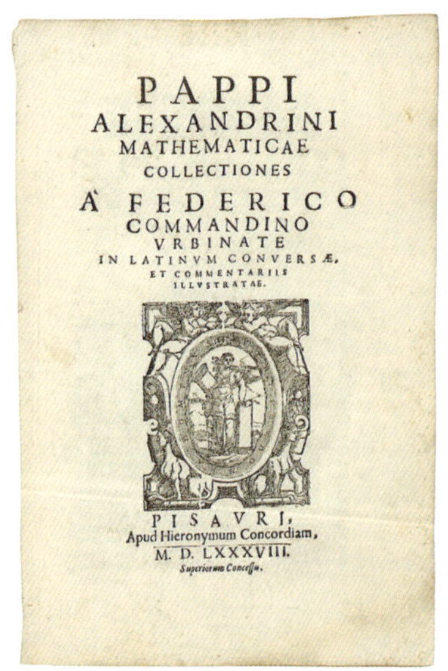

→ **1588년 출간된 『수학집성』 라틴어 판본**
『수학집성』은 이탈리아의 수학자 페데리코 콤만디노(Federico Commandino, 1509-1575)에 의해 라틴어로 처음 번역되었다. 그는 그리스어 또는 아랍어로 쓰인 고대 수학 책들을 라틴어(혹은 이탈리아어)로 번역한 것으로 유명하다. 그 목록은 아르키메데스, 아리스타르코스, 프톨레마이오스, 아폴로니우스, 헤론 등의 유작과 유클리드의 『원론』에 이른다.

어서 현재 수학에서도 종종 쓰인다.

이는 토러스의 예를 보면 이해하기 쉽다. 파푸스의 중심정리에 따르면 토러스의 겉넓이는 '작은 원(반지름은 a)의 둘레'×'원의 중심이 회전하며 그리는 원(반지름은 b)의 둘레'이므로 $S=(2\pi a)\times(2\pi b)=4\pi^2 ab$가 된다. 토러스의 부피는 '작은 원의 넓이'×'원의 중심이 회전하며 그리는 원의 둘레'이므로 $V=(\pi a^2)\times(2\pi b)=2\pi^2 a^2 b$이다.

파푸스는 수학뿐만 아니라 광학 분야에서도 중요한 업적을 남겼다. 『수학집성』 제6권에서는 다양한 종류의 거울을 다루는데, 거울과 렌즈를 이용한 반사 및 굴절 현상을 비롯해, 특히 초점의 개념에 대해 깊이 연구했다. 포물면 거울이 평행한 광선을 한 점에 모으는 성질에 대해서도 설명했다. 앞서 말했듯 파푸스는 고대 그리스 수학의 유산을 전달하는 중요한 역할을 했고, 그의 정리들은 오늘날에도 여전히 기하학, 물리학, 공학 등 다양한 분야에서 활용되고 있다.

히파티아: 비극적인 죽음을 맞이한 최초의 여성 수학자

히파티아(Hypatia, 370-415)는 역사상 최초의 전문적인 여성 수학자였다. 여성이라는 점과 그녀가 참혹한 죽음을 맞이했다는 점 때문에 현대에 이르러 그녀의 삶과 업적에 대한 관심이 커지고 있다. 종교적인 갈등으로 인한 그녀의 비극적인 죽음은 알렉산드리아가 맞이할 학문적, 문화적 침체의 시작을 알리는 신호탄이나 다름없었다.

그녀는 당대 최고의 수학자이자 무세이온의 관장이었던 것으로 추정되는 아버지 테온(Theon, 335-405)의 뒤를 이은 뛰어난 수학자였고,• 알렉산드리아 철학 아카데미의 수장으로서 네오플라토니즘••을 연구하고 설파하던 철학자였다. 그녀는 아버지 테온이 『알마게스트』에 대한 7개 장의 주석서를 작성하는 것을 도왔고, 두 사람은 『원론』의 새로운 버전을 만드는 일도 함께 했다. 현존하는 『원론』은 히파티아와 테온이 새롭게 구성한 버전일 가능성이 높다.

이처럼 그녀는 학문적 지위와 뛰어난 웅변력으로 알렉산드리아에서 아주 큰 영향력을 가진 인물이 되었다. 이는 곧 기독교와 비기독교가 대립하던 당시, 기독교인들이 공격할 대상이 되기 쉬운 위치에 있었다는 의미이기도 하다. 고대 그리스 철학의 설파와 과학에 대한 깊은 연구는 반기독교적인 요소라 여겨지던 시기였다. 기독교 신학자였던 키릴(Cyril, 375-444)이 412년 총주교로 취임하면서 정치적인 이유로 히파티아를 이단으로 규정했고, 그녀는 결국 기독교인들에 의해 살해되었다.

히파티아의 죽음은 단순히 한 수학자의 비극이 아니었다. 그것은 알렉산드리아가 수백 년간 지켜온 지적 개방성과 문화적 포용의 종말을 상징했다. 그러나 이 도시에서 꽃피운 수학의 유산은 사라지지 않았다. 유클리드의 『원론』은 이슬람 문화권으로 건너가 보존되었고, 르네상스 시대 유럽으로 돌아와 근대 수학의 토대가 되었다. 알렉산드리아는 무너졌지만, 그곳에서 시작된 수학의 흐름은 끊이지 않고 다음 세대로 이어졌다.

• 이 점은 세계적인 여성 수학자였던 에미 뇌터(Emmy Noether, 1882-1935)와 그녀의 아버지 막스 뇌터의 경우와 유사하다. 뇌터에 대해서는 17장에서 자세히 다룬다.
•• 3세기 이후 로마 시대에 성립된 그리스 철학의 한 학파로, 플라톤 철학을 재해석하며 동방의 유대 사상을 절충했다.

7장

이슬람:
고대와 근대를 연결한 지식의 전령

옛날 사람들에게 종교가 얼마나 중요한 것이었는지, 그들의 삶과 정신에 종교가 얼마나 깊이 관여했는지를 현대인들이 실감하기란 쉽지 않다. 곧 살펴보게 될 수학 발전의 현장, 이슬람 문화권과 중세 유럽에 살던 사람들이 평소에 가졌던 가장 큰 관심사를 세 가지 꼽자면 그것은 바로 종교, 전쟁, 죽음일 것이다. 수학의 역사를 제대로 이해하려면 그 수학을 만들어낸 사람들의 삶을 이해해야 한다. 그들이 무엇을 두려워했고, 무엇을 지키려 했는지를 알아야 비로소 그 현실 속에서 수학이 어떤 의미였는지, 그들이 어떤 이유로 수학을 탐구했는지가 보이기 시작한다. 삶의 방식과 문화가 지금의 우리와 완전히 다른 세계에 살던 옛사람들의 가치관을 이해하려는 노력이 역사 공부의 출발점이라 하겠다.

종교는 학문을 발전시킬까, 억누를까?

로마의 대제국이 건설된 뒤, 500년이 넘는 기간 동안 이 광활한 지역의 사람들에게 유대인의 '유일신' 종교는 아주 특이한 종교로 여겨졌다. 수많은 신을 섬기는 다신교를 믿는 사람들에게 오직 하나의 신만을 믿는 것은 이해하기 어려웠기 때문이다. 그런 유일신 신앙으로부터 파생된 기독교라는 새로운 종교는 예루살렘과 소아시아(오늘날의 튀르키예)에서 탄생한 이후, 4세기에는 로마제국의 국교가 되었고 5~9세기에 걸쳐 유럽 전역에 전파되었다. 세상을 창조하고 모든 일을 관장하는 유일신의 존재를 믿는 이 새로운 종교에 대한 사람들의 신심과 의존은 점차 커져갔다.

종교는 그 지배력이 지나치게 강해지면 사람들의 호기심과 지식 탐구욕을 억제하고, 종교를 벗어난 사고와 문화의 다양성을 제한한다. 한편 유럽은 정치적, 사회적으로는 오랫동안 봉건제도를 유지했다. 한 사회가 일정 수준 이상으로 발전을 이루기 위해서는 충분한 인구와 경제력을 갖춰야 하는데, 잘게 쪼개진 봉건 영지는 이를 어렵게 하는 조건이었다.

학문은 다양한 사고를 포용하는 분위기에서 발전하는 법이다. '그분은 모든 것을 관장하고 모든 것을 알고 있다', '그분은 우리를 사랑한다' 같은 믿음은 자연스럽게 '모든 것은 종교 안에서 해결하면 된다'라는 믿음으로 이어졌다. 이런 분위기는 인간의 순수한 이성으로 세상을 탐구하는 작업의 가치를 떨어뜨렸다. 궁금한 것이 있다면 교회에 달려가 신부님께 물어보면 되고, 신부님도 모르는 문제는 기도를 통해 답을 얻으면 된다고 생각하는 사람들이 늘어났다. 결과적으로 전문적인 지식은 성직자의 전유물이 되었고 유럽의 학교들은 성직자를 교육하기 위한 목적으로만 설립되었다. 따라서 중세에는 지식인의 거의 대부분이 성직자였고 지식 탐구도 종교 내에서만 이뤄지게 되었다. 중세 유럽에 생기기 시작한 대학의 교수들 역시 대부분 성직자였으며, 이 흐름은 18세기까지 이어졌다. 교수들은 성직자와 유사한 옷을 입고 다녀야 했는데 뉴턴이 그 옷을 매우 거추장스럽게 여겼다는 이야기는 유명하다. 이처럼 유럽은 4세기경부터 종교와 봉건제도로 인하여 학문적으로 깊고 긴 침체에 빠지게 된다. 이후 1000년이나 이어질 암흑기가 시작된 것이다.

흥미로운 점은, 아라비아 지역에서는 7세기 초 새로운 종교인 이슬람교가 탄생하면서 문화적 각성과 함께 수학이 발전했다는 것이다. 일견 유사한 형태의 종교가 한 지역에서는 문화의 침체를, 또 다른 지역에서는 문화적 각성을 불러온 셈이다. 그것은 두 지역의 사회적, 정치적 배경이 전혀 다르고 종교의 확산 과정 역시 완전히 달랐기 때문이다.

종교가 사람들의 삶과 정신을 깊이 지배하던 시기에는 문화의 흐름 전반이 종교의 영향 아래 놓였고 수학(과학)도 예외는 아니었다. 따라서 수학의 역사에는 종교에 대한 이야기가 등장하게 되어 있다. 종교가 항상 수학의 발전을 저해하는 요인이 되기만 한 것은 아니다. 기독교는 르네상스 이후 유럽에서 진리 탐구 정신을 중시하는 사상이 일어나는 데 그 배경이 되어주었다.

이슬람교: 새로운 문명의 토대를 만들다

유대인과 아라비아인은 원래 같은 셈족이었다. 아브라함이 바로 그들의 공동 조상으로, 그의 아들 이삭과 이스마엘은 각각 유대인과 아라비아인의 조상이다. 그러나 현대에 이르러 두 민족은 종교로 인하여 서로를 적으로 규정하고 치열하게 반목하고 있다.

이슬람교는 수학사에서 중요한 위치를 차지한다. 7세기 아라비아 사막에서 탄생한 이 종교는 어떻게 수학의 역사를 바꿔놓았을까? 먼저 이슬람교의 형성과 발전 과정을 잠시 살펴보자. 이슬람교의 창시자이자 예언자인 무함마드(Muhammad, 570?-632)는 상업도시면서 종교적, 민족적 갈등을 겪고 있던 메카에서 태어났다. 그는 어린 시절 부모를 여의고 삼촌 아부 탈리브(Abu Talib, 549-619) 밑에서 자랐으며, 정직하고 성실한 성품이었다고 한다. 그는 메카 유력 집안의 카디자(Khadijah)라는 15살 연상의 부유한 여성과 결혼하면서 경제적으로 안정된 삶을 살 수 있었지만, 점차 사색과 명상을 하는 사람으로 변모했다.

무함마드는 40세쯤 되었을 때 메카 외곽의 히라 동굴에서 명상하던 중 가브리엘 천사로부터 알라(이슬람교의 유일신)의 계시를 받기 시작했다. 이 계시는 오랫동안 계속되었으며, 이후 이슬람교의 경전인 쿠란으로 집대성되었다. '읽기'로 직역되며 낭송을 의미하는 쿠란은 알라의 계시를 서술한 것으로, 알라에 대한 믿음과 그분의 말씀에 대한 순종을 강조한다. 무함마드는 계시를 받은 후 비밀리에 자신의 부인과 가까운 친구들에게 이슬람의 메시지를 전파하기 시작했다.

무함마드가 이슬람교를 공개적으로 전파하기 시작하자 메카의 지배층인 쿠라이시족은 그의 종교를 위협으로 간주했고, 이로 인해 신도

자발 알누르는 '빛의 산'이라는 뜻으로 사우디아라비아 헤자즈 지역의 메카 인근에 위치한 산이다. 전 세계의 무슬림이 성지순례를 위해 이곳 히라 동굴을 찾는다.

들은 심한 박해를 받게 되었다. 결국 622년, 무함마드와 그의 추종자들은 메카를 떠나 북쪽의 도시 야스리브로 이주했다. 이 사건을 '이주'를 뜻하는 '헤지라(hegira)'라고 부르는데, 이슬람력의 기원 원년으로 삼을 만큼 이슬람 역사에서 매우 중요한 사건이다. 야스리브는 이후 '메디나 알나비(예언자의 도시)', 즉 메디나로 불리게 되었다. 헤지라는 박해받던 소수 공동체가 정치적, 종교적 힘을 갖춘 독립적인 공동체 '움마'로 다시 태어남을 의미한다.

메디나에서 이슬람 공동체의 힘이 커지자, 메카의 쿠라이시족과의 갈등은 더욱 심화되었다. 무슬림 공동체는 바드르 전투(624), 우후

• 이러한 초기 무슬림들을 '무하지르'라 한다.

→ **카바 신전**

메카에 위치한 카바 신전은 이슬람교의 제1성소로서 전 세계의 무슬림이 이쪽을 향해 예배를 드린다. 카바는 본래 '정방형의 건물'이라는 뜻이다.

드 전투(625), 참호 전투(627) 등 여러 차례의 전투를 치렀다. 이 전투들은 이슬람 공동체의 결속력을 강화하고 무함마드가 신의 보호를 받는 예언자임을 증명하는 계기가 되었다.

무함마드는 630년 메카를 정복했다. 메카 정복은 아라비아반도 내 이슬람의 지배력을 공고히 하는 결정적인 계기가 되었다. 무함마드는 632년 사망할 때까지 이슬람 공동체를 통합하고 신앙적 기반을 다졌다. 즉 무함마드는 여러 부족을 이슬람교 아래 통합한 종교의 창시자이자, 새로운 국가 시스템을 구축한 정치적 지도자였다.

이슬람교와 기독교는 본질적으로 같은 민족의 뿌리를 갖고 있으므로 구약성경의 일부를 공유한다. 실제로 당시 메카에는 유대인과 기독교도 들이 꽤 많이 살고 있었고, 이슬람교를 일으킨 사람들은 이미 기독교의 교리에 대해서도 잘 알고 있었다. 그래서 무함마드는 자신을 신격화하는 것을 경계하여 자신은 알라의 말씀을 전하는 예언자에 불과함을 강조했다.

여러 국제 분쟁과 테러 등으로 인해 이슬람교를 백안시하는 사람들이 있지만 역사적으로 이 종교의 지도자들은 수학, 과학을 중시하고 타민족과 타문화에 대해 관용적이었다.

정통 칼리파 시대(632-661): 예언자 무함마드 이후의 시대

무함마드 사후, 이슬람 공동체는 그의 후계자를 '칼리파'(영어로 Caliph)로 선출했다. 이 시기 정통 칼리파라고 불리는 네 명의 칼리파들은 무함마드의 교리를 따르고 공동체를 이끌었다. 그들은 아라비아반도를 통일하고 동로마제국과 사산조 페르시아의 영토로 원정을 나가 시리아, 이라크, 이집트 등을 정복하며 이슬람 세력을 확장했다. 1대 아부 바크르(Abū Bakr, 재위 632-634)가 아라비아반도에서 반란을 진압하고 통일을 이뤘고, 2대 우마르(Umar, 재위 634-644)는 대규모 정복 전쟁을 시작하여 이슬람제국의 기틀을 마련했다. 3대 우스만(Uthman, 재위 644-656)은 쿠란을 집대성하고 통일된 성전으로 만들었다. 후일 그가 당한 암살은 이슬람 내부에 갈등을 초래하게 된다.

4대 알리(Ali, 재위 656-661)는 무함마드의 유일한 사위이자 조카였다. 그는 우스만 암살 이후 혼란을 수습하려 했으나, 시리아의 총독이자 곧 우마이야왕조의 창시자가 될 무아위야 1세(Muawiyah I, 재위 661-680)와 내전을 벌이다 본인 역시 암살되었다. 무아위야 1세 사후 칼리파에 오른 아들 야지드 1세(Yajid I, 재위 680-683)의 병사들은 알리의 둘째 아들 후세인과 그의 가족들을 참혹하게 죽였다. 이로 인하여 이슬람교는 시아파와 수니파[*]로 나뉘어 극심한 갈등을 겪게 된다. 후세인에 대한 애도와 그의 고통을 기억하는 행위는 지금까지도 시아파에서 매우 중요한 행사다.

우마이야왕조(661-750): 이슬람 세계의 영토 확장

칼리파를 선출하고 공동체적 지도 체제를 갖췄던 정통 칼리파 시대와 달리 우마이야왕조는 칼리파 자리를 세습하는 왕조 체제로 바꾸며 제국을 건설했고 수도를 다마스쿠스로 정했다. 우마이야왕조는 활발한 정복 활동을 이어갔다. 서쪽으로는 북아프리카를 정복하고, 이베리아반도로 건너가 오늘날의 스페인과 포르투갈 지역까지 지배했다. 동쪽으로는 중앙아시아와 인더스강 유역까지 영토를 확장했다. 이 시기의 지배층은 아라비아인이었으며, 비아라비아인 무슬림에 대한 차별이 존재해 내부 불만을 초래하기도 했다.

아바스왕조(750-1258): 이슬람의 황금시대

우마이야왕조의 차별 정책과 사치에 대한 불만으로 반란이 일어

---

[*] 시아(Shia)파는 무함마드의 혈통인 알리와 그 후손만이 정당한 지도자(이맘)라고 주장하는 반면에 수니(Sunni)파는 공동체의 합의에 따라 능력 있는 지도자를 선출해야 한다고 주장한다. 두 교파는 서로 매우 적대적이어서 지금까지 중동 지역에서 국가 간 갈등의 주요 원인이 되고 있다. 수니파의 맹주는 사우디아라비아이고 시아파의 맹주는 이란이다. 중동 지역 이외의 무슬림은 거의 다 수니파로, 전 세계 무슬림의 85% 이상이 수니파로 이루어져 있다.

났고, 그 결과 아바스왕조가 들어섰다. 무함마드의 삼촌인 아바스의 후예를 자처하는 자들이 페르시아인 및 시아파 신도들과 협력하여 우마이야왕조를 무너뜨렸다. 따라서 다마스쿠스보다는 훨씬 동쪽인 바그다드에 새로운 도읍을 정하게 되었다. '신의 정원'이라는 뜻인 바그다드는 인공적으로 건설된 도시이다. 아바스왕조는 비아랍인 무슬림을 평등하게 대우하며 더욱 통합된 제국을 만들었다. 이 시기는 '이슬람의 황금시대'로 불리며 학문과 문화가 크게 발전했다.

바그다드는 762년 아바스왕조의 2대 칼리파이자 실질적인 창시자인 알만수르(al-Mansur, 재위 754-775, 아바스의 고손자)에 의해 건설되었다. 그는 새로운 수도를 건설하고자 여러 후보지를 검토한 끝에 유프라테스강과 티그리스강이 만나는 전략적 요충지인 바그다드를 선택했다. 이곳은 동로마제국과 사산조 페르시아의 문화가 교차하는 지점이었으며, 풍부한 수자원과 편리한 교통망을 갖추고 있었다.

알만수르는 도시를 설계하며 혁신적인 원형 구조를 채택했다. 이 원형 도시는 완벽한 동심원을 이루었는데, 중심에는 칼리파의 궁전과 대모스크가 위치하고 있었다. 궁전을 중심으로 여러 겹의 벽이 둘러싸고 있었으며, 각 벽에는 군사적 방어를 위한 문이 설치되고 있었다. 철저한 계획도시인 바그다드의 각 구역은 상업, 주거, 군사 등 기능에 따라 구분되었다.

기하학과 천문학에 관심이 많았던 알만수르는 평소 존경하던 유클리드의 가르침을 기리기 위해 거대한 원형 도시를 완벽한 설계도에 따라 건설했다. 한편 그는 『원론』을 아랍어로 번역하도록 명령하기도 했다. 바그다드의 최대 전성기는 5대 칼리파 하룬 알라시드(Hārūn al-Rashīd, 재위 786-809)와 그의 아들인 7대 칼리파 알마문(al-Ma'mun, 재위

→ 바그다드의 원형 도시 상상도

아바스왕조의 수도 바그다드에 건설되었을 원형 도시의 상상도로, 배경에는 티그리스강이 흐르고 있다. 이 도시의 마지막 흔적은 1870년대 초 오스만 총독 미드하트 파샤(Midhat Pasa, 1822-1883)가 근대화 열정에 사로잡혀 유서 깊은 성벽을 허물면서 사라졌다.

813-833)이 통치하던 때로, 당시 바그다드의 인구가 150만 명에 달했다는 설이 있다. 바그다드가 중국 당나라의 수도 장안과 함께 당대 세계 최대의 도시였던 것은 분명하다. 바그다드는 그리스, 페르시아, 인도 문명의 지식이 융합되어 새로운 학문적 성과를 꽃피운 지식과 문화의 중심지였다.

바그다드의 칼리파들은 학문을 중시했고, 자연의 섭리를 연구하는 학자들을 경제적으로 지원했다. 바그다드가 당대 최고의 문명을 갖출 수 있었던 핵심 키워드는 '포용'이었다. 그곳에서는 페르시아인, 유대인, 기독교인 모두 종교적, 인종적 차별을 받지 않고 능력을 발휘할 기회가 주어졌으며, 학문 연구에 있어서도 사상적, 정치적 제약을 받지 않았다.

원래 이슬람교의 발상지인 아라비아반도는 오랫동안 동로마제국과 사산조 페르시아 사이에서 눌려 지내는 형국을 하고 있었다. 이슬람교로 통일되어 강력한 힘을 갖추게 된 아라비아의 군대가 7세기 초 거대한 페르시아를 무너뜨리긴 했지만 문화 수준은 여전히 페르시아가 훨씬 높았다. 따라서 14세기까지도 이슬람 세계의 주요 학자들은 대다수가 페르시아인이었다. 거의 유일하게 순수 아랍 혈통이었던 알 킨디(al-Kindi, 801-873)가 '아랍의 철학자'라고 불렸다. 현대에도 페르시아의 후예인 이란의 수학, 과학 수준은 매우 높은 반면, 다른 아랍 국가들의 수준은 낮은 편이다.

바그다드의 학자들이 큰 힘을 기울인 것은 그리스 수학자들의 책을 번역하는 일이었다. 유클리드, 아리스토텔레스, 프톨레마이오스, 파푸스, 디오판토스 등의 저서가 아랍어로 번역됐고, 이 책들이 훗날 유럽에 수입된다.

아랍어: 지식을 연결하는 공통의 언어

이슬람의 세력 확장으로 인하여 생겨난 가장 큰 문화적 이점은 바로 언어의 통일이었다. 성경인 쿠란은 아랍어로 쓰였고 모든 모스크의 종교 행사도 아랍어로 행해졌다. 결국 나중에는 아랍어가 먼 서쪽의 이베리아반도부터 북아프리카 전역, 아라비아, 그리고 페르시아 지역에 이르는 광활한 영역의 공용어가 되었다. 구어(口語)는 지역에 따라 다를 수 있지만 모든 문서는 아랍어로 쓰였다. 언어의 통일이 문화 교류에 도움을 주게 된 것은 당연하다. 이슬람 문화권에서는 한 지역에서 발생한 높은 수준의 문화나 한 지역에서 태어난 뛰어난 인물의 지식과 업적이 쉽게 다른 지역으로 전파될 수 있었다. 바그다드에서는 이슬람 전역에서 온 인재들이 서로 아랍어로 소통했다.

물론 유럽도 기독교 덕분에 라틴어라고 하는 공용어를 얻게 되어 그것이 훗날 르네상스 시대에 유럽의 과학과 문화가 발전하는 데 크게 기여했다. 뉴턴의 『프린키피아』뿐만 아니라 18세기까지 유럽에서 출간된 대부분의 학문적, 종교적 서적은 라틴어로 쓰였다. 그래서 유럽의 모든 학자가 번역 없이 책들의 내용을 공유할 수 있었고 라틴어로 쓴 편지를 통하여 서로의 생각을 주고받을 수 있었다.

참고로 알코올(alcohol)과 같이 '알'이 붙는 영어 단어는 대부분 아랍어에서 유래된 말이다. 이때 'al'은 아랍어의 명사에 붙는 정관사이다. 알고리듬(algorithm), 알제브라(algebra, 대수학), 알케미(alchemy, 연금술, 영어 chemistry의 어원), 알칼리(alkali, 염기) 등도 아랍어에서 왔다. 물론 아랍어에서 유래된 말 중에 '알'이 붙지 않은 단어들도 수백 개에 달한다. 우리 일상 속 깊숙이 스며든 영어 단어 몇 개만 예를 들자면 0(zero, 또는 cipher), 커피(coffee), 설탕(sugar), 매트리스(mattress), 레몬(lemon), 솜(cotton), 무기고(arsenal), 잡지(magazine), 제독(admiral), 여정(safari) 등이 있다.

한편, 통상적으로 '아라비아'라는 말은 주로 아라비아 지역을 칭할 때 사용하고, '아랍'이라는 말은 아라비아의 문화나 언어를 칭할 때 사용한다.

지혜의 집: 학문 연구의 중심지

9세기 초 칼리파 알마문 시대, 바그다드에 설립된 '지혜의 집(Bayt

al-Hikma)'은 학문 발전에 큰 영향을 미친 연구 기관이자 도서관이었다. 알마문은 그리스, 인도, 페르시아의 고전 문헌들을 아랍어로 번역하는 대규모 프로젝트를 지원했다.

당대의 뛰어난 학자들이 지혜의 집에 모여 연구하고 토론했다. 번역된 지식을 바탕으로 새로운 학문적 탐구가 이뤄졌으며, 이는 곧 수학, 천문학, 의학, 철학 등 다양한 분야의 발전을 촉진했다. 알마문은 학자들에게 금전과 명예를 아낌없이 제공하며 학문 연구를 적극적으로 장려했다. 이러한 배경 덕분에 바그다드는 이슬람 황금시대의 문화적 수도가 될 수 있었다.

세월이 흐른 13세기 중반, 비록 전성기는 지났지만 바그다드는 여전히 세계 최대의 도시이자 당대 최고의 문화 수준을 자랑하는 도시였다. 그러나 1258년 몽골 최정예 군대의 공격을 받은 도시는 2주를 버티지 못하고 무너졌다. 바그다드에 입성한 몽골 군대는 칼리파 알무스타심(al-Musta'sim, 재위 1242-1258)은 물론이고 수만 명에 이르는 사람을 학살했고 무지막지한 약탈과 파괴를 자행했다. 이때 지혜의 집도 다른 모스크, 궁전 들과 함께 파괴되었다. 버려진 책들의 잉크로 티그리스강의 강물이 검게 물들었다는 이야기가 전해진다.

지혜의 집 파괴는 기원전 48년 알렉산드리아 도서관 대화재와 더불어 세계 역사상 가장 큰 문화적 손실이라고 할 수 있다. 이 시기는 이미 중국에서 종이 제조술이 전파된 이후였기에, 지혜의 집에 있던 수십만 권의 책들은 종이로 만들어진 것이었다. 한편 알렉산드리아 도서관에서 소실된 책들은 파피루스로 만들어진 두루마리 형태의 책이었고 중국 진나라에서 분서갱유로 태워진 책들은 죽간으로, 대나무를 이어 붙여서 만든 두루마리 형태의 책이었다. 지식이 종이에 담기든

야히야 알와시티(Yahya al-Wasiti)가 1237년에 그린 도서관 풍경으로, 아랍 작가 알하리리(al-Hariri)가 쓴 마카마트(Maqamat, 운문과 산문을 섞은 아랍 문학 형식) 필사본에 수록된 삽화이다. 지혜의 집을 묘사한 것은 아니지만 당시 바그다드의 학문적 분위기를 생생하게 전해준다.

대나무 조각에 새겨지든, 그 형태가 무엇이든 간에 역사에서는 이처럼 인류가 수백 년에 걸쳐 쌓아 올린 지식이 한순간에 사라져 버리는 비극이 여러 차례 되풀이되어 왔다.

알콰리즈미: 대수학의 아버지

‘대수학의 아버지’라고 불릴 만큼 역사적으로 위대한 수학자인 알콰리즈미(al-Khwarizmi, 780?-850?)는 이 시기 지혜의 집에서 연구 활동을 한 대표적인 인물이다. 페르시아인인 그와 그의 아버지는 지금은 우즈베키스탄에 속한 지역인 콰레즘(Khwarezm)에서 출생했다.• 그가 저술한 많은 책이 중세에 유럽으로 수입됨으로써 그 이름을 두루 떨치게 된다.

알고리듬이 바로 그의 이름에서 유래했다는 것은 널리 알려진 사실이다. 대수학을 의미하는 알제브라(algebra) 역시 그가 820년경 저술한 『알자브르와 알무까발라(al-jabr wal-muqābala)』라는 책의 제목에서 유래했다. 알자브르는 복원(restoration) 또는 완성(completion)을 의미하며, 방정식의 음수 항을 반대쪽으로 옮겨 양수 항으로 만드는 과정을 말한다. 알무까발라는 상쇄(balancing)를 의미하며, 양변의 같은 항을 소거하는 과정을 말한다. 알콰리즈미는 이 두 가지 개념을 통해 1, 2차방정식을 체계적으로 푸는 방법을 제시했다. 그의 접근법은 고대 그리스 수학의 기하학적 방법과 달리 순수하게 대수적인 방법을 사용했다는 점에서 혁명적이었다.

한편 인도에서 숫자를 표기하는 방법이 전래됨에 따라 곱셈과 나눗셈 같은 복잡한 연산이 훨씬 쉬워졌고, 이는 상업과 과학기술이 발전하는 데 큰 도움이 되었다. 알콰리즈미의 다른 저서 『인도 계산법』(825?)은 이 인도-아라비아 숫자 체계가 유럽에 전파되는 데 결정적인

• 그의 이름은 이 지명에서 유래했다.

역할을 했다. 당시 유럽에서는 아직도 복잡한 로마 숫자를 사용하고 있었다.

삼각법: 땅과 하늘을 잇는 수학

아랍의 수학자들은 그리스의 지식을 번역하는 한편, 그들만의 새로운 관점과 방법론을 더함으로써 수학의 지평을 넓혔다. 특히 천문학 연구를 위해 삼각법을 크게 발전시켰다. 그리스 학자 프톨레마이오스가 사용했던 현의 개념을 확장하여 사인, 코사인 같은 오늘날의 삼각함수 개념을 정립했다. 예를 들어, 알바타니(al-Battani, 868?-929)는 삼각함수표를 작성하고 이를 천문학 계산에 적용해 태양년(태양이 어떤 기준점을 한 바퀴 도는 데 걸리는 시간)의 길이를 더 정확하게 측정했다. 그는 삼각법을 통해 프톨레마이오스의 결과를 개선했으며 시리아의 도시 라카(Raqqa)에서 엄밀한 천체 관측을 실시했다. 그의 책들은 중세 시대에 라틴어로 번역되었다. 알바타니는 당대 유럽에서 가장 잘 알려진 이슬람 세계의 천문학자였다. 그의 연구는 나중에 코페르니쿠스, 케플러 같은 천문학자들에게 중요한 영감을 주었다.

이슬람의 기하학은 고대 그리스의 유클리드기하학을 계승하며 발전했다. 특히 이븐 알하이삼(Ibn al-Haytham, 965-1040, 라틴어로 Alhazen)은 광학 분야에 수학을 적용하여 빛의 반사와 굴절에 대한 정확한 법칙을 발견했다. 그의 연구는 현대 과학적 방법론의 선구자로 평가받을 정도로 혁신적이었으며 '광학의 아버지'로 불리기도 한다.

이베리아반도: 두 문명을 잇는 가교

현재 스페인과 포르투갈이 있는 이베리아반도는 8세기부터 15세기까지 알안달루스 지역이라 불리며 이슬람 문명의 중요 거점으로 기능했다. 후(後)우마이야왕조(756-1031)* 때의 수도 코르도바는 10세기 무렵 인구가 45만 명에 이르는 유럽 최대의 도시이자 최고의 문명 도시였고, 독자적인 학문의 번영을 이뤘다.

수학과 과학 역시 코르도바와 세비야 같은 도시를 중심으로 크게 발전했다. 961년 알하캄 2세(al-Hakam II, 915-976)가 코르도바에 거대한 도서관을 세우면서 학문적 부흥기가 시작되었는데, 이곳은 바그다드의 지혜의 집과 마찬가지로 다양한 문헌 수집과 번역의 중심지가 되었다. 특히 유클리드의 『원론』, 아르키메데스와 아폴로니우스의 저서 등 고대 그리스의 중요한 수학 문헌들이 이곳에서 재발견되고 연구되었다. 10~11세기에 코르도바는 서유럽 최대의 문화 중심지로 번성했고, 훗날 이곳의 수학이 유럽 전역으로 전파된다. 앞서 말한 대로 문화는 높은 곳에서 낮은 곳으로 흐르는 법이다.

한편 한때 스페인 전역을 거의 다 차지했던 이슬람 세력은 8세기 북쪽으로부터 시작된 기독교 세력의 레콩키스타(reconquista, 재정복)로 인하여 점차 남쪽 지역으로 밀려나, 나중에는 안달루시아** 지역에만

* 우마이야왕조가 망할 때 왕족이 몰살당했으나, 왕자 아브드 알라흐만 1세(Abd al-Rahman, 731-788)가 겨우 이베리아반도로 도망가 코르도바에 후우마이야왕조를 건국했다. 칼리파 대신 '아미르'라는 칭호를 썼다. 10세기 아브드 알라흐만 3세(Abd al-Rahman III, 890-961)가 칼리파를 자칭하며 전성기를 맞이했으나, 내부 분열과 기독교 세력과의 갈등 끝에 1031년 멸망했다.
** 스페인 서남부 지역의 주 이름으로, 알안달루스에서 유래했다.

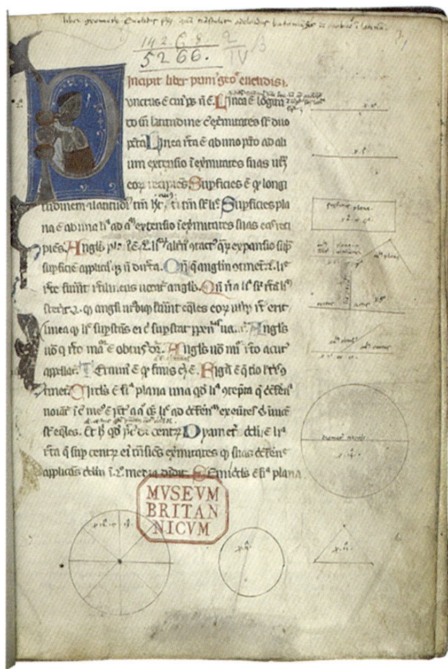

→ 12세기 아랍어에서 라틴어로 번역한 『원론』

아델라드(Adelard of Bath, 1080?-1142?)가 번역한 유클리드의 『원론』이다. 12세기 잉글랜드의 자연철학자였던 그는 중요한 그리스 문헌들을 아랍어 판본에서 라틴어로 번역하여 유럽에 소개한 것으로 유명하다. 현존하는 가장 오래된 『원론』의 라틴어 판본 역시 그가 번역했다. 그는 인도-아라비아 숫자를 유럽에 처음 소개한 인물 중 한 명이기도 하다.

남게 된다. 이 지역은 수백 년 동안 무슬림, 기독교도, 유대인이 함께 살면서 소위 콘비벤시아(convivencia, 공존) 문화를 이루며 발전해 나갔다.

11세기 이후 레콩키스타가 계속 진행되며 톨레도 같은 도시가 기독교 세력에게 넘어가기 시작했지만, 이는 오히려 이슬람 세계의 지식이 유럽으로 전파되는 계기가 되었다. 톨레도번역학교(Escuela de Traductores de Toledo)에서는 이슬람 학자들이 남긴 아랍어 저서들을 라틴어로 번역하는 작업이 활발하게 이루어졌다. 이 과정에서 바그다드와 알안달루스에서 발전한 대수학이 비로소 유럽에 알려지기 시작했다.

알안달루스에는 여러 뛰어난 수학자가 있었지만, 그중에서도 알

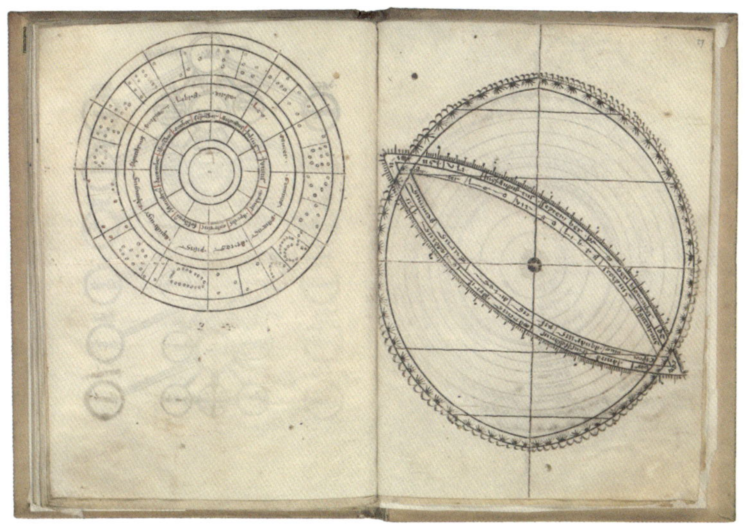

→ 톨레도 천문표

알자르칼리가 주도하여 작성한 이 천문표는 행성의 운행, 항성의 위치, 일식과 월식의 예측, 삼각 함수표 등을 담고 있으며 12세기에 유럽에 소개되어 유럽 천문학을 크게 바꿔놓았다.

자르칼리(al-Zarqali, 1029?-1100?)와 이븐 알하임(Ibn al-Ha'im, 1213?)의 기여가 두드러진다. 알자르칼리는 톨레도 출신의 천문학자로 지구의 타원 궤도에 대한 이론을 제안했는데, 이것은 프톨레마이오스의 천동설이 지배적이었던 시기에 매우 혁신적인 발상이었다. 그는 복잡한 천체 운동을 설명하기 위해 새로운 수학적 모델을 개발했다. 그의 연구는 코페르니쿠스와 케플러의 지동설에 영향을 줬다고 평가받는다.

이븐 알하임은 세비야 출신의 수학자이자 천문학자이다. 그는 아스트롤라베(astrolabe, 성반)와 같은 천문 관측 기구의 제작 및 사용법에 대한 중요한 저서를 남겼다. 그의 책들은 항해와 시간 계산에 필수적인 삼각법을 정밀하게 다뤘는데, 이 지식은 훗날 대항해 시대의 유럽

→ **아스트롤라베**

태양과 별의 위치를 측정해 시간과 방향을 계산하던 천문 도구인 아스트롤라베(성반)는 고대 그리스에서 기원하여 이슬람 학자들에 의해 발전했다. 1345~1355년에 사용된 듯한 이 아스트롤라베에는 히브리어와 아랍어가 함께 새겨져 있어 당시 스페인에 거주하던 유대인 학자를 위해 제작된 것으로 추정된다.

탐험가들에게 큰 영향을 끼쳤다.

알안달루스의 수학은 바그다드와 마찬가지로 그리스와 인도의 지식을 융합했으며 두 가지 특징을 가지고 있었다. 첫째, 이 지역의 수학자들은 이론적인 탐구뿐만 아니라 실용적인 문제 해결에 큰 관심을 가졌다. 항해, 건축, 관개 시스템, 상업 계산 등 일상생활에 필요한 기술을 발전시키는 데 수학을 적극적으로 활용했다.

둘째, 이 지역은 기독교 유럽과 직접 접촉하는 접경이었기 때문에 이슬람의 수학 지식이 유럽으로 넘어가는 주요 관문 역할을 했다. 살펴봤듯 톨레도번역학교를 통해 아랍어 수학 서적들이 라틴어로 번역되면서, 유럽은 비로소 이슬람이 보존하고 발전시킨 그리스의 유산과 새로운 수학적 발견을 접할 수 있었다. 다시 말해 알안달루스는 바그다드와 함께 이슬람 황금시대의 양대 지식 허브였다. 이곳은 자체적인 학문적 성과를 이룩했을 뿐 아니라, 두 문화를 잇는 중요한 가교 역할을 수행했다.

이토록 활기차고 찬란하게 번영하던 문명도 영원할 수는 없었다. 알람브라 궁전으로 유명한 그라나다왕국이 1492년* 아라곤왕국의 페르난도 2세(Ferdinand II, 1479-1516)와 카스티야왕국의 이사벨 1세(Isabella I, 1474-1504)가 이끄는 스페인 연합왕국에 의해 패망함으로써 이슬람 세력은 끝내 스페인에서 완전히 사라졌다. 스페인과 포르투갈이 16세기 유럽의 최강국이자 최고 선진국으로서 대항해 시대를 개막하고 아메리카 신대륙과 동아시아 지역을 휘젓고 다닐 수 있었던 이유는 오랜 기간의 레콩키스타를 통해 얻은 군사력과 이슬람으로부터 전해 받은 높은 과학 수준 덕분이었을 것이다.

* 콜럼버스가 아메리카 대륙을 발견한 그 해.

4부

전환의 시대

수학이 격차를 만들다

8장

몽골제국:
유럽을 흔들어 깨우다

중세 유럽이 오랜 잠에서 깨어나 새로운 문예부흥의 시대, 즉 르네상스를 맞이하게 되는 데에는 여러 가지 요인이 있었겠지만 그중 가장 큰 요인으로 몽골제국의 침입을 꼽을 수 있다. 머나먼 동쪽에서 서쪽을 향해 진격해 오는 몽골군, 그들의 잔인함과 막강함에 대한 소문은 수십 년에 걸쳐 유럽 전역을 공포로 물들였다.

1220년 엄청난 영토와 군사력을 갖고 있던 호라즘왕국(화레즘왕국으로도 불린, 오늘날의 중앙아시아 일대 넓은 영역을 차지했던 거대한 왕국)의 수도 사마르칸트가 몽골족에 의해 함락당하고, 주민 대다수가 학살당했다는 소식이 유럽에 전파되었다. 그 후 루스공국(9~13세기 오늘날의 러시아, 우크라이나, 벨라루스 지역에 존재했던 동슬라브계 국가들의 집합체)들이 점령당하고 참혹하게 학살당했다는 소식과 이슬람 지역이 몽골군에 의해 초토화되고 있다는 소식을 접하게 된다. 유럽은 기나긴 공포의 시간을 보낸 끝에 결국 그들 관점에서는 악마와 같은 적을 맞이하게 되었고, 그들에게 형편없이 패배하고 말았다.

'이교도'들이 '신성한' 유럽을 멸망시키기 위해 물밀듯 쳐들어오는 가운데 기독교에 대한 유럽인들의 절대적인 믿음과 의지가 흔들리게 된 것이다. 절대자 하느님을 믿고 따르던 사람들이 살고 있던 세계가 무지한 이교도들에 의해 파괴되는데 그것이 정녕 하느님의 뜻이란 말인가?

유라시아를 휩쓴 몽골제국

몽골의 침공은 지난 1000년 사이 유럽의 문화사, 과학사에서 가장 중요한 대목이므로 여기서 그 전개 과정에 대해 잠시 살펴보자. 침공은 유럽의 관문이라 할 수 있는 루스공국을 향한 잔혹한 공격으로 시작되었다. 노장 수부타이(1176-1248)와 바투(칭기즈칸의 손자)가 지휘하는 몽골군은 1237년 최초의 희생양인 랴잔공국을 닷새 만에 함락시키고 주민들을 학살했다. 루스공국들은 느슨한 연합체였을 뿐, 제대로 된 협력 방어 체계를 구축하지 못했다.

몽골 군대의 놀라운 이동 속도와 뛰어난 공성 무기 기술 덕분에 당시 유럽의 주요 방어 시설이었던 목조 성채들은 추풍낙엽처럼 무너졌다. 마침내 러시아 도시들의 어머니라 불리던 키예프(키이우)마저 1240년 12월 함락되었다. 생존자들은 노예로 끌려가거나 참혹하게 살해당했다. 이 시기는 루스 역사상 가장 암울한 시기로 기록되며, 몽골의 지배는 200여 년간 지속되어 후일 러시아의 정체성 형성에도 깊은 영향을 미쳤다.

몽골의 군대는 1241년에 드디어 두 방향으로 유럽을 침공한다. 칭기즈칸(1162-1220)의 손자 중 가장 무공이 뛰어난 자이자 서쪽 전방 지역을 맡았던 바투가 이끌던 이 군대는, 원래 목표인 헝가리왕국을 공격하기에 앞서 먼저 군대의 절반을 폴란드 방향으로 진출시켜 각 성을 공략했다. 칭기즈칸의 손자들인 바이다르, 오르다(1204?-1280, 바투의 형) 등이 이끄는 군대는 결국 레그니차 전투(1241)에서 폴란드 지역 연합군을 대파했다. 연합군 총사령관 헨리크 2세(Henryk II, 1196-1241)는 참수당했고, 몽골군은 패주하는 유럽군을 끈질기게 추격하여 모조리 전멸시켰다.

바투와 노장 수부타이가 이끄는 본진은 이틀 후에 벌어진 헝가리와의 모히 전투(1241)에서 수적인 열세에도 불구하고 헝가리 왕 벨러 4세(Béla IV, 1206-1270)가 이끄는 헝가리군을 상대로 승리했다. 이 전투에서 헝가리군의 주력은 궤멸되었고, 왕은 도망쳤으며, 뒤이은 초토화로 인해 전 국민의 20% 이상이 사망하거나 포로로 끌려갔으며 헝가리 국토의 절반 이상이 황폐화되었다.

몽골군은 동유럽을 넘어 오스트리아의 빈 근처까지 진격하며 신성로마제국을 위협했다. 유럽은 대혼란에 빠졌고, 교황청과 서유럽의 군주들은 공포에 떨었다. 절망의 그림자가 서유럽까지 드리워지던 1242년 초, 갑작스러운 소식이 몽골군 진영에 전달되었다. 대칸인 오고타이칸(1186-1241)이 1241년 12월에 사망했다는 것이다. 몽골제국의 전통에 따라, 모든 황족과 주요 지휘관들은 새로운 대칸을 선출하는 쿠릴타이(Kuriltai, 몽골족의 귀족회의이자 최고 의사결정 기관)에 참석하기 위해 고향으로 돌아가야 했다. 만약 오고타이칸의 죽음이 몇 년만 늦었더라면 신성로마제국과 교황청으로 대표되는 서유럽 문명의 운명은 완전히 달라졌을 것이다.

칭기즈칸에게는 조강지처인 보르테(1161-1236)와의 사이에 네 명의 출중한 아들이 있었다. 맏아들 주치(1182?-1227)는 칭기즈칸의 진짜 아들이냐는 의혹에 평생 시달렸으며 한 살 밑의 동생 차가타이(1183-1242)와 반목했다. 꼭 맏아들이 대를 잇지는 않는다는 몽골족의 전통도 있고 칭기즈칸의 유지도 있어, 후계자로 삼남인 오고타이가 2대 대칸으로 즉위했다. 그런데 오고타이가 죽자 오고타이 집안과 사이가 좋지 않던 바투는 귀국하여 오고타이의 아들 구유크(1206-1248)와 대칸 계승권을 놓고 경쟁하게 된다. 구유크는 자신이 일방적으로 개최한 쿠릴타이에서 3대 대칸으로 추대되어 바투와 대립했으나 얼마 후에 구유크가 죽는다. 그 후 바투는 작은 숙부 툴루이(1191-1232)의 아들인 몽케(1209-1259)를 대칸으로 밀게 되고, 결국 몽케가 4대 대칸으로 즉위한다. 몽케가 죽은 후에는 그의 동생들인 쿠빌라이(1215-1294, 원나라 세조)와 아릭부케(1219-1266)가 대칸 자리를 놓고 다투게 된다.

한편, 이후 원제국의 번영을 이끌었던 쿠빌라이는 아직 칸에 즉위하기 전인 1259년경 그때까지 28년간 아홉 차례나 몽골의 침입을 받아 비참한 상태에 놓여 있던 고려의 원종*과 만나게 된다. 대칸 자리

* 당시 세자였던 원종은 쿠빌라이와 만나기 위해 원나라에 갔다가 다음 해에 왕으로 즉위했다.

를 차지하기 위해 우군이 필요하던 쿠빌라이는 원종과 일종의 동맹 관계를 맺고 원종의 아들 충렬왕을 사위로 삼게 된다. 그 때문에 고려는 원나라의 직접적인 점령은 피했으나 원나라의 부마국이자 신하국의 신세를 면하지 못해 왕실은 점점 몽골화되어 간다. 20여 년에 걸친 몽골의 침입과 혹독한 국토 유린, 그리고 그 후에 이어진 정치적, 문화적 지배는 약 100년에 걸쳐 이루어졌다.

유럽의 두 축, 기독교와 봉건제도를 뒤흔들다

칭기즈칸과 그의 후예들은 엄청나게 많은 사람들을 죽이고, 수많은 문명과 문화유산을 파괴했다. 하지만 아이러니하게도 그들의 잔혹한 정복 전쟁은 유럽이 오랜 잠에서 깨어나는 데에 기여했다. 무지한 이교도들의 침입과 그들의 압도적인 우위는 기독교인들만이 하느님의 사랑과 보호를 받는다는 굳건한 믿음에 조금씩 금이 가게 했고 기독교의 절대적인 정신적, 사회적 지배력을 약화시키는 결과를 가져왔다. 다른 한편으로는 유럽의 지식인들이 사고의 지평을 넓히는 계기가 되어주었다.

몽골의 침입이 14세기 이탈리아에서 시작된 르네상스의 직접적인 원인은 아니라는 의견도 있다. 약 100년의 시차가 있기 때문이다. 하지만 몽골의 침입은 분명 여러 방식으로 유럽에 영향을 미쳤고, 그것들은 새로운 문화적 각성과 봉건제도의 약화를 초래했다. 그러한 요인들이 누적되어 이후 르네상스라는 문화적 혁명이 일어나게 된 것이다.

14세기 유럽은 흑사병이라는 대재앙을 맞이했다. 페스트균에 의한 전염병인 흑사병은 중앙아시아 어딘가에서 발원해 실크로드를 통

→ **투르네의 흑사병 희생자 매장 장면**

14세기 화가 피라르트 다우 틸트(Pierart dou Tielt)가 1353년경 그린 채색 필사본 삽화로, 벨기에 투르네 시민들이 흑사병 희생자들을 매장하는 장면을 담고 있다.

해 유럽에 전파되었다. 칭기즈칸의 맏아들 주치와 그의 아들 바투에 의해 세워진 킵차크한국은 1347년 크림반도의 페오도시야(Feodosia)를 공략했는데, 그곳에서 흑사병이 시작되었다는 설이 유력하다. 그곳에는 이탈리아 제노바의 교역소가 있었다. 이 교역소를 통해 흑사병이 시칠리아로 전파되었고 그것이 다시 상업과 문화의 중심지였던 베네치아와 제노바로 확산돼, 결국에는 유럽 전체로 퍼지게 됐다.

이 전염병에 의해 14세기 유럽인 중 3분의 1가량이 죽었다. 그것은 인구 밀도가 높은 도시 혹은 성에 살던 사람들은 반 이상 죽었다는 이야기다. 최악의 재앙을 맞은 사람들은 마녀사냥이나 유대인 학살을

• 로버트 마르크스는 그의 저서 『어떻게 세계는 서양이 주도하게 되었는가』에서 흑사병이 중국 남부에서 발원했다고 했으나 이는 근거가 희박하다.

행하는 등 이곳저곳에서 온갖 참혹한 일들이 함께 벌어졌다.

당시 사람들은 죽음 그 자체보다도 죽음을 앞두었을 때 신부님에게 종부성사(사고나 중병으로 죽음이 임박한 신자가 받는 성사)를 못 받는 상황을 더 무서워했다. 천당으로 가는 길이 막히는 사태를 두려워한 것이다. 일부 도시나 마을에서는 흑사병이 번지자 신부님들이 종부성사 집행권을 일반인들에게 위임하고 도시를 떠나는 상황이 빈번히 발생했다. 그런 일들 역시 교회와 신부님이 갖고 있던 절대적인 권위를 흔드는 요인이 되었다. 하나님의 의지에 의한 죽음이라고는 믿기 어려운 무차별적인 죽음이 발생하는 현실을 어떻게 받아들여야 할지 사람들은 혼란스러워했다.

흑사병에 의한 인구 감소는 당연히 노동 인구의 급격한 감소를 가져오게 되었다. 노동력의 감소로 인하여 그전까지는 영주들의 지배하에서 무력하게 수탈당하던 농민들의 입지가 강화되어 영주들의 지배력이 약화되었다. 결국 강력한 영주의 지배력을 바탕으로 한 봉건제도가 쇠퇴했다.

종이와 인쇄술: 지식을 대중의 손에 쥐여주다

몽골족이 유럽에 공포와 재앙만 가져온 것은 아니었다. 잘 알려져 있듯이 중국인들의 위대한 발명품인 종이, 화약, 나침반이 몽골제국의 서진(西進)과 함께 유럽에 전파되었다. 종이 제조술의 전파는 후에 인쇄술의 발달로 이어져 사람들은 성경도 직접 보고, 지식도 얻을 수 있게 된다. 또한 화약과 화포를 이용해 전쟁 시 성을 공격하는 행위가 용이해져 이로써 한결 수월하게 성을 공략할 수 있게 되었고, 이는 유럽

→ **구텐베르크의 42행 성경**

각지에 성을 기반으로 난립해 있던 영주들의 수와 세력을 크게 약화시키는 결과를 낳았다. 결국 이것이 봉건제도 붕괴를 앞당긴 주요 요인 중 하나가 되었다.

독일에는 종이가 1400년경 전파되었다. 요하네스 구텐베르크(Johannes Gutenberg, 1398?-1468)는 서양에서 처음으로 자신이 개발한 금속활자 인쇄술로 책을 찍어냈고, 이후에도 꾸준히 인쇄기를 개량하여 1452~1455년경에는 그의 유명한 42행 성경을 출판했다. 지금까지도 남아 있는 이 판본은 지금 기준으로도 품질이 매우 우수해 보인다. 그 전까지의 성경은 사람들이 손으로 쓴 필사본이었다. 희소한 만큼 가격도 너무나 비쌌으며 주로 성직자들만 볼 수 있었다. 구텐베르크 인쇄술 이후에는 일반인들도 성경을 읽을 수 있게 되었고(여전히 집 한 채

값 정도로 비쌌지만), 로마나 그리스의 고전들도 출판되어 사람들은 지식의 영역을 넓히게 되었다. 결국 구텐베르크는 르네상스가 일어나는 데 가장 크게 공헌한 유럽인이라 할 수 있다. 칭기즈칸, 뉴턴과 함께 지난 천 년간 인류에게 큰 영향을 미친 사람으로 꼽힐 만하다.

새로운 인쇄술로 수학 서적들도 출간되었는데, 이탈리아 트레비소에서 출간된 『트레비소 산수(Treviso Arithmetic)』(1478)가 서양에서 인쇄된 최초의 수학서로 알려져 있다. 이 책은 상인들을 위한 실용적인 계산법과 곱셈, 나눗셈, 인도–아라비아 숫자의 사용법을 다루고 있다. 유클리드의 『원론』도 1482년 베네치아에서 최초로 인쇄되었다.

유럽에 재앙을 불러온 흑사병도, 문명의 이기인 종이, 화약, 나침반도 모두 몽골의 침략 전쟁으로 전해진 것들이다. 몽골제국은 유럽의 기독교와 봉건제도라고 하는 굳건한 두 개의 기둥을 뒤흔들며 문화적, 종교적, 사회적으로 커다란 변화를 불러일으켰다.

유럽인들은 몽골의 군대가 갖추고 있는 높은 수준의 무기, 공성 전술, 개인 장비에 크게 자극받았다. 몽골은 침략 전쟁을 시작할 때부터 여진족의 금나라, 한족의 송나라 그리고 이슬람제국 들의 과학기술 중 우수한 것을 차례차례 채택했으며, 대포를 비롯한 여러 공성 장비들을 갖추고 전투에 임했다. 그것들의 놀라운 성능과 효과는 유럽의 제후들에게 과학기술의 중요성을 일깨워 주었다.

한편, 역사상 유례가 없는 거대한 단일 제국인 몽골제국의 건설은 아시아에서 유럽에 이르는 광활한 지역에 평화(Pax Mongolica)를 가져왔다. 몽골의 지배하에 실크로드 무역로가 안전해지고 활성화되었다. 이는 이탈리아의 상인들, 특히 베네치아와 제노바 상인들이 동방과의 무역으로 막대한 부를 축적할 수 있는 기반이 되었다. 이탈리아의 도시

국가들은 이 무역에서 쌓은 상업 자본으로 예술가와 학자 들을 후원했으며, 이것이 르네상스의 주요 동력이 되었다. 예를 들어, 피렌체의 메디치 가문과 같은 거상들이 르네상스 예술을 후원할 수 있었던 것도 동방 무역과 금융 활동의 성장이 있었기 때문이다.

한편 중국, 인도, 이슬람 세계의 선진 지식과 기술이 몽골 무역로를 따라 유럽으로 흘러 들어왔다. 이러한 과학기술은 유럽의 군사, 항해, 학문 분야에도 혁명적인 변화를 가져왔고 르네상스 이후 도래한 대항해 시대와 근대화 시대의 발판이 되었다.

몽골제국 덕분에 유럽인들은 동방 문명에 대한 새로운 지리적, 문화적 정보를 얻게 되었다. 베네치아 상인 마르코 폴로(Marco Polo, 1254-1324)가 몽골제국 치하의 안전한 상황에서 중국까지 여행하고 돌아와 집필한 『동방견문록』은 유럽인들에게 동방 세계의 부와 문명을 생생하게 전달했다. 이는 유럽인의 세계관을 확장시키고, 미지의 세계에 대한 탐험과 무역의 열망을 자극하여 대항해 시대가 열리는 데 간접적인 동기가 되었다. 새로운 세계를 향한 도전과 개척은 곧 대항해 시대의 시대정신이었다.

13세기 몽골군이 유럽의 국경을 넘었을 때, 유럽인들이 목격한 것은 그때까지 경험해 본 적 없는 수준의 파괴였다. 그러나 역사는 때로 파괴를 통해 전환점을 만든다. 동방에서 전해진 종이와 인쇄술은 소수의 전유물이었던 지식을 대중의 손으로 옮겨놓았고, 실크로드 무역이 이탈리아 도시국가들에 안겨준 부는 예술가와 학자를 후원하는 힘이 되었다.

9장

중세 유럽:
유럽이 수학을 다시 발견하다

르네상스 이전 유럽의 중세 시대는 일명 암흑기로 불린다. 문화적, 사상적, 사회적으로 매우 경직되어 수학(과학)의 발전이 거의 이루어지지 못했던 시기이다. 중세라는 시기의 시작과 끝은 정치적, 사회적으로는 게르만족에 의해 서로마제국의 수도 로마가 멸망한 때(476)부터 오스만튀르크에 의해 동로마제국이 멸망한 때(1453)까지라고 주로 합의된다. 문화적으로는 로마 황제 유스티니아누스 1세(Justinianus I, 482-565)가 플라톤이 세웠던 아카데미아를 폐쇄한 때(529)부터 르네상스가 본격적으로 시작된 15세기 초까지로 꼽을 수도 있겠다. 아카데미아는 비기독교적인 사유의 거의 마지막 보루였고 이후로는 비기독교적인 철학과 사상은 용납되지 않는 시대가 1000년 이상 지속되었다.

십자군전쟁: 중세 유럽의 근간을 흔들다

서로마제국이 멸망하기 한 세기 전, 330년경 로마의 수도는 이미 콘스탄티누스 황제에 의해 콘스탄티노플로 옮겨졌다. 따라서 공식적인 로마제국은 일찍이 동방으로 이동했으며, 이 제국은 콘스탄티노플이 이슬람제국에 의해 점령되었던 15세기까지 유지되었다. 서유럽에서는 이탈리아 북부와 중부 유럽 지역에 걸쳐 신성로마제국이 형성되었고 이 제국은 19세기 초까지 약 800년간 존속했다. 동로마제국은 7세기 이후부터 이슬람 세계의 팽창 압박으로 위축되어 갔는데 이는 결국 십자군전쟁으로 이어졌다. 11세기 말부터 13세기 말까지 약 200년 동안 이어진 십자군전쟁은 유럽 기독교 세계가 이슬람 세력으로부터 성지 예루살렘을 탈환하기 위해 벌인 대규모 원정이었다. 교황권의 부흥이라는 종교적 열망에서 시작된 십자군전쟁은 비록 초기에는 성공을 거두었으나 점차 세속적인 이해관계가 얽히며 변질되었고, 그 과정 자체의 복잡성만큼이나 유럽 사회에 장기적이고 다면적인 영향을 미쳤다.

이 전쟁은 동방과의 무역 확대를 불러왔다. 베네치아, 제노바, 피사와 같은 이탈리아의 도시는 십자군을 수송하는 과정에서 막대한 부를 축적하며 무역의 거점으로 성장했다. 유럽에는 후추, 육두구, 계피와 같은 향신료를 비롯해 비단, 면직물, 설탕 등 다양한 동방의 사치품과 물자가 유입되었다. 이러한 무역의 활성화는 유럽 내부의 상업 발달을 촉진하고 화폐 경제를 부흥시키는 결과를 낳아, 중세 장원 경제의 붕괴를 가속화하는 주요 원인이 되었다. 또한 동방 무역을 위한 상업 기술과 금융이 발달하는 계기가 되기도 했다.

사회적으로 십자군전쟁은 봉건제도의 약화를 초래했다. 많은 봉건 영주와 기사가 원정 중 사망하거나 막대한 비용 지출로 인해 몰락했다. 이는 중앙집권적인 왕권을 강화하는 결과를 낳았는데, 특히 프랑스 왕권은 이 과정에서 확고하게 자리 잡았다. 종교적으로는 전쟁 초기 교황의 권위가 절정에 달했지만, 계속되는 십자군의 실패와 콘스탄티노플 약탈 사건 등으로 인해 교황의 권위는 크게 실추되었고 이는 후일 종교개혁의 간접적인 배경으로 작용했다.

문화적 측면에서는 이슬람 문명과의 접촉으로 인해 학문과 문화가 발전하는 계기가 마련되었다. 한편 전쟁을 통해 유럽인의 지리적 인식이 확대되었으며, 새로운 의복, 음식, 풍습 등이 유입되면서 일상생활에도 변화가 일어났다. 이처럼 십자군전쟁은 중세 유럽의 근본적인 구조를 흔들고 변모시켰다.

대학의 등장: 유럽의 지식인들이 배출되다

십자군전쟁 이후 유럽의 도시들은 상업의 발달과 함께 급격히 성장했다. 도시가 커지고 무역이 활발해지면서 복잡한 행정, 법률, 회계 처리가 필요해졌다. 이 수요를 충족시키기 위해 법학을 중심으로 하는 볼로냐대학 같은 기관이 설립되었다. 국가 행정 및 교회의 효율적인 관리를 위해 문해력과 합리적 사고력을 갖추고 교육을 받은 관료와 성직자의 양성이 필요해진 것이다.

12세기에 접어들면서 유럽은 이슬람 세계와 동로마제국을 통해 고대 그리스의 철학(특히 아리스토텔레스)과 과학 문헌을 대량으로 재발견했다. 교회 학교나 수도원 학교가 제공하던 수준을 훨씬 넘어서는

→ 볼로냐대학

1088년에 설립된 볼로냐대학은 세계에서 가장 오래된 대학이다. 사진은 '아르키진나시오(Archiginnasio)'라는 건물로, 1563년부터 1803년까지 볼로냐대학의 본부 소재지로 쓰였다. 현재 이 건물에는 아르키진나시오 시립 도서관과 해부학 극장이 자리 잡고 있다.

새로운 지식 체계에 대한 학문적 열망이 폭발한 것이다. 이 새로운 이교도적 지식을 기독교 신앙과 조화시키려는 노력이 생겨났고, 이를 위해 고도로 훈련된 신학자와 논리학자가 필요했다. 이것이 파리대학이 신학의 중심지로 발전한 배경이다.

　최초의 대학이라 할 수 있는 이탈리아의 볼로냐대학은 학생 중심의 '학자 길드' 모델을 형성한 반면에 북부 유럽의 파리대학은 교수 중심의 '마스터 길드'를 형성했다. 당시 활발했던 도시 간의 상업 활동과 정치적 갈등을 해결하기 위해 전문적인 교육을 받은 법률 전문가의 수요가 폭증했다. 볼로냐는 이러한 법률 교육의 메카가 되었고, 유럽 전역에서 수많은 성인 학생이 이 새로운 법학을 배우기 위해 모여들었다.

초기 대학들은 오늘날의 학교 건물을 갖춘 기관이라기보다는 학생들과 교수들이 모여 만든 길드와 같은 자치 공동체의 성격이 강했다. 타지에서 온 학생과 교수 들은 도시 주민이나 지역 통치자의 횡포로부터 자신들을 보호하기 위해 단체를 결성했다. 교수들 역시 스스로 교육 내용, 학위 수여 기준, 수업료 등을 규율하기 위해 단체를 만들었다. 라틴어로 '전체' 또는 '단체'를 의미하는 'universitas'라는 용어는 바로 이러한 자치적인 법인 공동체를 지칭했다. 이러한 배경 덕분에 13세기와 14세기에 이르러 교황이나 황제가 칙허를 부여함으로써 공식적인 제도적 지위를 얻은 대학이 유럽 전역으로 확산될 수 있었다.

영국의 경우 옥스퍼드가 학문과 교육의 중심지로 급부상한 결정적인 계기는 1167년 헨리 2세(Henry II, 1133-1189)가 프랑스와의 관계 악화를 이유로 영국인 학자들의 파리대학 유학을 금지한 것이었다. 이 조치로 인해 파리에 머물던 수백 명의 영국인 교수와 학생이 대거 귀국하게 되었고, 이들이 옥스퍼드에 정착하면서 학문 공동체를 형성했다. 옥스퍼드는 영국 내에서 가장 중요한 교육 중심지가 되었으며, 학생 길드가 조직되고 학위 수여 기준이 확립되기 시작했다. 이후 13세기 초, 교황의 칙서를 통해 공식적으로 그 권위를 인정받으면서 유럽 기독교 세계의 주요 대학 중 하나로 자리매김했다.

13세기 초에 옥스퍼드시 당국과 대학 간에 갈등이 발생했는데, 대학의 여러 교수와 학생 들은 시위와 저항 대신 집단 이주라는 극단적인 방법을 선택했다. 이때 학자 대다수가 런던 북동쪽에 위치한 케임브리지라는 작은 도시로 이동하여 새로운 학문 공동체를 만들었다. 비록 초기의 케임브리지는 옥스퍼드에 비해 규모나 명성 면에서 미약했으나, 1229년 또 다른 분쟁으로 인해 옥스퍼드의 학자들이 한 차례 더 유입되면서 안정적인 대학의 형태를 갖추게 되었다. 이 두 대학은 초기부터 지금까지 여러 칼리지(college)의 연합체라는 독특한 형태로 이뤄져 있다. 각 칼리지는 설립 배경도 학생 선발과 학교 운영의 방식도 모두 제각각이다.

설립 초기부터 근세에 이르기까지 유럽 대학의 주요 교육, 연구 주제는 신학과 법학이었으며, 여기에 수학이 부분적으로 더해지는 정도였다. 대학 설립의 주요 취지가 성직자와 행정 관료를 교육하는 것이었기 때문이다. 앞서도 언급했듯이 중세의 지식인들은 거의 다 성직자들이었다. 이는 성직자들이 사실상 유일하게 정식 교육을 받은 계층이었던 데다, 무엇보다도 신앙이 중요한 가치로 여겨졌던 시대적 분위기 탓도 있었다. 그러나 대학을 통해 지식인들이 배출되고 지식이 점차 확산되면서 유럽의 문화적 수준도 함께 높아져 갔다.

피보나치: 이슬람 수학의 전파자

레오나르도 피보나치(Leonardo Fibonacci, 1170?-1240?)는 이슬람의 수학을 유럽에 전하는 데 결정적인 역할을 했다. 그의 정식 이름은 '피사의 레오나르도(Leonardo of Pisa)'이다. 피보나치는 '보나치의 아들'이라는 뜻으로 사후에 붙여진 별명이다. 그의 아버지인 굴리엘모 보나치(Guglielmo Bonacci)는 이탈리아 피사공화국의 상인이자 북아프리카 항구 도시 부지아(Bugia, 오늘날의 알제리 베자이아)에 주재하는 세관원이었다. 어릴 적에 아버지를 따라 부지아로 간 피보나치는 그곳에서 이슬람 수학자들과 상인들에게서 수학을 배웠다. 그는 당시 유럽에서는 사

용되지 않던 인도-아라비아 숫자 체계를 처음 접하고 그 우수성에 매료되었다.

피보나치는 부지아에서 배운 지식을 바탕으로 북아프리카 지경의 다른 이슬람 도시, 이집트, 시리아 등을 여행하며 더 깊이 수학을 공부했다. 그리고 1202년 고향으로 돌아와 유명한 저서 『산술서(Liber Abaci)』•를 출간함으로써 인도-아라비아 숫자 체계를 유럽에 널리 알리는 데 결정적인 역할을 했다.

그의 이름은 피보나치수열로 잘 알려져 있다. 이 수열은 구성하기 쉬운 데다가 황금비와 밀접한 관계가 있고, 그 수열과 황금비는 이 세상 곳곳에서 발견할 수 있다. 이 수열은 다음과 같은 점화식(수열에서 이웃하는 항들 사이의 관계를 나타낸 식)으로 정의되며, 수의 나열로 나타내면 아래와 같다.

$$F_{n-1} + F_n = F_{n+1}, \ F_1 = F_2 = 1$$

$$1, 1, 2, 3, 5, 8, 13, 21, 34, 55, 89, 144, \cdots$$

이 수열에 등장하는 수들을 피보나치수라고 한다. 이 수열은 점화식으로 나타낼 수 있는 가장 단순한 형태의 수열이자 가장 유명한 수열이라고 할 수 있다.

• 흔히 『산반서』라 하지만 『산술서』라 하는 것이 합당하다.

피보나치는 『산술서』에서 유명한 '토끼의 번식 문제'에 대한 답을 제시하면서 이 수열을 언급했다. 그것은 "암수 한 쌍의 토끼를 우리 안에 넣어 번식시킬 때 각 암수 쌍이 매달 암수 한 쌍의 토끼를 낳고, 태어난 토끼들은 한 달 동안 성장한 후 두 번째 달부터 매달 암수 한 쌍을 낳는다면, (모두 생존하며 각 쌍이 계속해서 증식한) 1년 후에는 우리 안에 모두 몇 쌍의 토끼가 있을까?"라는 문제로, 그 답은 F_{12}=144쌍이다.

사실 인도에서는 이미 오래전부터 이 수열에 대해 알고 있었다. 이 수열에 피보나치라는 이름을 붙인 것은 1877년 프랑스의 에두아르 뤼카(Édouard Lucas, 1842-1891)이다. 이 수열은 간단한 형태의 점화식으로 정의되는 만큼 경우의 수 문제에 자연스럽게 등장하는 경우가 많다. 대표적인 문제 두 개를 소개하자면, 하나는 n개의 계단을 한 계단씩 또는 두 계단씩 올라가는 방법의 수인 소위 '계단 문제'이고 또 다른 문제는 $2 \times n$ 형태의 타일을 1×2 모양의 도미노로 채우는 방법의 수이다.*

피보나치수열의 중요성을 기하적 신비를 가진 황금비에서 찾는 이들도 많다. 황금비란 n이 커짐에 따라 수열 F_n이 어떤 비율(속도)로 커지는가에 대한 답으로, F_n이 커지는 비율의 극한을 말한다. 황금비($\varnothing$, 파이)**는 아래처럼 정의된다.

$$\varnothing = \lim_{n \to \infty} \frac{F_{n+1}}{F_n}$$

* 계단 문제의 경우 마지막에 한 계단을 오르는 경우와 두 계단을 오르는 경우로 나눌 수 있는데 마지막에 한 계단을 오르는 방법의 수는 F_{n-1}이고 두 계단을 오르는 방법의 수는 F_{n-2}가 되므로 총 방법의 수 F_n=F_{n-1}+F_{n-2}이다. $2 \times n$ 타일 문제도 이와 유사하다.
** 1910년경 미국의 수학자 마크 바(Mark Barr)가 황금비의 기호로 그리스 문자 파이를 사용하기 시작했다.

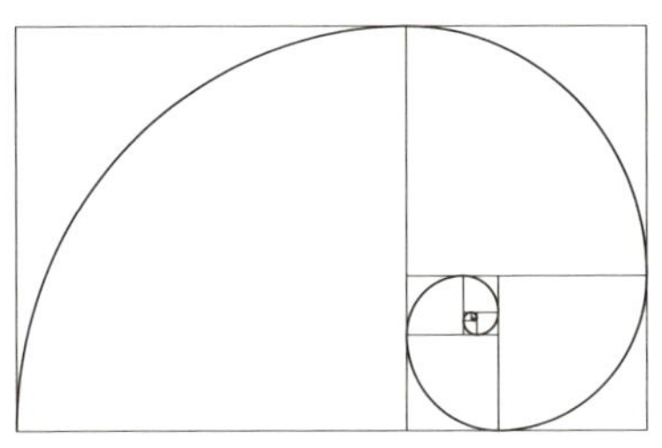

→ 피보나치나선과 황금나선

피보나치수열에 해당하는 변의 길이를 가진 정사각형들을 차례로 이어 붙인 뒤 각 정사각형에 사분원을 그려 연결하면 나선형 곡선이 만들어지는데, 이를 피보나치나선이라 한다. 이 피보나치나선은 황금비를 따르는 황금나선과 밀접한 관련이 있으며, 자연에서도 유사한 형태가 흔히 발견된다.

여기서 잠시 이 값을 계산해 보자. 점화식 $F_{n+1}=F_{n-1}+F_n$의 양변을 F_n으로 나누고 양변에 극한을 취하면 $\lim\limits_{n\to\infty}\dfrac{F_{n+1}}{F_n}=\lim\limits_{n\to\infty}\dfrac{F_{n-1}}{F_n}+1$이 된다. 여기서 $\lim\limits_{n\to\infty}\dfrac{F_{n+1}}{F_n}=x$라 놓으면 $x=\dfrac{1}{x}+1$, 즉, $x^2-x-1=0$이라는 2차식을 얻는다. 이제 근의 공식을 이용하여 (양의) 근을 구하면 $x=\dfrac{1+\sqrt{5}}{2}$가 되는데 이것이 바로 아래와 같은 황금비이다.

$$\emptyset = \frac{1+\sqrt{5}}{2} \approx 1.618$$

이 비율은 자연, 음악, 신체, 기하적 도형 등 많은 곳에서 등장한다. 정오각형의 한 변과 대각선의 비율이 황금비이며 황금나선에도 이 비율이 나타난다. 또한 직사각형의 두 변의 길이가 황금비를 이루면 안정감을 준다고 한다. 그래서 엽서 등에 이 비율이 적용된다. 파르테논과 같은 건물에서 밑변의 길이와 높이의 비 역시 황금비이다. 또한 인물화에서(예컨대 다빈치의 모나리자의 얼굴) 얼굴의 상하와 좌우의 비율로 황금비를 사용하기도 한다.

피보나치와 신성로마제국 황제 프리드리히 2세(Frederick II, 1194-1250)의 이야기는 당대의 수학에 대한 관심을 압축적으로 보여주는 흥미로운 일화이다. 프리드리히 2세는 '세상의 경이(Stupor Mundi)'라 불릴 정도로 박식하고 학문과 문화에 대한 열정이 대단했던 군주였다. 그는 이탈리아 남부 시칠리아왕국을 통치했는데, 이곳은 라틴, 그리스, 아랍 문화가 교차하는 당대 최

→ 프리드리히 2세

고의 지적 중심지였다. 황제는 자신의 궁정에 유대인, 기독교인, 이슬람 학자들을 초청하여 철학, 수학, 천문학 등 다양한 학문 분야의 토론을 즐겼다. 그중에서도 특히 아랍 세계의 지식에 깊은 관심을 가졌다.

1225년경 피보나치의 명성이 프리드리히 2세의 귀에 들어갔고, 황제는 피사에 머무르는 동안 그를 자신의 궁정으로 초청했다. 그리고 황제의 궁정 학자 중 한 명인 요한(Johannes of Palermo)과 수학 실력 대결을 벌였다. 피보나치는 이 시합에서 세 가지 문제를 성공적으로 풀어냈다. 그중 두 문제는 다음과 같다.

첫 번째는 3차방정식 $x^3 + 2x^2 + 10x = 20$ •의 해를 구하는 문제이다. 피보나치는 이 방정식의 해를 정수나 유리수로 나타낼 수 없다고 하며

• 당시에는 방정식을 이런 기호로 표현하는 법을 알지 못했고, 미지수 역시 나타내지 못했으나, 문제를 현대의 표현으로 풀어 쓰면 이와 같은 3차방정식이 된다.

→ **이탈리아 피사**
피사의 미라콜리 광장(Piazza dei Miracoli, 기적의 광장)으로, 피사 대성당(두오모), 세례당, 그리고 피사의 사탑이 한눈에 담기는 상징적인 풍경이다. 피보나치와 갈릴레오를 배출한 이 도시는 중세부터 수학의 본고장으로 자리매김해 왔다.

그것을 아랍식 60진법의 근사식으로 나타냈다. 그가 찾은 해를 현대식으로 나타내면 1.3888081075…이다. 그의 해는 소수점 9번째 자리까지 정확하다.

두 번째는 어떤 수 x의 제곱에 5를 더하거나 뺀 결과가 모두 유리수의 제곱이 될 때, 이 x의 값을 구하는 문제이다. 즉 등식 $x^2+5=y^2$과 $x^2-5=z^2$이 성립하는 유리수 y, z가 존재할 때 x의 값을 구하는 문제로, 피보나치는 답인 $x=\dfrac{41}{12}$을 정확하게 찾았다.•

두 사람의 만남이 성사된 이후, 피보나치는 수년간 프리드리히 2세를 비롯해 그의 학자들과 서신을 주고받으며 문제를 교환했다. 피보나치에 대한 프리드리히 2세의 후원과 관심은 그의 저술에 권위를 부여해, 당시 인도-아라비아 숫자와 0의 개념이 상업과 학문에 공식적으로 자리 잡는 데 결정적인 역할을 했다. 또한 황제가 직접 수학자를 존중하고 난해한 문제를 제기함으로써, 수학이 지적 추구의 중요한 영역임을 유럽 사회에 각인시키는 데 기여했다. 피보나치와 갈릴레오의 후광으로 지금도 피사는 이탈리아 수학의 본고장처럼 인식되고 있고 피사대학은 수학 분야에서 최고의 명문 대학으로 손꼽힌다.

14세기 유럽 수학: 유럽 지성사의 전환기

8장에서 살펴봤듯 14세기 유럽은 흑사병이라고 하는 이루 말할 수 없는 참혹한 고통을 겪는 한편 백년전쟁(1337-1453)이라는 장기간에 걸친 대규모 전쟁에 휘말리게 된다. 프랑스 왕위 계승 문제로 인한 프랑스와 영국 간의 갈등으로 시작됐던 이 전쟁은 점차 여러 나라가 가담하면서 116년간 지속되었다. 같은 시기 다른 지역에서는 브르타뉴 왕위 계승 전쟁(1341-1364), 카스티야 내전(1366-1369), 두 페드로의 전쟁(1356-1369),** 포르투갈의 왕위 계승 분쟁(1383-1385)이 있었다. 백년전쟁이라는 용어는 14세기 말부터 15세기 초에 일어난 이 모든 전

• 피보나치는 이 문제를 『제곱수의 서(Liber Quadratorum)』라는 별도의 저서로 확장하여 황제에게 헌정했다고 한다.
•• 카스티야의 페드로와 아라곤의 페드로 4세 간의 갈등으로 일어난 전쟁으로, 카스티야-아라곤 전쟁이라고도 한다.

쟁을 포괄하는 표현으로 사용되기도 하는데, 그렇게 친다면 백년전쟁은 유럽사에서 가장 오랫동안 지속된 군사 분쟁이 된다.

역설적으로 이런 어려운 상황에서도 유럽은 조금씩 깨어나고 있었다. 지식인들은 이슬람 세계로부터 흘러 들어오는 새로운 문화와 지식에 눈을 뜨기 시작했고 몽골 침입의 영향으로 대중은 조금씩 종교 이외의 문화적 요소에 관심을 갖게 되었다.

니콜 오렘

니콜 오렘(Nicole Oresme, 1323?-1382)은 이 어려운 시기인 14세기를 대표하는 수학자이다. 그는 노르망디 태생으로 프랑스 왕실의 고문이자 주교였으며, 중세 말기 최고의 학자였다. 흑사병의 위협과 교회의 분열 속에서 활동했던 오렘은 당대의 주류였던 스콜라철학•의 대가였음에도 불구하고, 아리스토텔레스적 사고방식에 수학적이고 정량적인 도전을 더함으로써 르네상스 시대의 지적 토대를 마련했다.

→ **니콜 오렘**

그는 파리대학에서 교육을 받았으며, 뛰어난 학문적 재능으로 빠르게 명성을 얻었다. 그는 파리대학의 단과대학 중 하나였던 나바르대학 학장을 지냈고, 프랑스 왕 샤를 5세(Charles V, 1338-1380)의 조언자로서 정치적 영향력도 행사

• 스콜라철학(Scholasticism)은 9~16세기 중세 유럽에서 기독교 교리를 합리적으로 체계화하기 위해 이성을 도구로 삼았던 신학 중심의 철학이다.

했다. 이 시대는 유럽 지성사의 중요한 전환기로, 전통적인 권위에 대한 회의가 싹트고 새로운 수학적 방법론이 탐구되던 시기였다. 그의 수학적 업적을 몇 개만 살펴보자.

그의 저서 『형태와 운동의 배열에 관한 논고』에는 좌표평면과 유사한 내용이 실려 있다. '형태의 위도이론'이라고도 부르는 이것은 시간에 따라 변하는 모든 종류의 양(속도, 열, 빛의 강도 등)을 기하학적으로 표현하는 방법이다. 횡축을 시간으로, 종축을 변화하는 양으로 놓는 것이다. 그는 등가속도운동을 삼각형 형태의 도형으로 나타냈고, 그것의 넓이가 곧 총변화량(이동 거리)을 의미한다고 설명했다. 이 개념은 훗날 미적분학이 되는 정적분 기본 원리의 초기 형태이다.

또한 오렘은 조화급수* $\sum_{n=1}^{\infty} \frac{1}{n} = 1 + \frac{1}{2} + \frac{1}{3} + \frac{1}{4} + \cdots$ 가 발산한다는 것, 즉 어떤 양의 실수보다도 더 커진다는 것을 증명했다. 조화급수의 각 항은 0에 가까워지므로 직관적으로는 이것들의 합이 언젠가 수렴할 거라 생각하기 쉽지만 실제로는 무한히 커진다. 오렘의 증명 방법은 현재 고등학교 교과서에 수록된 방법과 동일하다.

『비율의 비율에 관하여』에서는 지수법칙을 서술했다. 당시까지 지수는 2나 3처럼 정수로만 여겨졌지만, 오렘은 지수를 $\frac{1}{2}$, $\frac{2}{3}$와 같은 분수, 즉 유리수로까지 확장할 수 있음을 보였다. 예를 들어 $a^{\frac{1}{2}}$은 곧 a의 제곱근과 같다. 이는 처음으로 거듭제곱과 거듭제곱근이 하나로 연결된 개념임을 체계적으로 파악한 것으로, 훗날 지수 표기법 발전의 토대가 되었다.

• '조화'는 고대 그리스인들이 현의 길이가 1, $\frac{1}{2}$, $\frac{1}{3}$ …의 비율일 때 듣기 좋은 화음이 만들어진다는 사실을 발견한 데서 온 말로, 이 비율이 바로 조화급수의 각 항이다.

마지막으로, 오렘은 무한급수[•] $\sum_{n=1}^{\infty} \frac{n}{2^n} = \frac{1}{2} + \frac{2}{4} + \frac{3}{8} + \frac{4}{16} + \cdots$ 의 값이 2라는 것을 증명했다. 그런데 이 급수의 값을 어떻게 구했을까? 오렘의 증명은 참 재미있고 기발한데, 더하는 방향을 가로에서 세로로 바꾸는 아이디어를 썼기 때문이다. 우선 무한등비급수 $\sum_{n=1}^{\infty} \frac{1}{2^n} = 1$ 이라는 사실로부터 출발하여 다음과 같은 계산 결과를 얻어낸다.

$$\frac{1}{2} + \frac{1}{4} + \frac{1}{8} + \frac{1}{16} + \frac{1}{32} + \cdots = 1$$

$$\frac{1}{4} + \frac{1}{8} + \frac{1}{16} + \frac{1}{32} + \cdots = \frac{1}{2}$$

$$\frac{1}{8} + \frac{1}{16} + \frac{1}{32} + \cdots = \frac{1}{4}$$

$$\vdots \qquad\qquad = \vdots$$

$$\frac{1}{2} + \frac{2}{4} + \frac{3}{8} + \frac{4}{16} + \cdots = 2$$

이때 오렘은 '가로로 더한 것들의 합'과 '세로로 더한 것들의 합'이 같다는 사실을 이용해 급수의 값을 구했다. 이 해법은 무한을 수학적으로 다루는 것이 낯설던 14세기에 나왔다는 점에서 더욱 놀랍다. 이는 훗날 17세기에 본격적으로 등장하는 미적분학의 토대가 되는 사고방식이기도 하다.

그는 수학 외에도 화폐론, 천문학 등 다방면에 대해 연구했다. 중세 말기 최고의 지성인이었던 그의 탐구 정신은 갈릴레오, 데카르트와 같은 후대의 거장들에게도 영향을 미쳤다.

• 무한급수란 수를 무한히 더한 것을 말하며, 앞에서 살펴본 조화급수, 등비급수 등 더해지는 수의 규칙에 따라 여러 종류로 나뉜다.

→ **옥스퍼드대학 머튼칼리지**

14세기 머튼계산학파가 활동했던 머튼칼리지. 13세기에 설립된 이 칼리지는 중세부터 이어져 온 학문의 전통을 간직하고 있으며, 오늘날에도 옥스퍼드 수학의 중심으로 자리를 지키고 있다.

머튼계산학파(Merton Calculators)

오렘 외에 14세기에 활동한 수학자를 꼽자면 영국 옥스퍼드대학 머튼칼리지의 머튼계산학파라는 수학자 그룹을 꼽을 수 있다. 이들은 오렘과 마찬가지로 아리스토텔레스의 전통적인 자연철학•에 수학적이고 논리적인 방법론을 적용하는 데 주력했다. 1330년대에 활동한 머튼계산학파의 핵심 인물로는 토머스 브래드워딘(Thomas Bradwardine, 1300?-1349), 윌리엄 헤이츠버리(William Heytesbury, 1313?-1372?), 리처드 스와인스헤드(Richard Swineshead, 1340?-1354) 등이 있다. 이런 배경으

• 아리스토텔레스의 자연철학은 관찰과 논리를 중시했지만 정량적이고 수학적인 방법론은 부족했다.

로 인하여 머튼칼리지는 지금도 옥스퍼드 수학의 리더 역할을 하고 있다.[•] 오늘날로 넘어오면, 앤드루 와일스(Andrew Wiles, 1953-) 교수도 페르마의 마지막 정리를 증명하여 일약 세계적인 스타가 된 후 프린스턴 대학에서 자신의 모교인 옥스퍼드대학의 머튼칼리지로 이직했다.

15세기 르네상스의 개막: 이슬람 문화와 인쇄술이 지식의 판을 바꾸다

르네상스(Renaissance)는 '다시 살아남'을 의미하는 프랑스어로, 14세기 이탈리아에서 시작되어 16세기 유럽 전역으로 확산된 문화 부흥 운동이다. 이것은 앞서 언급했듯이 몽골의 침입, 이슬람 문화권과의 접촉, 흑사병 등에 따른 기독교 절대주의와 봉건제도의 약화, 인쇄술의 발달, 동로마제국의 멸망 등 여러 가지 복합적 요인이 작용한 결과이다. 이 시기 예술, 문학, 과학, 그리고 수학 등 다방면에서 눈부신 발전이 일어났다.

15세기는 유럽 수학사에서 중요한 전환점이 된 시기이다. 15세기 유럽 수학의 가장 눈에 띄는 특징은 실용 수학의 발전이다. 이탈리아의 도시국가들에서 상업과 무역이 번성하면서, 상인들에게 복잡한 계산과 회계 처리를 위한 수학 지식이 필요해졌다. 이러한 요구를 충족시키기 위해 '아바쿠스학교'라 불리는 상업 수학 학교들이 이탈리아 전역에 설립되었다. 원래 중세 유럽의 교육은 주로 교회나 수도원에서 성직자 양성을 목적으로 라틴어와 스콜라철학 등 인문학을 주로 가르

치는 것이었다. 반면 아바쿠스학교는 주로 10세 전후의 어린 학생들이 다녔으며 인도-아라비아 숫자 체계를 토대로 한 계산법을 가르쳤다. '아바쿠스(Abacus)'란 원래는 계산 도구를 의미했지만 여기서는 산술[*]을 의미한다. 즉 주판과 같은 계산 도구를 의미한다. 15세기에 이르러 이 학교들은 더욱 체계화되었고, 이탈리아뿐 아니라 유럽 여러 나라로 확산되었다. 즉 이 무렵 유럽 각 지역에서는 주로 실용적인 문제 해결에 초점을 맞춘 교육이 성행한 것이다.

15세기 유럽에서는 대수학도 점진적으로 발전했다. 이슬람 수학자들의 업적이 라틴어로 번역되면서 유럽 학자들은 방정식을 푸는 새로운 방법들을 접하게 되었다. 그러나 15세기의 대수학은 여전히 현대적 기호 체계가 없었기 때문에 수학자들은 +, -, =와 같은 기호 대신 일상 언어로 방정식과 계산 과정을 서술할 수밖에 없었다.

한편 앞서 살펴봤듯 구텐베르크가 1450년경 인쇄기를 발명하고, 1452년부터 3년에 걸쳐서 구텐베르크 성경을 인쇄했다. 이때 180부를 인쇄했는데, 이는 기존의 필사본 생산 방식과는 비교할 수 없을 정도로 빠른 속도였다. 구텐베르크의 인쇄술은 유럽 전역에 퍼졌고 1450년부터 1500년까지 50년 동안 3만 종의 책이 총 2000만 부 인쇄된 것으로 추정된다. 이는 수학 지식의 전파에도 혁명적인 변화를 가져왔다. 수학 교재와 논문 들이 인쇄되기 시작하면서, 지식은 더 이상 소수의 필사본에 의존하지 않게 되었다. 표준화된 텍스트가 대량으로 생산되면서 오류의 가능성도 줄어들었고, 무엇보다도 학자들 간의 교류가 활발해졌다.

---

[*] 앞서 살펴본 피보나치의 책 제목 『산술서(Liber Abaci)』의 '아바치(Abaci)'는 아바쿠스의 복수형이다.

→ **『산술, 기하, 비례 및 비율의 총람』**
1523년판 표지로 현재 스톡홀름대학 도서관에 소장되어 있다.

수학자이자 수도사인 루카 파촐리(Luca Bartolomeo de Pacioli, 1445?-1517)가 쓴 『산술, 기하, 비례 및 비율의 총람(Summa de arithmetica, geometria, Proportioni et proportionalita)』은 1494년 베네치아에서 출판되어 큰 영향을 미쳤다. 이 책은 당시까지 알려진 수학 지식을 집대성한 백과사전적 저작으로 상업 수학, 대수학, 유클리드기하학 등을 포괄했다. 특히 복식부기 회계법을 최초로 체계적으로 서술하여 파촐리는 '회계학의 아버지'로 불리게 되었다. 이 책은 인쇄술의 힘을 보여주는 대표적인 사례로, 유럽 전역에 배포되어 수학 교과서로 사용되었다.

원근법과 사영기하: 수학과 예술이 만나다

15세기에는 수학과 예술의 융합도 일어났다. 예술가들은 현실을 더욱 사실적으로 재현하기 위해 수학적 원근법을 발전시켰다. 조각가이자 건축가인 필리포 브루넬레스키(Filippo Brunelleschi, 1377-1446)는 1415년경 선형 원근법의 기본 원리를 발견했고, 이후 레온 바티스타 알베르티(Leon Battista Alberti, 1404-1472)가 1435년 『회화론(De Pictura)』에서 이를 체계화했다. 이들은 시선이 한 점(소실점, Vanishing Point)으로

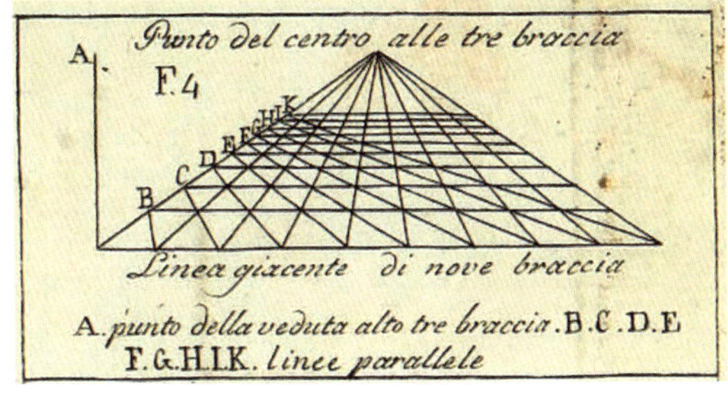

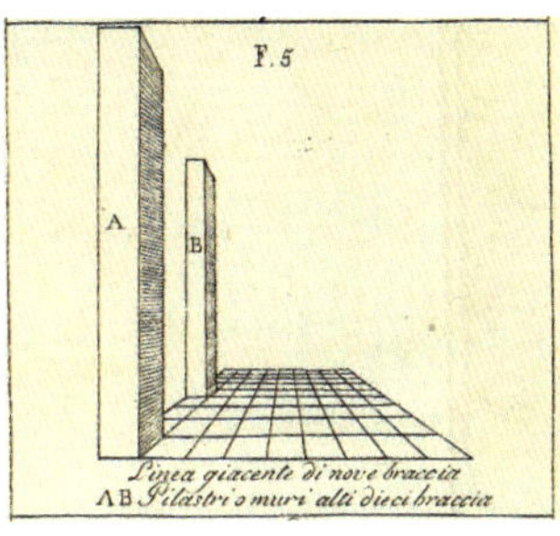

→ 레온 알베르티의 『회화론』에 수록된 도해

왼쪽 그림은 평행선들이 하나의 소실점으로 수렴하는 원리를, 오른쪽 그림은 이를 공간에 적용하여 3차원 깊이감을 2차원 평면에 표현하는 방법을 보여준다.

수렴하는 원리를 실제 그림에 적용하여 3차원 공간을 2차원 평면에 사실적으로 표현하는 방법을 고안해 냈다.

원근법의 수학적 원리는 본질적으로 사영기하학•의 초기 형태였다. 예술가들은 소실점, 지평선, 시점 등의 개념을 수학적으로 정리했다. 이 과정에서 기하학은 유클리드의 추상적인 영역에서 벗어나 현실 세계를 표현하는 실용적인 도구가 되었다.

화가이자 수학자인 피에로 델라 프란체스카(Piero della Francesca, 1415?-1492)는 원근법 발전에 크게 공헌했다. 『회화의 원근법에 관하여(De prospectiva pingendi)』를 통해 원근법의 수학적 원리를 체계적으로 정리했으며, 입체기하학에 관한 연구도 수행했다. 이 책은 상세하고 수

• 유클리드기하학에서 두 평행선은 만나지 않지만, 사영기하학에서는 '평행한 직선은 무한히 먼 곳에서 만난다'라는 원리를 바탕으로 한다. 3차원 공간상의 평행한 직선들을 2차원 평면에 사영하면 '소실점'에서 만나는 것처럼 보인다. 사영기하학의 핵심적 원리는 '평면상의 한 점에서 출발한 직선들이 다른 한 직선과 만날 때 교점들 사이의 거리의 비율이 일정하다'라는 내용이다. 이 원리는 의외로 유용해서 이를 통해 다양한 평면기하학 문제들을 해결할 수 있다.

학적인 접근을 제시하며, 르네상스 화가들을 위한 실질적인 기하학 교과서 역할을 했다.

15세기 유럽의 주요 수학자들: 삼각법에서 지동설까지

15세기에는 천문학의 핵심적 도구인 삼각법이 한층 정교해졌다. 프톨레마이오스의 천문학 체계는 여전히 지배적이었지만, 아랍 수학자들로부터 전해진 정밀한 삼각함수표들이 유럽에서 개선되었다. 게오르크 폰 포이어바흐(Georg von Peurbach, 1423-1461)와 그의 제자 요하네스 뮐러(Johannes Müller, 1436-1476)는 바로 이런 15세기를 대표하는 천문학자이자 수학자다.

포이어바흐는 오스트리아의 천문학자이자 수학자로, 삼각법을 체계화하고 정밀한 사인표를 만들었다. 그는 고대 천문학의 권위서인 『알마게스트』의 내용을 정확히 이해하고 비판적으로 검토하기 위해 그 요약본을 저술하기 시작했다. 하지만 포이어바흐는 이 작업을 끝내지 못한 채 세상을 떠났다.

포이어바흐의 제자 뮐러는 15세기에 유럽에서 가장 영향력 있는 수학자이자 천문학자였다. 그의 별칭인 레기오몬타누스(Regiomontanus)는 그의 출생지인 쾨니히스베르크의 라틴어 이름에서 유래했다. 1461년 포이어바흐가 사망하자, 그는 스승의 유언에 따라 『알마게스트』 요약본의 작업을 이어받아 완성했다. 이 책은 이후 코페르니쿠스가 지동설을 구상하는 데 결정적인 영향을 미쳤다.

그의 저서 『모든 종류의 삼각형에 관하여(De triangulis omnimodis)』는 삼각법을 천문학이나 측량학의 일부로서가 아니라 독립된 수학 분야로 다룬 최초의 책이었고 이는 근대 삼각법의 기초를 놓는 중대한 업적이었다. 또한 뮐러는 1471년 독일 최초의 현대적인 천문대를 설립했으며 인쇄소를 차려 자신이 번역하거나 저술한 천문학 및 수학 서적을 출판해 고대 지식을 널리 보급했다.

레오나르도 다빈치(Leonardo da Vinci, 1452-1519)는 누구나 알고 있듯 르네상스 시대를 대표하는 인물이자 역사상 최고의 천재로 꼽힌다. 그는 미술, 과학, 의학 등 다방면에 걸쳐 놀라운 수준의 업적을 남겼다. 그런 그가 수학사적으로 중요한 인물인 이유는 무엇일까? 경험과 관찰을 중시하는 그의 탐구 태도가 결국 근대 과학의 방법론과 이어지기 때문이다. 다빈치는 예술과 기하학의 융합을 중시하였으며 자신의 작품에 입체기하, 소실점, 황금비 등을 적용하였다. 그의 유명한 「최후의 만찬」에서 소실점을 활용해 공간의 깊이감을 극대화하였다. 또한 그는 수학자 파촐리가 쓴 책 『신성한 비례(De Divina Proportione)』(1509)에 수록된 다면체 삽화를 직접 그리기도 했다.

니콜라우스 코페르니쿠스(Nicolaus Copernicus, 1473-1543)는 폴란드 출신의 천문학자이자 가톨릭 성직자로, 지동설을 주장하여 근대 과학혁명의 문을 열었다. 그의 혁명적인 아이디어는 인류의 우주관을 근본적으로 변화시켰다. 10세에 아버지를 여읜 그는 외삼촌인 루카스 바첸로데(Lucas Watzenrode, 1447-1512) 주교의 보호를 받았다. 크라쿠프대학에서 수학과 천문학을 공부한 뒤, 이탈리아의 볼로냐대학에서 교회법을, 파도바대

→ 니콜라우스 코페르니쿠스

학에서 의학을, 그리고 페라라대학에서 교회법을 공부했다. 폴란드로 귀국한 그는 프롬보르크대성당의 성직자이자 행정가로 일하며 천문학 연구를 꾸준히 병행했다. 그는 개인 천문대를 설치하고 망원경 없이 육안 관측을 통해 자료를 축적했다. 기존 프톨레마이오스의 천동설(지구중심설) 모델이 행성의 역행운동과 궤도를 설명하기 위해 복잡한 주전원을 과도하게 사용하는 것에 의문을 품은 그는, 결국 지구가 태양 주위를 돈다고 가정할 경우 관측된 행성운동을 설명할 수 있다는 사실을 깨달았다.

그의 연구 결과는 『천체의 회전에 관하여(De revolutionibus orbium coelestium)』(1543)에 집대성되어 있다. 그는 1510년경 이미 지동설의 기본 틀을 제시했지만 종교적, 학문적 논쟁을 우려해 책의 출판을 오랫동안 망설였다. 최종적으로 그의 제자였던 게오르크 요아힘 레티쿠스(Georg Joachim Rheticus, 1514-1574) 등의 노력을 통해 그가 사망한 해에 책이 출판될 수 있었다. 책에는 지동설의 수학적 모델과 천문표가 포함되어 있다. 한편 제자 레티쿠스는 삼각법을 완성한 수학자로 그가 꼼꼼하게 작성한 삼각표는 20세기 초까지 사용되었다.

그의 책은 수학적, 천문학적 지식이 없이는 이해하기 어렵게 쓰였고 당시 종교와 학문의 중심지였던 이탈리아가 아닌 북유럽에서 출간된 탓에 곧바로 큰 반향을 일으키지는 않았지만, 후에 갈릴레오의 관측과 케플러의 법칙, 그리고 뉴턴의 만유인력법칙으로 이어지는 근대 과학혁명의 결정적인 출발점이 되었다. 그만큼 중요한 전환점이 되는 발견이었기에, 오늘날 어떤 분야에서 기존의 상식을 완전히 뒤엎는 획기적인 발상이나 변화를 '코페르니쿠스적 전환'이라고 부르기도 한다.

수학의 나라, 폴란드

폴란드의 크라쿠프 구시가지 중앙광장

폴란드는 주변의 강대국들에 의해 침략당하고 지배되었던 슬픈 역사를 갖고 있다. 그럼에도 강인한 민족성과 학문과 예술을 중시하는 전통을 갖고 있어 우리나라와 유사한 점이 많다. 폴란드 사람들에게 존경하는 자국의 위인 세 명만 꼽으라고 한다면 대다수가 코페르니쿠스, 프레데리크 쇼팽(Frederic Chopin, 1810-1849), 마리 퀴리(Marie Sklodowska-Curie, 1867-1934)를 꼽을 것이다.

코페르니쿠스의 영향으로 폴란드 수학의 전통은 강하다. 다른 나라의 지배에서 벗어난 20세기 초부터는 세계 최고 수준의 수학자들을 다수 배출했다. 현재 전 세계 수학자들이 다 알 만한, 20세기 수학 발전에 크게 공헌한 인물만 해도 스테판 바나흐(Stefan Banach, 1892-1945)와 알프레트 타르스키(Alfred Tarski, 1901-1983) 등 열 명 이상을 꼽을 수 있다.

폴란드에는 수학자 그룹도 여럿 있었는데, 그중 가장 큰 그룹 세 개를 꼽자면 르부프 그룹, 바르샤바 그룹, 크라쿠프 그룹이 있다. 크라쿠프는 폴란드의 옛 수도로 오랫동안 학문과 문화의 중심지였다.

동아시아:
각자의 방식으로 수학을 꽃피우다

동아시아의 수학은 고대 이집트와 그리스로부터 출발해 현대에 이르는 서양 수학의 흐름과는 거의 접점 없이 독립적으로 발전되었다. 하지만 동아시아의 수학적 전통은 그 역사적 깊이와 독창성 면에서 흥미로운 점이 많다. 특히 중국의 수학은 기원전부터 형성되어 발전했고 적어도 15세기까지는 서양 수학보다 더 앞서 있었다. 그리스의 수학철학, 즉 공리적 논증수학을 따르는 서양 수학과 달리 중국 수학은 실용주의적 문제 해결과 알고리듬적 접근이 그 주된 내용을 이루고 있다. 사실 수학이 실용적 목적을 위해 발전하는 것은 세계 어느 문명에서나 발견할 수 있는 보편적인 양상이다. 오히려 논리적 증명과 공리 체계를 중심으로 발전해 온 그리스 수학이 독특한 사례라 할 수 있다.

중국 수학은 천문학, 역법(曆法), 경제, 토목공학, 농업, 국가 행정 등의 문제들을 해결하기 위해 개발되고 발전되었다. 그러한 특성 때문에 처음에는 수준이 매우 높았으나, 진리 탐구를 기반으로 지식의 탑을 쌓듯 발전하는 서양 수학에 점차 밀리게 된 것이다. 이 역전되는 과정은 다음 장에서 자세히 살펴보기로 하고 이 장에서는 고대부터 근대에 이르는 중국 수학의 주요 발전 과정을 알아보자.

산가지: 막대기가 만들어낸 놀라운 역사

중국 수학의 뿌리는 상나라 시대(BC 1600?-BC 1046)의 갑골문에서 발견되는 십진법 기반의 숫자 표기법과 주나라 시대(BC 1046-BC 256)의 산가지 발명에서 찾을 수 있다. 산가지는 작은 대나무 또는 나뭇조각으로 만들어진 막대로, 여러 칸으로 이루어진 산판에 이 산가지를 놓아 자릿수를 나타냈다. 단순해 보이는 이 도구가 이룬 성취는 참 놀라운데, 중국이 세계에서 가장 먼저 십진법을 이용한 위치기수법을 확립하고 계산을 수행할 수 있게 만든 핵심 도구였기 때문이다. 나아가 훗날 음수 개념과 선형대수학의 기원이 되는 방정식 표기를 가능하게 했다는 점에서 혁명적이었다.

산가지 산법은 산판 위에서 산가지를 옮기거나 더하고 빼는 방식으로 사칙연산을 수행하는 것은 물론, 고난도의 수학적 계산까지 가능하게 했다. 곱셈은 각 자릿수의 곱을 더해가는 과정을 반복했고 나눗셈은 현대의 세로 나눗셈과 유사한 알고리듬을 사용했다. 곧 소개할 『구장산술』에 기록된 음수 개념, 연립방정식 해법, 고차방정식 풀이 등은 모두 산가지의 체계적인 조작을 통해 발견되고 발전될 수 있었다. 산가지 산법은 공학, 천문학, 회계 등에 등장하는 복잡한 계산을 가능하게 했으며 중국 수학의 황금기를 이끈 핵심 기반이었다. 송

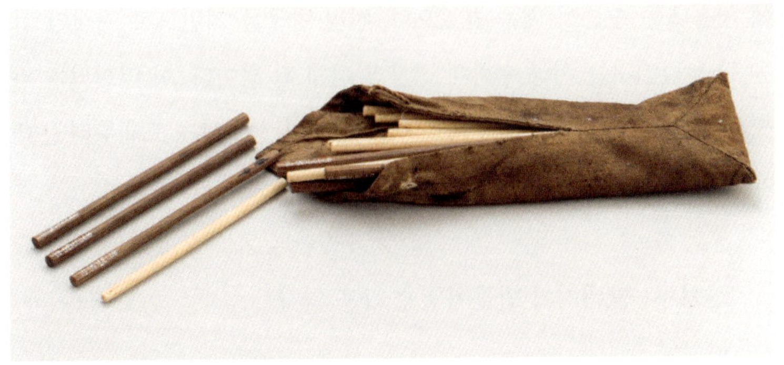

→ 산가지

산가지는 기원전 중국에서 기원해 동아시아 전역으로 전파되었고, 주판이 보편화된 일본과 달리 조선은 근대까지도 산가지를 주된 계산 도구로 사용했다. 사진은 조선시대의 유물로 주머니에 35여 점의 산가지가 담겨 있다.

나라 이후, 산가지 산법은 주산(珠算)이라는 새로운 형태의 계산법으로 발전했다.

『구장산술』: 중국 수학의 근간을 이루다

한나라 시대(BC 202-220)에 편찬된 『주비산경(周髀算經)』과 『구장산술(九章算術)』은 중국 수학의 쌍벽을 이루는 고전이다. 우주론과 역법을 다루는 문헌 『주비산경』은 고전적 피타고라스정리에 해당하는 '구고현정리'를 소개하고 있다.

중국 수학의 정수를 담고 있는 것은 단연 『구장산술』이다. 유클리드의 『원론』에 비견될 만큼 중국 수학사의 근간을 이루는 문헌으로 꼽히는 이 책은 기원전 100년경에 편찬되어 2세기경 최종적으로 정리된 것으로 보인다. 토지 측량, 농작물 수확량, 세금 징수, 공학적 부피 계

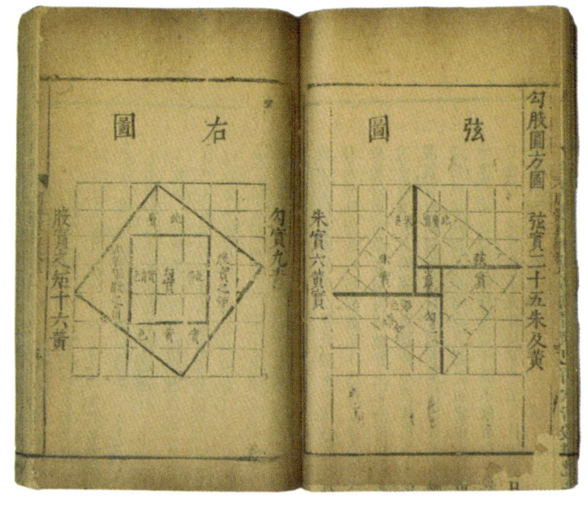

→ 『주비산경』
현도라고 불리는 이 그림은 높이인 '구'가 3, 밑변인 '고'가 4, 빗변인 '현'이 5인 직각삼각형에 대한 피타고라스정리의 증명을 나타내고 있다.

산 등 9개 분야, 246개의 다양한 수학 문제를 다루고 있으며 이에 대한 실용적인 해법을 제시한다.

이 책은 세계 수학사에 길이 남을 몇 가지 놀라운 계산법을 담고 있다. 가장 대표적으로 제8장의 방정술(方程術)은 서양의 가우스소거법과 본질적으로 동일한 것으로, 행렬 개념을 이용해 연립1차방정식을 푸는 방법이다. 이는 유럽보다 약 1500년 이상 앞선 기록이다. 또한 면적과 부피 계산을 위한 정교한 공식들을 제시하며 중국 수학의 실용적이고 알고리듬 중심적인 성격을 확립했다.

제4장의 개방술(開方術)은 복잡한 과정을 통해 높은 자릿수의 제곱근과 세제곱근을 구하는 계산법으로 현대적인 알고리듬과 원리가 유사하며, 제9장의 구고현정리는 피타고라스정리를 독립적으로 발전시킨 것으로 이를 이용해 측량 문제를 해결했다.

	제목	뜻	주요 내용
1장	방전(方田)	토지 측량	넓이 계산 및 분수 계산
2장	속미(粟米)	곡물 교환	비례식, 이율, 곡물 및 물품의 교환 비율 계산
3장	차분(差分)	과부족 문제	과부족 상쇄법을 사용한 미지수 계산법
4장	소광(少廣)	넓이와 부피	넓이나 부피가 주어졌을 때 변의 길이를 구하는 문제 및 제곱근과 세제곱근의 계산법
5장	상공(商功)	공사량 계산	건축, 제방, 운하 등의 부피 계산, 인원 및 공기 산정 방법
6장	균수(均輸)	공평한 분배	역비례 및 비례 배분 문제. 세금과 요역의 공평한 분배 방법
7장	잉부족(盈不足)	잉여와 부족	잉여와 부족을 찾는 문제. 현대의 1차방정식
8장	방정(方程)	연립방정식	여러 미지수를 가진 연립 1차방정식의 해법
9장	구고(句股)	직각삼각형	구고현정리를 활용한 높이, 거리, 깊이 등의 계산

→ 『구장산술』의 주요 내용

서양보다 천년 앞선 발견들

한나라 이후 삼국시대(220-280)로 이어지는 혼란기에도 수학 발전은 지속되었다. 3세기경 위대한 수학자 유휘(劉徽, 220?-280?)는 『구장산술』 제9장의 연장선상으로 기하 문제를 주로 다룬 『해도산경(海島算經)』과 『구장산술』에 대한 상세한 주석서인 『구장산술주(九章算術注)』를 저술했다. 유휘의 저작은 단순한 해법을 제공하는 것을 넘어 문제의 논리적 근거를 제시하고 새로운 방법을 추가하는 것이었다.

유휘는 『구장산술주』에서 원의 넓이를 구하기 위해 원에 내접하는 정다각형의 변의 수를 계속 두 배로 늘려가며 π를 계산하는 획기적인 방법(할원술)을 도입하여 π 값을 3.14159로 정확하게 계산했다. 다각형의 변을 무한히 늘리며 원에 접근하는 그의 할원술은 아르키메데스의 방법과 유사하지만, 유휘의 계산 과정이 더욱 명확하고 체계적이었다.

또한 유휘는 구장산술에 포함된 입체도형의 부피 계산 공식을 재검토하며, 그 기하학적 근거를 명확히 했다. 특히 사각뿔대와 같은 복잡한 도형의 부피를 계산하기 위해 17세기 발견된 카발리에리원리[*]와 유사한 방법을 제시했다.

한편, 남북조 시대의 대수학자이자 천문학자였던 조충지(祖沖之, 429-500)는 할원술을 더욱 발전시켜 π의 값을 소수점 7자리까지 정확하게 계산해 냈으며, 근삿값 $\frac{22}{7}$ 외에도 $\frac{355}{113}$ 이라는 매우 정교한 분수 근사치를 찾아냈다. 이 값을 구한 것은 서양 수학에 비해 1000년 이상 앞선 것이었다.

수·당나라 시대를 거치며 통일 중국은 중앙집권적인 제국으로 발전했으며, 이에 따라 수학은 국가 시스템의 한 축을 담당하게 되었다. 당나라(618-907) 초기에 이미 관료들은 천문학과 역법 계산 능력을 요구받았으며, 『주비산경』, 『구장산술』, 『해도산경』, 『손자산경(孫子算經)』 등 『산경십서(算經十書)』라 불리는 열 권의 수학서가 교과서와 같은 책으로 자리 잡았다.

이중 『손자산경』은 3세기 말과 5세기 초 사이에 손자라는 미상의 인물에 의해 집필된 책으로 상·중·하 세 권으로 구성되어 있다. 상권은 길이, 무게, 부피의 도량형 및 산가지의 사용법을 다룬다. 산가지는

---

[*] 이 원리는 같은 높이를 가진 두 입체도형을 평행한 평면으로 자를 때, 각 평면에서 잘린 단면의 넓이가 항상 같다면, 두 입체도형의 부피도 같다는 원리이다. 이 원리를 이용하면 뿔체의 부피가 각기둥 부피의 $\frac{1}{3}$ 임을 증명할 수 있고 (2차원에 적용하면) 평행사변형의 넓이도 구할 수 있다.

이미 『구장산술』 등에도 등장했지만 자세한 활용 방법이 소개된 것은 『손자산경』이 최초였다. 중권은 총 28문제로 이루어져 있으며, 산가지를 통한 분수의 사칙연산 계산법 및 제곱근 계산법을 다룬다. 하권은 총 36개의 다양한 정수론적 문제를 다루는데, 제26번 문제의 풀이에서는 중국인의 나머지 정리를 사용하여 합동식•을 해결한다. 중국인의 나머지 정리란 여러 개의 나머지 조건이 주어졌을 때 원래의 수를 찾아내는 방법으로, 오늘날 암호학과 컴퓨터 과학의 핵심 도구로 활발히 쓰이고 있다. 『손자산경』은 역사적으로 이 정리가 사용된 최초의 문헌이다.

중국 수학의 황금기

중국 수학의 진정한 황금기는 송나라 시대(960-1279)부터 시작되었다고 할 수 있다. 송나라는 상업과 무역이 발달하고 도시 경제가 번성하면서 복잡한 금융 및 상업적 계산의 필요성이 증대되었다. 원나라 시대(1371-1368) 초까지 이어지는 이 흐름에서 주세걸(朱世傑, 1249-1314), 진구소(秦九韶, 1202?-1261), 양휘(楊輝, 1238?-1298)와 같은 위대한 수학자들이 출현하며 중국의 수학을 절정으로 이끌었다.

주세걸은 당대 최고의 수학자로, 조선에서도 수학 교육의 필수 교재로 쓰였던 수학 입문서 『산학계몽(算學啓蒙)』과 중국 대수학의 기념비적인 업적이라 할 수 있는 『사원옥감(四元玉鑑)』을 남겼다. 그는 수학

• 두 수를 같은 수로 나눴을 때 나머지가 같으면 동일하게 취급하는 표기법이다. 예를 들어 17과 5를 4로 나누면 나머지가 1로 같고, 이를 합동식으로 나타내면 17≡5≡1 (mod 4)이다. 합동식은 현대 정수론에 있어 핵심 개념이다.

을 가르치는 일로 생계를 유지하는 방랑 수학자로서 전국 곳곳을 돌아다니며 연구 활동을 하고 많은 제자들을 길러냈다. 『사원옥감』의 핵심은 사원술(四元術)로, 네 개의 미지수를 포함하는 고차방정식을 다루는 방법이다. 그는 천(天), 지(地), 인(人), 물(物)의 네 가지 미지수를 사용하여 연립고차방정식을 세우고, 이를 산가지 배열을 통한 소거법으로 단일 미지수의 방정식으로 축소시켜 해답을 찾는 정교한 알고리듬을 선보였다. 이는 대수학 분야에서 이룩할 수 있었던 최고 수준의 성과였다.

진구소는 저서 『수서구장(數書九章)』에서 혁명적인 업적을 남겼다. 19세기 영국의 수학자 이름을 딴 '호너의 방법'을 수백 년 전에 이미 활용하여 고차방정식의 수치 해법을 제시했는데, 이 방법은 임의의 차수 방정식을 풀 수 있는 효율적인 알고리듬이었다. 또한 진구소는 대연총술(大衍總術)이라는 이름으로 중국인의 나머지 정리를 체계적으로 정리했고, 이를 역법 및 군사 문제에 적용하는 해법을 제시했다. 역법에서는 서로 다른 주기를 가진 천문 현상이 동시에 맞아떨어지는 날을 계산할 때, 군사 문제에서는 병력의 수를 파악할 때 이 정리가 유용하게 쓰일 수 있었다.

양휘는 상업 계산과 교육에 초점을 맞춘 저서를 남겼으며, 그의 문헌에는 오늘날 우리가 파스칼의 삼각형이라고 부르는 배열이 수백 년 먼저 소개되어 있다. 양휘는 이 배열을 이항계수에 적용했고 고차방정식의 해를 구하는 데 활용했다.

서양 수학이 유입되다

송·원나라 시대의 눈부신 발전이 무색하게, 명나라 시대에 들어

$$
\begin{array}{c}
1 \\
1 \quad 1 \\
1 \quad 2 \quad 1 \\
1 \quad 3 \quad 3 \quad 1 \\
1 \quad 4 \quad 6 \quad 4 \quad 1 \\
1 \quad 5 \quad 10 \quad 10 \quad 5 \quad 1 \\
1 \quad 6 \quad 15 \quad 20 \quad 15 \quad 6 \quad 1 \\
1 \quad 7 \quad 21 \quad 35 \quad 35 \quad 21 \quad 7 \quad 1 \\
1 \quad 8 \quad 28 \quad 56 \quad 70 \quad 56 \quad 28 \quad 8 \quad 1 \\
1 \quad 9 \quad 36 \quad 84 \quad 126 \quad 126 \quad 84 \quad 36 \quad 9 \quad 1 \\
1 \quad 10 \quad 45 \quad 120 \quad 210 \quad 252 \quad 210 \quad 120 \quad 45 \quad 10 \quad 1
\end{array}
$$

→ 파스칼의 삼각형

각 숫자가 바로 위 두 숫자의 합으로 이루어진 이 삼각형 배열은 흔히 파스칼의 삼각형으로 불리지만, 중국의 수학자 양휘는 파스칼보다 약 400년 앞선 13세기에 이미 이 배열을 문헌에 기록하고 수학적으로 활용했다. 각 행의 숫자는 $(a+b)$를 거듭 제곱할 때 나타나는 계수, 즉 이항계수와 정확히 일치한다. 예를 들어 $(a+b)^3$을 전개하면 앞의 계수가 1, 3, 3, 1이 되는데, 이는 파스칼 삼각형의 네 번째 행이다.

서며 중국 수학은 상대적인 침체기로 접어든다. 국가의 관심이 역법과 재정 계산 등 기존의 실용적 분야에만 머물렀기 때문이다. 더욱이 도덕적 수양과 인간 본성 탐구를 중시하는 주자학이 융성하면서, 수와 계산을 다루는 수학 연구는 활력을 잃었다. 한때 서양을 앞섰던 중국 수학이 왜 명나라 이후 서양에 뒤처지기 시작했는지에 대한 더 자세한 이야기는 다음 11장에서 살펴보자.

그러나 16세기 말에 새로운 전환점이 찾아왔다. 예수회 선교사들이 중국에 들어오면서 서양의 수학이 유입되기 시작한 것이다. 특히 마테오 리치(Matteo Ricci, 1552-1610)와 서광계(徐光啓, 1562-1633)의 협업으로 유클리드의 『원론』이 『기하원본(幾何原本)』이라는 이름으로 번역되어 소개되자 중국의 지식인들은 이에 큰 자극을 받았다. 중국 수학자들은 이 책을 통해 공리와 연역적 논리를 기반으로 하는 서양 수학의 체계적인 구조를 이해했고 그 것의 가치를 금세 깨달았다.

시간이 흘러 18세기 초 청나라에서는 서양 수학을 수용하려는 노력과 함께 전통적인 중국 수학을 연구하는 고증학운동이 일어났다. 즉 이 시대의 수학자들은 송·원 시대의 잃어버린 고전들을 복원하고 정리하기 위해 노력했다. 하지만 이미 서양에서 미적분학이라는 혁명적인 도구가 발명된 후였기 때문에 그 노력은 큰 빛을 발하지 못했으며,

→ **마테오 리치와 서광계**

결국 중국은 서양의 수학을 받아들이는 방향으로 나아가게 되었다.

청나라(1636-1912) 황제 강희제는 수학, 천문학을 서양 신부들과 함께 연구하여 수학과 새로운 달력에 관한 책을 편찬할 것을 명했다. 이에 따라 여러 학자들이 모여 1722년 상편 5권, 하편 40권, 표 8권 등으로 이루어진 『수리정온(數理精蘊)』을 완성해 1723년에 출판했다. 이 책은 동양 수학사에서 가장 방대한 수학책으로, 증명을 포함하는 평면, 입체기하, 삼각법, 대수 등을 도입했으며 차원(dimension)에 따라 이론을 정리하여 중국인들에게 신선한 충격을 주었다. 당시 서양은 미적분학을 기반으로 한 해석학이 활발하게 연구되고 있었으므로 동서양의 수학적 수준 차이는 극복할 수 없는 상황이었다.

청나라 초기에는 매문정(梅文鼎, 1633-1721)이라는 유명한 수학자가

있었다. 그는 서양의 새로운 수학을 이해하려고 노력하는 한편 잊혀가던 중국의 전통 수학을 연구하고 재발견하는 일에 힘을 기울였다. 그는 동서양의 수학(과 천문학)이 서로 본질적으로 같은 것임을 밝히는 데에 주력했다. 매문정이 쓴 『역학의문(曆學疑問)』(1690)은 수학과 천문학에 깊은 관심을 가지고 있던 황제 강희제의 시선을 끌었다. 그는 황제의 도움으로 몽양재(蒙養齋)라고 하는 산학관, 즉 일종의 수학 교육 기관을 세웠고(1713) 이곳은 후학 양성에 크게 기여했다.

동아시아 공통의 학문 언어를 만들다

19세기 중국의 수학 발전에 크게 기여한 수학자로 이선란(李善蘭, 1810-1882)이 있다. 어려서부터 총명했던 그는 10세에 『구장산술』을 이해했고, 15세에 유클리드의 『원론』을 통달했다. 17세에 항저우에서 천문학 및 역학을 연구했고, 그 후 아주 유명한 수학자가 되었다.

1852년 상하이에서 알렉산더 와일리(Alexander Wylie), 조지프 에드킨스(Joseph Edkins) 등 서양 선교사들과 교류하게 된 그는, 1852년부터 1866년까지 묵해서관(墨海書館)이라는 일종의 출판 기관에서 편역을 담당하며 『원론』, 『프린키피아』 등 유럽의 주요 과학서를 한문으로 번역했다. 대수학, 미적분학, 조합론 등 독자적인 수학 연구도 병행하며 『방원천유(方圓闡幽)』, 『호시계비(弧矢啓秘)』, 『대수탐원(對數探源)』 등 3권의 저작을 남겼다.

그러나 이선란이 현대 수학에 남긴 가장 큰 유산은 그가 번역 과정에서 창조해 낸 수학 용어들이다. 대수(代數), 상수(常數), 변수(變數), 미지수(未知數), 함수(函數), 계수(係數), 지수(指數), 급수(級數), 단항식(單

項式), 다항식(多項式), 미분(微分), 적분(積分), 좌표계(坐標係), 법선(法線), 곡선(曲線), 점근선(漸近線) 등 오늘날 우리가 당연하게 쓰는 수학 용어 대부분이 그로부터 나왔다. 수학 바깥에서도 식물(植物), 세포(細胞) 같은 용어를 만들었으며, 이 용어들은 지금까지 한국어와 일본어에서 역시 그대로 쓰이고 있다. 이선란이 만든 용어가 동북아 3개국에서 공통으로 받아들여지고, 이후 일본 학자들이 만든 학문 용어들 역시 중국 학계가 수용하면서, 동아시아는 근대 학문의 언어를 공유하게 되었다.

조선의 실정에 맞는 수학을 고민하다

동양의 수학이 중국을 중심으로 태동했다고 해도 한반도에 전해진 수학은 중국과는 별개로 우리만의 특색을 가진 학문으로 발전했다. 고려시대 산학은 십학(十學) 중 하나였고 사대부들도 산학을 배우고 공부하는 것을 당연히 여겼다.『고려사』에 수학을 담당하는 관리인 산사(算士)의 선발과 관련된 내용이 나온다. 하지만 대부분 중국의 산학서에 의존했고 독자적인 수학을 발전시킨 것은 조선시대 초기부터라고 할 수 있다.

세종대왕은 당시 사용하던 중국의 역법이 우리 실정에 잘 맞지 않았기에, 조선 땅에 맞는 역법을 만들고자 했다. 1432년 세종대왕은 이순지, 김담, 정인지, 정초 등 학자들에게 명하여 조선의 천문 관측 자료를 바탕으로 한 새로운 역법을 만들게 했는데, 이 작업에는 엄청나게 많은 수학적 계산이 필요했다. 십여 년의 편찬 작업 끝에, 1444년『칠정산내편』과『칠정산외편』이 완성되었다.『칠정산내편』은 조선의 한양을 기준으로 한 역법이었고,『칠정산외편』은 중국의 역법을 정리한 것이었다.

세종대왕은 수학을 담당하는 관청인 산학청(算學廳)을 강화하고, 산학관(算學官)을 양성하는 제도를 정비했다. 산학관이 되려면 『산학계몽』, 『양휘산법(揚輝算法)』 같은 중국 수학서를 공부하고 시험에 합격해야 했다. 세종대왕은 또한 『산학계몽』에 주해를 달아 이해하기 쉽게 만들도록 했다.

한편 이 무렵 세자이던 문종의 아이디어와 장영실, 호조의 노력이 더해져 세계 최초의 측우기가 발명되었다. 부피 계산 등 측우기를 발명하는 과정에 수학이 필요했을 뿐 아니라, 전국 각지의 강우량을 표준화된 방법으로 측정하고, 그것을 데이터화하여 농업 정책에 활용한다는 발상 자체가 매우 수학적이었다.

이 시기 우리가 기억해야 할 수학자들이 있다. 이순지(李純之, 1406-1465)는 조선 초기의 가장 위대한 천문학자이자 수학자였다. 그는 양반 출신으로는 드물게 수학과 천문학을 깊이 탐구했던 사람이다. 세종대왕의 역법 개혁 프로젝트에서 핵심적인 역할을 했고, 『칠정산』의 편찬을 주도했다. 그가 쓴 『제가역상집(諸家曆象集)』은 천문학 종합서로, 중국의 여러 역법들을 비교 분석한 책이다. 각 역법의 장단점을 수학적으로 분석하고, 어떤 방법이 실제 관측과 더 부합하는지를 확인했다.

김담(金淡, 1416-1464)은 이순지와 함께 세종대왕의 천문 사업을 이끈 사람이다. 그는 중인 출신의 관상감 관리로, 오늘날로 치면 천문대의 기술 책임자였다. 1433년 김담은 장영실과 함께 자동 물시계인 자

→ 측우기

→ **자격루**

경회루 연못 남쪽의 보루각에 설치되어 1434년부터 사용되었던 보루각 자격루를 실제 크기로 복원한 것이다. 자격루는 크기가 여러 개인 항아리에 유입되는 물로 시간을 측정하고 때가 되면 자동으로 종과 북, 징을 쳐서 시간을 알렸는데, 그 작동 원리와 기계 시스템이 무척이나 복잡하여 당시 조선의 과학기술 수준을 가늠하게 해준다.

격루를 제작했다. 물의 흐름으로 시간을 재고, 정해진 시각이 되면 자동으로 종과 북을 울리는 이 기계는 정밀한 기계공학과 수학적 계산의 결합이었다. 물이 일정한 속도로 흘러야 했고, 톱니바퀴의 비율이 정확해야 했으며, 부력과 무게중심 계산이 필요했다. 그는 혼천의와 그것을 간소화한 간의(簡儀) 제작에도 참여했다. 혼천의는 천구를 입체적으로 재현한 기기로, 구면기하학에 대한 깊은 이해가 없으면 만들 수 없었다. 그가 만든 기기들은 200년 넘게 조선의 하늘을 관측하는 도구가 되었다.

경선징(慶善徵, 1616-1669?)은 조선 중기의 대표적인 산학자였다. 중인 출신이며 1660년에 『묵사집산법(默思集算法)』을 저술했다. 이 책은 조선에서 만들어진 가장 체계적인 수학 교재였다. 총 3권으로 이루어져 있으며 약 400개의 문제가 수록돼 있다. 묵사란 '조용히 생각한다'는 뜻으로 그는 중국 수학에서 벗어나 스스로 깊이 사유하며 조선의 현실에 맞는 문제들을 만들었다. 최석정의 『구수략』에서는 그를 조선의 최고의 수학자라 일컫고 있다.

성리학과 실학이 바라본 수학

조선시대의 수학은 기본적으로는 중국 송·원 시대 수학의 전통을 따랐고, 이론보다는 실용에 중점을 두었다. 추상적인 수학 이론을 발전시키기보다는 역법 계산, 토지 측량, 세금 계산 같은 구체적인 문제 해결에 집중했다. 수학자는 대체로 중인 신분의 관료였고 학문적인 성취보다는 오차 없는 계산 능력이 중요시되었다. 양반 사대부들은 수학이 중요한 지식이라는 사실을 인정하면서도, 그것에 깊이 천착하는 것을 다소 격이 낮은 일로 여겼다.

조선은 성리학(주자학)을 나라의 사상적 근간으로 여겼으며 농업은 권장하고 상공업은 억제하는 농본억상 정책과 사농공상의 신분제를 유지했다. 상업 활동은 사치와 낭비를 조장하고 빈부격차를 심화시킨다고 보아 부정적으로 인식되었다. 국가 운영에 필요한 최소한의 상업만 허용되었으며, 국가로부터 허가받은 관허 상인만이 합법적으로 상업에 종사할 수 있었다. 상업과 유통을 중시하지 않으니 정부와 국민의 경제 사정이 좋지 않았고 수학의 활용성이 확대되기는 어려운 상황이 지속되었다.

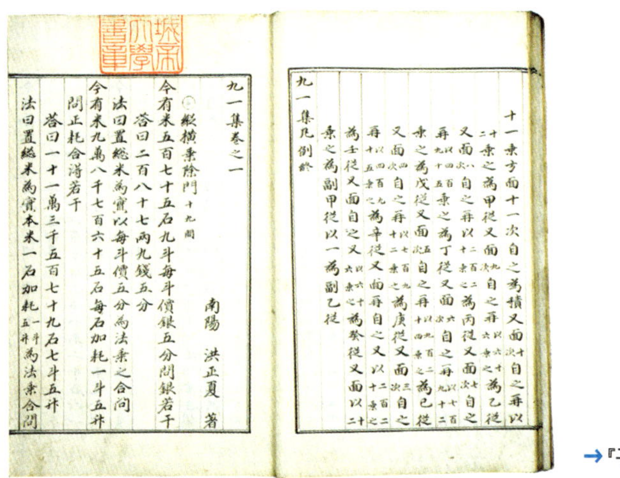

→『구일집』

그럼에도 조선의 수학 수준이 상당히 높았음을 알 수 있는 일화가 있다. 1713년 청나라에서 사신으로 온 사력(司曆, 산학자) 하국주(何國柱)가 조선의 홍정하(洪正夏, 1684-1727), 유수석(劉壽錫, ?-?,『유씨구고술』의 저자로 추정)과 만나서 서로 수학 문제를 내고 이에 답하는 일이 있었는데, 이때 홍정하는 방정식의 해법에 있어서 중국보다 훨씬 뛰어난 수준을 선보였다. 홍정하는 이때의 대담을 본인이 저술한 수학서『구일집(九一集)』에 실었는데, 이 책에는 방정식과 마방진에 대한 풀이법 등이 실려 있다. 여기에는 10차방정식의 해법까지 등장하는데, 당시에는 이 해답을 산가지를 이용한 근삿값으로 구했다.

조선의 산학자들은 계산 도구로 산가지를 사용했기에, 그들은 늘 산가지를 소지하고 다녔다.[•] 산가지로 숫자를 나타낼 때 자릿수를 번

• 점쟁이들도 산가지를 썼는데 그것을 담은 통이 '산통'이다. '산통을 깨다'라는 말이 여기서 유래되었다.

갈아 가며 가로놓기와 세로놓기로 구분했다. 동양 수학에서는 일찍부터 음수를 허용했는데 산가지로는 양수를 붉은색, 음수를 검은색으로 구분했다. 산가지는 사칙연산을 할 때는 주판보다 불편했지만 방정식을 풀 때는 더 용이했다.

조선 후기로 가면서 실학자들은 수학의 중요성을 새롭게 인식하기 시작했다. 홍대용(洪大容, 1731-1783), 정약용(丁若鏞, 1762-1836), 최한기(崔漢綺, 1803-1877) 같은 실학자들은 서양 수학과 과학에 관심을 가졌고, 실용적 학문으로서의 가치를 중시했다. 여기서 주목해야 할 점은, 조선은 성리학이라고 하는 유교적 가치의 틀에서 벗어나 '실용'으로 가치를 넓혀가면서 수학과 과학의 발전을 꾀한 반면, 유럽은 거꾸로 실용에서 벗어나 우주와 인간의 본질을 탐구하는 그리스 철학을 복원함으로써 수학과 과학의 발전을 꾀했다는 점이다.

와산: 일상과 문화에 스며든 일본의 수학

일본의 전통 수학인 와산(和算)은 독자적인 수학 체계로 에도시대(1603-1868)에 꽃을 피웠다. 와산은 실용적인 계산 기술을 넘어서 일본 사회의 사상, 교육, 종교, 예술과 연관된 지적 전통이었다. 일본은 도쿠가와막부가 주도하는 쇄국정책을 유지했지만, 에도시대 초기에 조선으로부터 중국 수학서들이 전래되었고 일본 수학자들은 이를 토대로 점차 독창적인 방법과 문제를 만들어냈다. 에도시대 상공업의 발달로 실용적인 계산 능력이 요구되는 한편 사무라이 계층과 서민층 모두에서 수학이 교양을 넓히는 중요한 방편으로 자리 잡았는데, 와산은 이러한 사회적 수요를 토대로 사설 학당과 개인 문하에서 폭넓게 전승되었다.

　와산은 문자 대신 한자로 수식을 나타냈고 미지수는 갑, 을, 병과 같은 문자로 표기했다. 결국 기호의 부족으로 인해 고차원적인 추상화에는 한계가 있었고, 증명보다는 해법의 기교와 정교함을 중시하는 경향이 있었다. 그럼에도 불구하고 와산은 이 틀 안에서 독창적인 성취를 이루어냈다.

　세키 다카카즈(関孝和, 1642?-1708)는 흔히 '와산의 아버지'로 불린다. 그는 연립방정식을 풀기 위해 방정식의 계수 배열을 조작하는 방법을 고안했는데, 이는 오늘날의 행렬식 개념과 매우 유사하다. 일본 수학사에서는 이를 세키식판별법이라 부르며, 라이프니츠의 행렬식 개념과 거의 동시대에 이루어진 성과다. 세키는 고차다항식의 구조를 연구하며 근의 존재와 중복성에 주목했다. 그는 근이 중복될 때 나타나는 특수한 현상을 인식하고, 이를 계산적으로 판별하는 방법을 제시했다. 한편 소위 '엔리(円理)'라는 이름으로 원의 넓이를 무한 과정으로 계산하는 방법을 착안했는데, 이는 서양의 적분 개념과 유사한 직관적 계산 체계였다.

　다케베 가타히로(建部賢弘, 1664-1739)는 세키의 제자이자 그의 업적을 체계적으로 확장하고 정리한 인물이다. 세키가 개척자였다면, 다케베는 정리자이자 계산의 달인이었다. 그의 가장 유명한 업적은 원주율 π를 소수점 아래 수십 자리까지 계산한 것이다. 그는 다각형 근사 방법을 극도로 정교화하여, 당시 세계 최고 수준의 정밀도를 달성했다. 또한 그는 세키의 엔리를 발전시켜 무한급수에 가까운 계산 방식을 사용했다. 그는 항의 증가에 따라 오차가 어떻게 줄어드는지를 분석함으로써, 수렴 개념에 대한 직관을 갖추고 있었다. 그가 세키의 발견을 문헌으로 정리하여 후대에 전한 것은 와산이 개인적 지식에서 학파적 전통으로 발전하는 데 결정적인 역할을 했다.

아리마 요리유키(有馬賴徸, 1714-1783)는 다이묘(영주)이자 수학자로, 와산을 지식인과 서민 사회 전반으로 확산시킨 인물이다. 이론의 혁신보다는 교육과 보급에 기여했으며, 난이도별 문제 구성과 해설을 담은 수학 교과서로 와산을 체계적으로 정리했다. 그는 산가쿠를 단순한 개인적 봉헌물이 아니라 공적 학문 교류의 장으로 인식했고, 그의 영향 아래 산가쿠는 지역 간 와산 경쟁과 학습의 촉진제가 되었다.

산가쿠(算額)란 에도시대 수학의 독특한 요소로 신사나 산사에 봉헌되는 수학 문제판을 말한다. 산가쿠에는 화려한 색채와 함께 고난도의 기하 문제가 그려져 있다. 원, 타원, 다각형의 접촉 관계나 면적, 부피 계산 등 고급 기하 문제가 즐겨 다루어졌으며, 문제 자체의 아름다움이 중요한 가치로 여겨졌다. 산가쿠는 다른 사람들에게 도전 과제를 제시하는 공개적인 학술 소통의 장이기도 했다. 수학이 종교, 예술과 자연스럽게 결합된 일본 문화의 한 단면이라 할 수 있다. 메이지유신(1868) 이후 서양식 교육 제도가 도입되면서 산가쿠 문화는 급속히 사라졌으나, 아직도 일본 전역에 수백 점의 산가쿠가 남아 있고 최근에는 그것들을 복원하고 해석하는 작업이 진행 중이다.

서양 수학은 세계를 설명하는 도구로 인식되는 동시에 그 실용성과 보편성이 강조되었고 그 결과 자연과학, 공학, 군사 기술과 긴밀히 연결되었다. 반면에 와산은 문화적, 교양적 성격을 띠었다. 서양 수학의 미학이 흔히 일반성과 단순성에 있다면, 와산의 미학은 정교함과 복잡함에 있다. 제한된 도형 조건 아래에서 복잡한 관계를 밝혀내는 것이 와산의 수학적 미를 형성했으며, 산가쿠를 통하여 수학 문제가

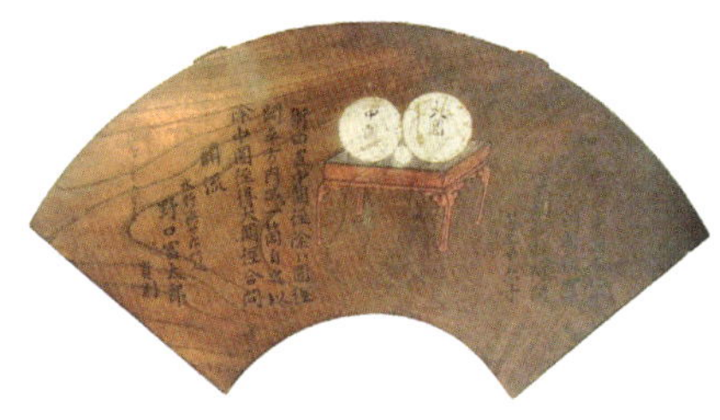

→ **산가쿠**

산가쿠에는 서로 접하는 도형들의 넓이와 그들 간의 비율에 대한 문제가 주로 등장한다.

예술 작품처럼 전시되었다는 점은 매우 독특한 현상이다.

지금까지 살펴본 중국, 조선, 일본의 수학은 서로 영향을 주고받으면서도 각자의 색깔을 유지했다. 중국은 방대한 집성과 통합으로, 조선은 실용과 정밀함으로, 일본은 정교함의 미학으로 수학을 발전시켰다. 그러나 세 나라 모두 17세기 이후 유럽에서 폭발적으로 전개된 수학의 혁명을 따라잡지 못했다. 다음 장에서는 그중에서도 한때 세계 최고의 문명을 자랑했던 중국의 수학이 왜 유럽에 주도권을 넘겨주게 되었는지 그 결정적인 이유를 살펴보자.

마방진, 신비롭고도 놀라운 수학적 배열

마방진(魔方陣, Magic Square)은 $n \times n$ 정사각형 모양에 1부터 n^2까지의 연속된 자연수를 중복 없이 배열하여, 가로, 세로, 대각선에 있는 수들의 합이 모두 같도록 만든 숫자의 배열이다. 마방진의 역사는 약 4000년 전 중국 하나라의 시조인 우왕(禹王) 시대로 거슬러 올라간다. 우왕이 황허의 지류인 낙수(洛水)의 홍수를 다스리는

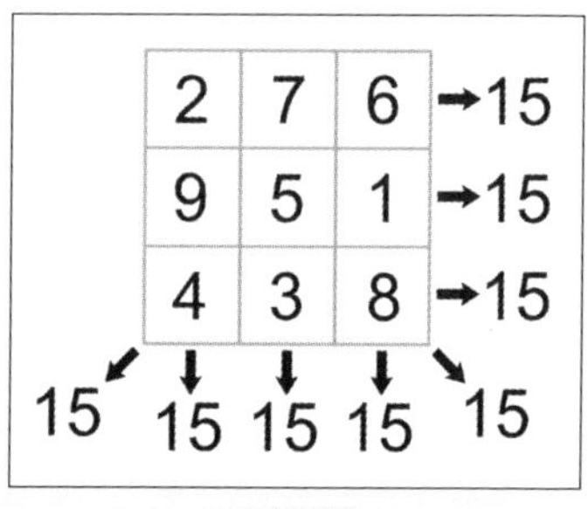

3차마방진

치수 공사를 하던 중 등에 신비한 점무늬가 새겨진 거북을 발견했는데, 등껍질에 새겨진 무늬가 바로 3차마방진이었던 것이다. 이후 '낙수에서 얻은 글'이라는 뜻으로 낙서(洛書)라고 불렀다. 고대 중국에서는 낙서가 단순히 수학적 배열이 아니라, 우주의 진리와 세상의 비밀을 함축한 것으로 여겨졌다. 주역의 원리를 담은 그림이자 우주의 이치를 표상하는 상징으로 믿었던 것이다. 송나라 시대에 이르러 4차 이상의 마방진 구성 방법이 연구되고 기록되면서, 마방진은 신비의 영역을 벗어나 수학의 한 분야로 발전했다.

르네상스 시대에 마방진은 아라비아 상인들을 통해 이슬람 세계와 유럽으로 전파되었다. 특히 중세 이슬람 세계에서는 마방진이 마력을 가진 것으로 여겨져 부적처럼 사용되기도 했고, 유럽에서도 초기에는 신비주의적 오컬트의 대상으로 여겨졌다. 르네상스 이후 유럽의 수학자들은 마방진을 신비주의에서 벗어나 순수한 수학적 문제로 인식하고, 다양한 차수의 마방진을 만드는 일반적인 방법과 그 속성을 체계적으로 연구하며 현대 수학으로 발전시켰다.

조선 후기 숙종 때의 문신이자 대학자인 최석정(1646-1715)은 그의 저서 『구수략(九數略)』을 통해 독창적이고 심도 있는 마방진 연구 업적을 남겼다. 그의 연구는 서양 수학보다 수십 년 앞선 개념을 포함하고 있어 세계 수학사에서 중요한 의미를 가진다. 그의 마방진 연구 중 가장 중요한 성과는 9차 마방진의 구성 원리를 밝힌 것이다. 최석정은 『구수략』의 부록인 「하락변수(河洛變數)」에서 9차직교라틴방진의 개념과 실제 배열을 제시했다. N차라틴방진은 각 행과 열에 1부터 N까지의 숫자가 중복 없이 한 번씩 나타나도록 배열한 것이며, 직교라틴방진이란 두 개의 라틴방진을 포개었을 때 생기는 N^2개의 모든 순서쌍이 중복 없이 나타나는 배열이다.

최석정

또한 최석정은 전통적인 정사각형 형태의 마방진 외에 독창적인 형태의 마법진인 지수귀문도(地數龜文圖)를 연구했다. 지수귀문도는 정육각형 아홉 개가 벌집 모양으로 배열된 구조로, 거북이 등껍질 무늬와 유사하다 하여 붙여진 이름이다. 1부터 30까지의 숫자를 사용하고 각 육각형의 여섯 꼭짓점의 숫자의 합이 모두 93이 되도록 배열한 것으로, 수학적 정교함과 조형적 아름다움을 함께 갖춘 놀라운 구조다.

명나라의:
가장 앞선 문명이 뒤처진 이유

지금으로부터 약 500년 전, 즉 15~16세기 무렵까지만 해도 중국의 과학 수준은 유럽에 뒤지지 않았다. 오히려 여러 면에서 앞서 있었다. 여기서 말하는 과학은 수학과 과학기술 전반을 포함한다. 그런데 그로부터 불과 300년도 지나지 않아 중국은 영국의 함포 앞에 속절없이 무너졌다. 무엇이 이 거대한 역전을 만들었을까? 이 장은 그 질문에 대한 답을 찾아가는 이야기다.

유럽이 따라잡을 수 없었던 문명

그렇다면 당시 명나라가 이룩한 문명의 수준은 과연 어느 정도였을까? 몇 가지 사례만 보아도 그 웅장한 스케일을 짐작할 수 있다. 15세기 초에 이루어진 정화의 원정은 너무나 유명하다. 환관이자 무관이

→ 자금성

건설에 100만 명 이상의 노동자가 동원된 것으로 알려진 자금성은 현존하는 세계 최대 규모의 고대 목조 건축물 단지다.

었던 정화(鄭和, 1371-1434)는 당시 명나라 황제 영락제의 명령에 따라 1405년부터 1433년까지 일곱 차례에 걸쳐 대규모 함대를 이끌고 해외 원정을 다녀왔다. 1차 원정을 예로 들면 주선은 길이가 137미터, 폭이 56미터에 이르는 초대형 선박으로 당시 유럽에서는 상상하기조차 어려운 거대한 선박이었다. 함대는 62척의 배로 구성되었고 승무원이 2만 8000명 정도 되었다고 하니 그 규모가 실로 대단하다. 원정대는 동남아시아를 시작으로 인도, 아라비아반도, 나아가 아프리카 동해안까지 항해했으며, 진귀한 해외 물품과 아프리카의 희귀한 동물들을 배에 싣고 돌아왔다고 한다.

한편 영락제가 남경에서 북경으로 수도를 옮기며 새로 지은 자금성의 규모도 놀랍다. 1406년부터 1420년까지 지어진 자금성은 약 980

채의 건물과 약 8700칸의 방으로 이뤄져 있고, 높이가 10미터, 길이가 4킬로미터에 이르는 담으로 둘러싸여 있다. 성을 에워싸고 있던 해자의 넓이는 52미터, 깊이는 6미터 정도라고 하니 그 규모가 실로 대단한데, 이러한 건축을 가능하게 했던 당시 중국의 과학기술과 경제의 수준을 엿볼 수 있다.

하지만 오랜 세월 동안 유럽을 앞서던 중국의 과학 수준은 언제부터인가 조금씩 뒤처지기 시작했다. 유럽이 15세기에 싹을 틔운 르네상스를 발판으로 비약적인 도약을 이루는 동안, 중국은 더디게 걷고 있었다. 왜 그런 현상이 일어난 것일까?

진리 탐구 정신, 그리고 실용적 가치

중국의 과학이 정체된 반면 유럽의 과학이 비약적인 발전을 이룬 원인을 모두 찾고 분석하는 것은 쉽지 않은 일이다. 당연히 복잡한 문화적, 사회적, 지리적, 경제적 요인들이 얽혀 있을 것이다. 로버트 B. 마르크스(Robert B. Marks, 1949~)는 그의 저서 『어떻게 세계는 서양이 주도하게 되었는가』에서 경제와 무역 같은 요인, 즉 대항해 시대 이후 신대륙에서 나오는 막대한 양의 은과 아프리카인들을 대상으로 한 노예무역 등으로부터 이 질문의 답을 찾으려 했다.

그러나 서양이 주도하게 되는 과정에서 우리가 주목해야 할 동서양의 차이는 경제보다는 '과학'이 되어야 하지 않을까? 과학이 문명의 수준을 대표할 뿐 아니라 과학의 차이가 곧 국력과 군사력의 차이를 불러왔기 때문이다. 유럽의 과학은 증기기관, 철강산업 등으로 대표되는 산업혁명을 낳았고 그것이 결국 강한 군사력으로 이어졌다. 대항해 시대의 개막도 과학의 수준이 일정 수준 이상으로 올라갔기 때문에 가능했던 것이다.

그렇다면 중국의 과학이 유럽에 뒤지게 된 가장 큰 이유는 무엇일까? 그것은 과학자(수학자)들과 대중이 과학을 바라보는 태도의 차이에서 비롯되었다고 생각한다. 유럽은 르네상스 이후 '진리 탐구 정신'에 입각하여 과학 연구를 이어나간 반면, 중국은 과학을 '실용적인 가치' 이상의 것으로 바라보지 않았다.

당대 중국의 과학자들은 자연과 우주를 순수한 지적 호기심만으로 연구할 수 있는 환경에 있지 못했다. 중국 사회는 즉각적으로 실용화할 수 없는 연구라면 가치가 없다고 여겼다. 설혹 일부 과학자들이 진리 탐구의 철학을 품고 있다 하더라도 그것을 평생의 업으로 삼을 여건은 주어지지 않았다. 이러한 철학적, 사회적 차이가 결국 동서양 과학 연구의 성과에 있어 커다란 간극을 만들어냈다.

좌표계, 미적분학, 케플러의 법칙, 지구의 공전, 만유인력, 세포, 주기율표, 전기와 자기, 세균의 발견 등 유럽 근대 과학의 핵심이라 할 수 있는 업적들은 동시대는 물론 그 이후의 중국인들도 이뤄내지 못한 것들이다. 오늘날 화학 공부의 첫걸음인 주기율표는 수많은 과학자가 세대를 넘어 축적한 탐구의 결실이며, 전염병의 원인이 세균임을 밝혀낸 일 역시 오랜 진리 탐구의 전통 위에서 비로소 가능했던 성취였다.

진리 탐구 자체에 높은 가치를 두는 태도는 구체적인 연구 여건에서도 뚜렷한 차이를 만들어냈다. 그 차이를 몇 가지만 정리하면 다음과 같다. 첫째, 시간이 오래 걸리는 깊은 연구를 할 수 있었다. 중국에서는 오랜 시간이 필요한 연구, 심지어는 몇 세대에 걸쳐서 이뤄져야

하는 연구는 천문학 정도를 제외하면 지속하기 어려웠다. 즉각적인 실용화로 이어지지 않는 연구의 필요성을 잘 인식하지 못했기 때문이다. 반면, 자연의 섭리를 탐구하는 것 자체에 의의를 둔 그리스 과학철학 위에 서 있던 유럽에서는 대를 이어 한 가지 주제를 파고드는 일이 가능했다.

둘째, 지식을 탑처럼 쌓아 올릴 수 있었다. 유럽에서는 과학자뿐 아니라 후원자와 대중 모두가 연구를 통해 얻은 원리와 이론을 소중히 여겼다. 그렇기에 앞선 세대의 발견을 발판 삼아 다음 단계로 나아가는 것이 자연스러운 일로 여겨졌다. 18세기 중반 영국에서 시작된 산업혁명, 그 핵심 동력인 증기기관의 발명과 제철 산업의 발전은 모두 훨씬 이전부터 이뤄놓은 과학적 지식과 합리적 탐구의 전통이 있었기에 비로소 가능했다.

셋째, 과학자(수학자)의 사회적 신분이 낮지 않았다. 중국의 과학자들은 그저 기술자로 취급되어 사회적 신분이 낮은 이들이 대부분이었다. 귀족 계급에서도 상당한 실력을 갖추고 과학을 연구하는 이들도 있었지만, 그 주제는 주로 천문이나 기상에 머무는 경우가 많았다. 반면 유럽에서는 과학자, 즉 당시에는 수학자로 불린 이들은 우주와 자연의 섭리를 탐구하는 숭고한 일을 하는 고상한 사람으로 간주되었고, 그에 걸맞은 사회적 예우를 받았다.

넷째, 대중의 관심과 귀족의 후원이 뒷받침되었다. 위대한 과학자들인 다빈치, 데카르트, 갈릴레오, 뉴턴, 라이프니츠, 오일러, 가우스 등은 모두 당대 유럽에서 이름을 떨친 인물들이었으며, 황제나 영주 같은 실력자들의 후원을 받았다. 덕분에 이들은 경제적 걱정 없이 연구에만 몰두할 수 있었다.

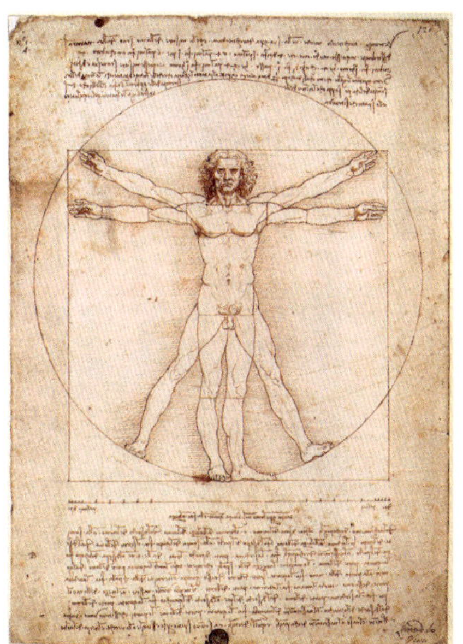

→ 다빈치의 인체 비례도
로마 건축가 비트루비우스의 이상적 인체 비례론을 시각화한 것으로, 원과 정사각형 안에 정확히 내접하는 두 가지 자세의 남성 신체를 묘사하고 있다. 이 작품은 예술과 수학, 해부학을 하나로 통합한 르네상스 정신의 상징으로 꼽힌다.

다섯째. 과학자들은 순수한 호기심만으로도 연구에 전념할 수 있었다. 다빈치와 데카르트는 생명체의 내부 구조를 이해하고자 사람 시체나 동물의 사체를 구해서 직접 해부했다. 이들을 움직인 것은 어떤 실용적 목적이 아니라 오직 알고자 하는 호기심과 열망이었다. 잠시 한 장면을 상상해 보자. 오늘날 의과대학에서 교수와 학생들이 모여 갖춰진 환경 속에서 해부를 하는 행위와, 혼자 시체를 구해 가물거리는 등불 아래 앉아 칼을 드는 행위는 느낌이 완전히 다를 것이다. 시체를 구하고 해부실로 옮기는 과정만 해도 얼마나 험난했을지 짐작하기 어렵다. 바로 이런 장면에서 그들이 품었던 치열한 탐구 정신이 생생하게 느껴진다.

과학철학과 기독교 사상: 진리 탐구 정신의 두 가지 뿌리

유럽은 어떻게 해서 '진리 탐구'라는 철학으로 과학을 연구하게 되었고, 사람들은 왜 그에 열광하게 되었을까? 그 뿌리는 두 곳에서 찾을 수 있다. 하나는 피타고라스, 아리스토텔레스로 이어지는 그리스 과학철학이고, 다른 하나는 절대신을 믿는 기독교 사상이다.

그리스의 전설적인 철학자 피타고라스가 추구했던 과학에 대한 철학은 후세에 큰 영향을 미쳤다. 그는 인간의 지성으로 우주의 섭리를 탐구하는 일 자체를 숭고한 행위로 여겼다. 우주에는 일정한 법칙이 있으며, 그 법칙은 수(數)와 조화(harmony)로 표현될 수 있다는 것이 그의 믿음이었다. 이러한 철학은 제자들을 통해 면면히 이어져 소크라테스, 플라톤, 아리스토텔레스와 같은 위대한 철학자들에게까지 깊은 영향을 미쳤다.

아리스토텔레스가 사용한 '자연철학'이라는 말은 오늘날의 '자연과학'에 가까운 개념이며, '철학' 역시 현대의 인문학적 의미의 철학보다는 훨씬 넓은 의미의 학문을 가리켰다. 그는 생물학, 광학, 연금술, 물리학, 천문학 등 수많은 분야를 넘나들며 탐구했고, 그가 세운 세계관과 탐구 정신은 이후 유럽 과학의 토대가 되었다.

그리스 철학의 영향은 오랫동안 이어졌고 진리 탐구를 중시하는 철학의 전통은 기독교 사상과 깊이 융합되며 더욱 강한 생명력을 얻게 된다. 자연의 섭리와 천체의 운행을 밝히는 것이 바로 이 세상을 창조하는 신의 뜻을 이해하는 길이라는 믿음이 있었기 때문이다. 세상만사가 모두 절대신인 하나님의 주재로 이루어지고, 우리가 보고 겪는 모든 자연현상에 하나님의 뜻이 담겨 있다고 믿고 있는 상황에서 자연현

→ 라파엘로의 「아테네 학당」

바티칸사도궁전에 그려진 라파엘로의 프레스코화. 플라톤과 아리스토텔레스를 중심으로 피타고라스, 소크라테스, 유클리드 등 고대 그리스의 철학자, 수학자 수십 명이 한자리에 모여 있다. 진리 탐구를 중시했던 그리스 철학을 르네상스 예술로 되살린 작품이다.

상, 물질, 천체, 생명의 진실을 탐구하는 일은 곧 신앙의 실천이기도 했다. 이러한 분위기 속에서 진리 탐구 정신은 과학자는 물론이고 후원자와 대중에게도 자연스럽게 받아들여졌다.

그러나 기독교와 과학이 모두 '진리'를 추구한다는 바로 그 공통점 때문에, 두 세계는 종종 무엇이 진정한 진리인가를 두고 정면으로 충돌했다. 천동설과 지동설의 대립, 진화론과 창조론의 갈등이 그 대표적인 예이다. 특히 16세기 말에서 17세기 초, 당시 유럽 최고의 선진국이었던 이탈리아에서 벌어진 충돌은 결국 이탈리아의 과학 발전을 저해하는 원인이 되었다. 교회의 권위에 도전하면 혹독한 대가를 치른다는 사실이 알려지면서, 과학자들의 창의적인 연구 활동을 위축시켰기 때문이다.

종교적인 진실인 지구중심설을 부정한다는 이유로 종교재판에 회부된 인물 중 유명한 사람이 둘 있다. 한 명은 갈릴레오이고 또 다른 한 명은 조르다노 브루노(Giordano Bruno, 1548-1600)이다. 갈릴레오는 법정에서 결국 지동설을 철회하고 목숨을 건졌지만, 브루노는 끝까지 자기의 신념을 굽히지 않았다. 그가 1600년 2월 8일 로마교황청의 이단 심문소로부터 이단이라는 유죄 선고를 받고 끝내 화형을 당한 것은 역사적으로 매우 중요한 사건이다.

경쟁과 바다가 만든 문명

유럽의 과학 발전을 과학에 대한 철학만으로 설명하기에는 부족하다. 그 바탕에는 두 가지 근본적인 지정학적 요인이 있었다. 첫째는 바로 국가 간, 민족 간의 격심한 경쟁이다. 유럽의 여러 나라들은 생존과 번영을 위해 끊임없이 싸워야 했고, 전쟁에서 진 나라는 오랜 지배와 수탈을 감내해야 했다. 이러한 무한경쟁이 오랫동안 지속되면서 무기 개발, 전쟁 물자 조달, 도로와 성(城)의 건설, 경제 개발에 온 힘을 쏟게 되었고, 그 축적된 노력이 결과적으로 과학기술의 발전으로 이어졌다. 경쟁은 내부에서만 있지 않았다. 이슬람 세력과 몽골의 거센 외부 압박을 겪으며 유럽은 과학과 기술의 중요성을 뼈저리게 느꼈을 것이다.

둘째, 지중해라는 천혜의 바다다. 증기기관차가 발명되기 전까지 인류의 장거리 운송은 거의 전적으로 수상 운송, 즉 선박에 의존했다. 말이나 낙타로 사람과 대량의 물자를 먼 거리까지 나르는 건 매우 비

1990년대에 완성된 시마나미카이도라는 다리가 오늘날 세토내해의 섬들 사이를 잇고 있다. 그 이전까지 물길은 배들의 차지였다. 혼슈, 규슈, 시코쿠 세 섬에 둘러싸인 이 잔잔한 내해를 통해 사람과 물자와 문화가 오갔고, 그 교역이 오사카를 중심으로 한 일본 상업의 토대를 만들었다.

효율적이었다. 중국 진나라의 진시황이 중국을 통일하자마자 2000킬로미터도 넘는 운하를 파는 사업을 벌인 것도, 영국과 독일의 국토 곳곳에 선조들이 파놓은 운하가 가득한 것도 모두 같은 이유 때문이다. 지중해는 이 모든 조건을 자연이 공짜로 제공한 셈이다.

로마는 카르타고와의 포에니전쟁(BC 264-BC 146)에서 승리를 거두고 지중해를 장악함으로써 번영했고, 그리스의 수준 높은 문화도 이 바다를 통해 유럽 전역으로 퍼져나갔다. 13세기 이후 이탈리아반도는 지중해를 통하여 이슬람 세계의 선진 문명을 흡수했다. 지중해의 역할 중 무엇보다도 중요한 것은 활발한 교역을 가능하게 함으로써 상업을 꽃피웠다는 점이다. 문명이 일정 수준 이상으로 발전하려면 그것을 뒷받침할 경제적 토대, 즉 부(富)가 반드시 필요하다.

그렇다면 무한 경쟁과 지중해라는 이 두 요인은 유럽만의 전유물이었을까? 일본도 어느 정도 유사한 조건을 갖추고 있었다. 치열한 전국시대의 내부 경쟁은 유럽의 그것과 비슷했다. 지리적으로도 일본은 혼슈, 규슈, 시코쿠 세 섬으로 이루어져 있었고, 그 섬들 사이에 세토내해(瀨戶內海)라는 바다가 펼쳐져 있다. 이 바다를 통해 사람과 물자, 문화가 활발히 오갔고, 그 덕분에 상업도 일찍부터 발달할 수 있었다. 세토내해 교역의 중심지였던 오사카에는 14세기부터 이미 상당한 물자가 집산되고 큰 부가 쌓이고 있었다.

아편전쟁: 동서양 문명의 격차를 확인하다

19세기 중반 영국(과 프랑스)과 중국이 벌인 아편전쟁은 동서양 과학기술의 격차를 극명하게 드러낸 사건이었다. 세계 최대의 인구를 가진 나라이자 수천 년간 세계의 중심으로 군림하던 나라가 속절없이 무너지는 광경을 목격한 중국 국민이 받은 정신적, 경제적, 사회적 충격은 말할 수 없이 컸다. 청나라 군대는 영국과의 두 차례 전쟁에서 맥없이 무너졌다. 중국 사람들은 이미 보고 들은 서양 문물을 통해 서양의 기술이 자국보다 앞서 있다는 사실은 어느 정도 알고 있었지만, 이 정도로 상대가 되지 않으리라고는 미처 몰랐을 것이다. 이 전쟁은 중국인들에게 과학기술 발전의 필요성을 절감하게 해 양무운동을 촉발하는 계기가 되었다. 그러나 이 운동은 방향을 잘못 잡았다. 관료들이 주도한 근대화 운동은 군사력 강화와 군수 산업 부흥에만 치중하였을 뿐, 유럽의 과학과 제도를 배우고 실천할 인재 양성과 각종 낡은 정치 체제의 개혁에는 소홀하여 결국 별다른 성과를 거두지 못했다.

→ 네메시스호의 중국 전선 격파

1841년 1월 7일 제1차 아편전쟁 당시 영국 동인도회사의 네메시스호가 청나라 전선들을 격파하는 장면을 그린 그림이다. 오른쪽 배경에 보이는 증기선이 네메시스호이며, 중앙에서 불타는 것은 청나라 전선이다. 목조 범선과 철제 증기선의 대결은 당시 동서양 과학기술의 격차를 단적으로 보여준다.

200년 전 명나라와 21세기의 대한민국

21세기의 대한민국은 어떠한가? 과연 명나라와는 다를까? 과학 연구에서 추구하는 진리 탐구의 중요성을 이해하고 있을까? 적어도 대한민국 정부와 기관 들은 그러하지 못하다. 그동안 우리나라에서는 과학적 진리의 탐구보다도 실용적 가치를 훨씬 중시해 왔다. 얼마 전까지만 해도 과학 연구를 지원하는 연구재단에서는, 연구자들이 연구비를 신청할 때 해당 연구가 어떤 '기술'과 연관이 있는지를 설명하도록 했다. 당장 실용화할 수 없는 연구는 지원할 가치가 없다는 무언의 압력이나 다름없었다.

한국은 그동안 과학보다는 기술을 우선적으로 지원해 왔다. 지금까지는 선진국을 따라잡으려니 어쩔 수 없는 부분이 있었지만, 이제부터라도 우리는 순수한 과학적, 수학적 진리를 탐구하는 학자들을 중시해야 한다. 역설적이지만, 순수과학에 투자하는 것이 가장 실용적인 길일 수 있다.

미국이 60년 전에 쏘아 올린 발사체와 동일한 스펙의 우주 발사체를, 우리나라는 20년 가까이 엄청난 예산과 인력을 투입하고 나서야 겨우 시험 발사하는 데 성공했다. 그것은 물론 우리의 과학 수준이 아직 그리 높지 않기 때문이다. 수준을 높이기 위해서는 기술자들보다는 실력 있는 이론과학자, 수학자 들을 더욱 많이 양성하고 활용해야 한다. 원자폭탄 개발 프로젝트인 맨해튼프로젝트에서도 책임자 오펜하이머뿐만 아니라 실력 있는 이론물리학자들이 많이 참여했다. 미국의 항공우주국(NASA)의 아폴로 프로젝트도 마찬가지였다.

젊은 수학 박사들이 대학교 외에 취직할 곳은 매우 적다. 그들의 수학적 능력을 활용하겠다고 하는 연구소나 회사가 거의 없기 때문이다. 삼성전자, SK하이닉스와 같은 굴지의 회사들도 그동안 수학자, 이론물리학자 들에게는 별 관심이 없었다. 그나마 다행인 것은 최근에 AI 개발과 활용의 붐이 일어나면서 일부 기업에서 채용을 조금씩 늘리고 있다는 점이다.

공학자와 과학자는 해결하고자 하는 문제를 대하는 관점이 다르다. 공학자가 주어진 목표를 효율적으로 달성하는 데 강점을 보인다면, 이론과학자는 문제의 본질을 파고드는 데 익숙하다. 그러므로 규모가 크고 내용이 깊어 시간이 많이 필요한 연구에는 이론과학자들의 참여가 필요하다. 그런데 그런 연구에서는 이론과학자 혹은 수학자 들의 전문 지식도 중요하지만, 더 본질적인 것은 문제를 대하는 태도와 접근 방식이다. 그들의 능력은 오랜 기간의 수련 과정을 통해 얻은 학문적 통찰력과 직관, 그리고 한 문제를 끝까지 붙들고 연구하는 습관에서 나온다. 통찰력과 끈기, 이것이 이론과학자의 진짜 실력이다. 그들은 그런 실력을 통해 어려운 문제들을 해결하곤 한다.

갈릴레오가 진자의 등시성을 발견한 일도, 뉴턴이 만유인력을 떠올린 일도, 순수한 호기심에서 시작되었을 것이다. 우리가 이 책에서 살펴보는 수많은 수학적 발견이 그러했듯, 진리를 향한 집요한 탐구가 결국 세상을 바꾼다. 명나라가 미처 깨닫지 못했던 그 사실을, 우리는 이제 알고 있다.

12장

이탈리아:
과학혁명의 첫걸음을 내딛다

유럽은 흑사병과 백년전쟁으로 만신창이가 되어버렸지만 한편으로는 그러한 고난이 씨앗이 되어 르네상스라는 문예부흥 운동이 일어났다. 1000년이 넘는 암흑시대의 끝에 찾아온 이 변화는 유럽 역사에서 가장 중요한 대목이라 할 수 있다. 여러 가지 내적, 외적 요인으로 인해 점진적으로 진행된 변화는 사람들의 인식 수준을 높이고 사고와 표현의 영역을 넓히는 결과를 낳았다. 만물의 이치에 대한 이성적 탐구를 목표로 하는 수학도 이슬람 세계로부터 얻은 지식을 넘어서 독자적인 발전을 시작하게 된다. 이 시기에 이탈리아반도를 중심으로 일어난 문화적 각성과 수학의 발전이 어떻게 근대 문명의 토대를 놓게 되었는지 살펴보자.

문예부흥의 땅에서 시작된 과학혁명

르네상스가 구체적으로 어느 시점부터 시작되었다고 말하기는 어렵지만, 이탈리아반도에서 시작된 것만은 분명하다. 이탈리아는 오랫동안 유럽의 정치적, 문화적 중심지였고 16세기에도 여전히 유럽에서 가장 앞선 지역이었다. 비록 여러 나라로 쪼개져 있었지만 이 지역은 유럽 종교의 중심지였고 이슬람 문화의 영향을 제일 먼저 받았으며 학문과 상업이 발달했다. 17세기가 시작될 무렵부터는 프랑스가 그 위치를 이어받게 되지만 그전까지는 이탈리아가 유럽의 문화를 선도했다.

만약 16세기 무렵 국력이나 군사력의 측면에서 비교한다면 이베리아반도의 스페인과 포르투갈이 이탈리아보다 더 앞설지 모른다. 이탈리아는 여러 도시국가로 분열되어 있었던 반면 이베리아반도는 레콩키스타를 거치며 국력이 길러졌기 때문이다. 오랫동안 전쟁을 치르면서 스페인(카스티야왕국과 아라곤왕국이 합쳐진 국가)과 포르투갈의 군사력이 강해졌고 왕권도 강화되었으며 같은 지역에 있던 이슬람 세계의 수준 높은 문명이 자연스럽게 이 두 나라에 전해졌다. 그 결과 두 나라는 신대륙을 발견하게 되고 아프리카의 희망봉을 돌아 아라비아와 인도로 가는 항로도 찾아내었다.

이처럼 대항해 시대를 연 것은 이베리아반도였지만, 그 시대를 지적으로 이끈 것은 여전히 이탈리아였다. 수학사적으로는 16세기에 주목해야 할 것으로 크게 두 가지를 꼽을 수 있다. 첫째는 이탈리아반도에서 미술, 수학, 문학, 철학 등을 중심으로 일어난 문화적 각성과 경제 발전, 그리고 그에 따른 대수학의 발전(특히 3, 4차방정식의 해법)이다. 둘째는 북쪽 게르만족의 나라들에서 일어난 등호 기호와 덧셈, 뺄셈 기호의 발명과 사용이다.

16세기 말에서 17세기 초에 역사상 가장 위대한 수학자로 꼽힐 만한 갈릴레오와 케플러가 등장하면서 소위 과학혁명이 시작되는데, 먼저 이탈리아반도에서 일어났던 수학 발전의 전개 과정을 살펴보자.

3, 4차방정식의 해법: 비밀과 배신의 드라마

16세기 이탈리아에서 3차방정식과 4차방정식의 일반해, 즉 근의 공식을 찾으며 벌어지는 과정은 수학사적으로도 매우 중요하지만, 이야기 자체만으로도 마치 소설처럼 흥미롭다. 우선 3차방정식이란 $x^3+ax^2+bx+c=0$ 같은 형태의 방정식을 말한다. 2차방정식의 근의 공식은 고대부터 알려져 있었으나 3차방정식의 일반 해법은 너무나 복잡해서 오랫동안 밝혀지지 못했다.

3차방정식의 부분적인 해법을 처음 발견한 사람은 볼로냐대학의 수학 교수였던 시피오네 델 페로(Scipione del Ferro, 1465-1526)였다. 그는 당시의 관행*에 따라 해법을 비밀에 부쳤고 자신의 제자들에게만 몰래 전수했는데, 그가 비밀리에 이 해법을 이슬람 세계로부터 얻었다는 설도 있다.

한편 타르탈리아(Tartaglia, 말더듬이)라는 별명으로 불리던 니콜로 폰타나(Niccolò Fontana, 1499-1557)가 3차방정식을 해결하는 방법을 발견했는데, 그는 이것을 자신의 명성을 드높일 기회로 삼았다.

1535년 델 페로의 제자인 안토니오 피오레(Antonio Maria del Fiore)

---

* 해법을 공개하지 않고 자기들만의 비법으로 간직하는 관행은 분야나 지역에 관계 없이 도제식 집단을 이루는 학풍에서는 보편적인 경향이었다.

는 스승에게 배운 해법을 가지고 타르탈리아에게 공개적으로 수학 시합을 제안했다. 이 시합은 양측이 서로에게 각각 30개의 수학 문제를 출제하고, 더 많은 문제를 푸는 사람이 승자가 되는 방식이었다. 피오레는 스승의 해법이 적용되는 3차방정식만으로 30문제를 구성했는데, 타르탈리아가 이 해법을 모를 것이라고 확신했던 듯하다. 하지만

→ 니콜로 폰타나(타르탈리아)

결과는 타르탈리아의 대승이었다. 타르탈리아는 피오레가 출제한 문제들이 모두 같은 유형임을 알아차렸고 며칠 만에 30문제를 모두 완벽하게 풀어냈다. 그러나 피오레는 타르탈리아가 낸 대부분의 문제를 풀지 못했다. 그 이유는 피오레가 2차항이 없는 방정식, 즉 $x^3+px+q=0$ 꼴의 해법까지만 알았던 반면, 타르탈리아는 1차항이 없는 방정식의 해법까지 모두 알고 있었기 때문이다. 이 압도적인 승리 덕분에 타르탈리아는 최고의 수학자로서 이탈리아 전역에 명성을 떨치게 되었으며, 3차방정식의 해법은 '타르탈리아의 비밀'이라 불리게 됐다.

이 공개경쟁에 대한 대중의 뜨거운 반응은 의사이자 수학자이며 박식가이던 제롤라모 카르다노(Gerolamo Cardano, 1501-1576)를 자극했다. 카르다노는 타르탈리아를 만나 긴 설득 끝에 절대로 공개하지 않겠다는 서약을 하고 3차방정식의 해법을 전수받았다. 그는 이 해법을 기반으로 그의 뛰어난 제자인 로도비코 페라리(Lodovico Ferrari, 1522-1565)와 함께 4차방정식의 해법까지 연구했다. 그 핵심은 우선 방정식의 근을 하나 찾는 것인데, 방정식을 인수분해 하여 1차식과 3차식의

→ 제롤라모 카르다노

곱으로 표현할 수 있게 되고 3차방정식의 해법은 이미 알고 있으므로 풀이가 완성되는 것이다.

그러던 중 카르다노는 델 페로가 이미 타르탈리아보다 먼저 해법을 알고 있었음을 확인하게 되었다. 이에 카르다노는 타르탈리아가 델 페로로부터 몰래 해법을 훔쳤을지도 모른다며 그와의 서약은 무효라고 주장했다. 그는 대수학 역사상 중요한 저서 중 하나인 『아르스 마그나(Ars Magna, 위대한 술법)』(1545)를 통해 3차방정식의 해법과 함께 타르탈리아로부터 그 답을 얻게 된 경위를 설명했다.

몇 해 뒤 타르탈리아는 『다양한 문제와 발명들(Quesiti et inventioni diverse)』(1546)을 통해 카르다노의 배신에 대해 자신을 변호했고, 카르다노와 교환한 서신을 공개했다. 타르탈리아는 자신이 카르다노에게 암호화된 시 형태로 해법을 알려준 경위와, 카르다노가 비밀 엄수 약속을 어긴 것에 대한 분노를 표현했다. 이 책은 논쟁의 전말을 서술한 최초의 책이자 이 유명한 수학사적 갈등의 일차 사료가 되었다.

타르탈리아는 분노하여 카르다노에게 공개 수학 대결을 요청했고, 1548년 밀라노에서 타르탈리아와 카르다노를 대리한 제자 페라리 사이에 대결이 벌어졌다. 결국 이 대결의 승리는 페라리에게 돌아갔고, 그의 4차방정식 해법은 세간에서 확고하게 인정받게 된다. 괴팍하고 자존심 강한 카르다노가 자기 대신 제자를 대결에 내보낸 것을 보면 페라리가 대단한 천재였던 모양이다.

16세기 이탈리아에서 벌어진 3, 4차방정식 풀이에 대한 경쟁과 관심은 수학의 역사에서 가장 극적이고 중요한 사건 중 하나로 여겨진다. 2차방정식의 근의 공식은 고대 메소포타미아 시대에 발견되어 이후 인도와 이슬람 수학자들을 거치며 체계화되었으나, 3차방정식은 무려 1000년이 흐르도록 아무도 일반해를 찾지 못한 난제였다. 16세기에 마침내 이 벽을 넘어서자 방정식의 풀이에 대한 열정은 5차방정식의 일반해를 구하려는 노력으로 이어졌다. 17세기 초부터 19세기 초까지 데카르트, 파스칼, 오일러, 라그랑주, 가우스 등 역사상 위대한 수학자들조차 예외 없이 이 문제에 매달렸지만 모두 다 해답을 찾는 데 실패했다. 결과적으로 방정식에 대한 탐구는 유럽 수학이 실용성에만 머물지 않고 이처럼 순수한 수학적 진실을 추구하는 방향으로 나아가는 데 큰 영향을 미쳤다.

200여 년간 5차방정식의 근의 공식을 찾지 못하자 수학자들은 해법이 애초에 존재하지 않는 것이 아닌가 하는 의심을 품게 되었다. 그리고 결국 19세기 초 이 사실이 증명됐다. 즉, '5차 이상 방정식의 일반해는 존재하지 않는다'라는 내용이 밝혀진 것이다. 1799년부터 파올로 루피니(Paolo Ruffini, 1765-1822)가 몇 차례에 걸쳐 증명을 발표했지만 일부 오류가 있었고, 1824년 닐스 헨리크 아벨(Niels Henrik Abel, 1802-1829)*이 이를 보완해 증명했다(아벨-루피니 정리). 하지만 좀 더 완벽하고 아름다운 증명은 에바리스트 갈루아(Évariste Galois, 1811-1832)가 발

---

* 그의 이름을 딴 아벨상이 노르웨이 정부의 주관하에 2003년부터 매년 시상된다. 필즈메달 못지 않은 영예로운 상으로, 40세 미만의 수학자만 수상 자격이 주어지는 필즈메달과 달리 수십 년간 수학 발전에 공헌해 온 최고의 거장에게 수여된다.

견했다. 그가 찾은 '갈루아 정리'로 아벨-루피니 정리를 쉽게 증명해 보일 수 있다. 갈루아 정리는 역사상 가장 위대한 정리 중 하나로 꼽힌다. 비운의 두 청년 아벨과 갈루아에 대한 이야기는 뒤에서 좀 더 자세히 이어가겠다.

허수의 탄생: 선입견을 넘어서는 수학의 태도

대수학은 수학의 한 분야로, 구체적인 숫자 대신 문자나 기호를 사용하여 수의 관계와 연산을 다룬다. 그러나 앞서 타르탈리아와 카르다노의 대결에서 보았듯 16세기 유럽 수학계의 제일 뜨거운 관심사는 방정식의 해법을 찾는 것이었고, 대수학은 곧 '방정식의 해를 연구하는 분야'를 가리키는 말로 굳어지게 되었다. 17세기 초부터 약 200년간 수학자들이 대수학을 연구했다는 것은, 사실상 방정식론을 중심으로 연구했다는 의미이다.

그런데 19세기 초 갈루아이론이 등장하면서 기존의 대수학은 그 의미를 잃게 되었다. 5차 이상의 방정식에는 일반해가 존재하지 않는다는 사실이 밝혀졌으니, 굳이 일반해를 찾을 이유가 없어진 것이다. 이를 계기로 19세기 중반부터 '현대대수학'•이라는 분야가 다시 새롭게 형성됐고, 이후 '대수학'이라고 하면 으레 현대대수학을 가리키게 되었다. 실제로 필자가 학부에서 배우던 대수학 과목이나 교과서의 이

• 현대대수학이란 갈루아이론에 등장하는 개념인 군(group)과 같이 '내부에 연산을 가지는 집합'을 다루는 학문을 말한다. 군 외에도 환(ring), 체(field) 등과 같은 필수적인 개념을 다루며 이런 개념들을 이용하는 분야인 수론(number theory), 표현론 등도 현대대수학에 속한다.

름도 '현대대수학'이었다. 간혹 '추상대수학'이라고도 부른다. 이러한 명칭들은 모두 방정식의 해법을 탐구하던 고전적 대수학과 구분하기 위해 생겨난 것이지만, 요즘에는 수학과 전공과목의 이름을 그냥 대수학이라고 부르는 편이다. 이제는 두 개념을 혼동할 이유가 없기 때문일 것이다.

한편 3차방정식의 해법은 새로운 수인 허수의 탄생, 즉 그 허수와 실수를 포함한 복소수 체계의 탄생을 불러왔다. 3차방정식의 해법은 당시 수학자들에게 큰 혼란을 안겨주었는데, 세 개의 서로 다른 실수해를 가지는 경우에 문제가 발생하기 때문이었다. 그 문제는 3차방정식의 근의 공식인 카르다노 공식의 해 $x = \sqrt[3]{-\frac{q}{2} + \sqrt{(\frac{q}{2})^2 + (\frac{p}{3})^3}} + \sqrt[3]{-\frac{q}{2} - \sqrt{(\frac{q}{2})^2 + (\frac{p}{3})^3}}$ 에서 제곱근 안에 있는 판별식 부분, 즉 $(\frac{q}{2})^2 + (\frac{p}{3})^3$ 이 음수가 되는 것이었다.

방정식 자체는 세 개의 실수해를 가지고 있음에도 불구하고, 공식을 적용하려면 음수의 제곱근이 발생한다. 당시 수학자들은 $\sqrt{-1}$ 과 같은 수를 불가능한 수로 간주하고 무시했지만, 이 수를 무시하고서는 실수해조차 구할 수 없게 되는 상황이 되어버렸다.

이 문제를 정면으로 돌파한 인물이 바로 라파엘 봄벨리(Raffaele Bombelli, 1526-1572)였다. 그는 카르다노의 발견 이후 허수의 존재를 인정하고 그 연산 규칙을 체계화했다. 봄벨리는 그의 저서 『대수학(l'Algebra)』(1572)에서 다음과 같은 혁명적인 아이디어와 이 수들이 만족하는 규칙을 제시했다.

마이너스의 플러스$(\sqrt{-A}\,)$

마이너스의 마이너스$(-\sqrt{-A}\,)$

(마이너스의 플러스)×(마이너스의 플러스) = 마이너스

(마이너스의 마이너스)×(마이너스의 플러스) = 플러스

이를 오늘날의 기호로 나타내면 각각 아래와 같은데, 예전에는 숫자 이외의 기호들은 모두 말로 표현했다는 사실을 상기하면 참으로 놀랍다.

$$\sqrt{-A} \times \sqrt{-A} = -A$$

$$-\sqrt{-A} \times \sqrt{-A} = A$$

그는 이를 통해 존재하지 않는다고 여겨진 허수도 진짜 수처럼 취급해도 된다는 것을 보였다.

앞서 언급한 3차방정식의 해법에서 허수가 발생하는 구체적인 예를 들어보자. 방정식 $x^3 - 15x - 4 = 0$의 경우, $x = 4$가 해라는 사실은 자명함에도 불구하고 카르다노의 공식을 적용하면 다음과 같다.

$$x = \sqrt[3]{-\frac{4}{2} + \sqrt{(\frac{4}{2})^2 + (\frac{-15}{3})^3}} + \sqrt[3]{\frac{4}{2} + \sqrt{(\frac{4}{2})^2 + (\frac{-15}{3})^3}} = \sqrt[3]{2 + \sqrt{-121}} + \sqrt[3]{2 - \sqrt{-121}}$$

여기서 허수 $\sqrt{-121}$ 이 등장하는 것이다.

왜 $\sqrt[3]{2 + \sqrt{-121}} + \sqrt[3]{2 - \sqrt{-121}} = \sqrt[3]{2 + 11i} + \sqrt[3]{2 - 11i}$ 은 실수이고 4와 같은 수일까? 복잡해 보이더라도 호기심이 많은 독자는 계속 따라오길 바란다. 미스터리 같은 등식 $\sqrt[3]{2 + 11i} + \sqrt[3]{2 - 11i} = 4$가 성립하는 것을 보이는 것이 그리 간단하지는 않다. 일반적으로 복소수 $z = a + bi$와 그것의 켤레복소수 $\bar{z} = a - bi$에 대하여 $\sqrt[3]{z} + \sqrt[3]{\bar{z}}$ 는 항상 실수이다. 특별히

이 문제의 경우에는 $2+11i=(2+i)^3$이므로 등식 $\sqrt[3]{2+11i}=2+i$가 성립한다. (사실은 복소수의 세제곱근은 유일하지 않지만 여기서는 복잡한 설명을 생략한다.)

실은 이처럼 다소 복잡한 형태의 수들이 뜻밖에도 우리가 잘 아는 수인 경우는 수학에서 종종 등장한다. 예를 들자면 피보나치수열의 일반항에도 이와 같은 형태가 나온다. 피보나치수열은 앞서 언급한 대로 점화식 $F_{n-1}+F_n=F_{n+1}$, $F_1=F_2=1$로 정의되는 수열로서 이것을 수의 나열로 나타내면 1, 1, 2, 3, 5, 8, 13, 21, 34, 55, 89, 144 …이 된다. 이 수열의 일반항을 구할 수 있는데 바로 아래와 같은 등식을 통해서 가능하다.

$$F_n = \frac{(\frac{1+\sqrt{5}}{2})^n - (\frac{1+\sqrt{5}}{2})^n}{\sqrt{5}} = \frac{\emptyset^n - (1-\emptyset)^n}{\sqrt{5}}$$

이 등식을 비네(Binet)의 공식이라고 부른다. 여기서 $\emptyset$는 황금비로, $\emptyset$와 $1-\emptyset$는 2차식 $x^2-x-1=0$의 두 근이다.

다시 돌아가자면, 수학적으로 의미가 없다고 여겨지던 수에 봄벨리가 수학적 의미와 지위를 부여한 일은 수학적 사고의 지평을 넓힌 역사적인 사건이었다. 그의 발견 이후, 어떤 선입견이나 틀을 넘어서 새로운 개념을 받아들이는 것은 수학적 사고의 전형이 되었다.

훗날 오일러에 의해 $i=\sqrt{-1}$ 라는 기호가 도입되었고, 복소수와 복소함수에 대한 여러 가지 이론들이 체계화되었다. 또한 가우스를 통해 가우스평면(복소수를 2차원 좌표평면상의 점으로 나타낸 것)이 도입되면서 복소수의 기하적, 대수적 의미가 완벽하게 정립되는 계기가 되었다. 오늘날 복소수는 전기공학, 양자역학 등 수많은 현대 과학기술 이론의 가장 기본적인 토대 중 하나라 할 수 있다. 존재조차 의심받던 수를 끝까지 붙들고 계산 규칙을 정립한 봄벨리의 집념이, 현대 문명의 한 중요한 부분을 가능하게 한 출발점이었다.

갈릴레오 갈릴레이: 과학혁명의 불씨를 지피다

'근대 물리학의 아버지'로 불리는 갈릴레오 갈릴레이(Galileo Galilei, 1564-1642)•는 16세기 말부터 17세기 초에 걸쳐 중세의 권위주의와 신비주의에서 벗어나 경험과 수학에 기반한 합리적 사고방식으로의 전환을 이끈 인물이다. 갈릴레오는 망원경을 통한 천문 관찰과 물체의 운동에 대한 수학적 분석으로 자연 현상을 이해하는 새로운 방식을 제시하며 과학혁명의 불씨를 지폈다.

피사에서 태어난 그는 아버지의 뜻에 따라 의학을 공부했으나, 곧 수학과 자연철학 공부에 빠져들었다. 그는 오래도록 유럽 학문을 지배해 온 아리스토텔레스의 자연철학, 즉 관찰보다 권위 있는 텍스트가 진리의 기준이 되던 그 전통에 정면으로 의문을 품고 실험과 관찰, 그리고 수학적 분석을 결합한 새로운 과학적 방법론을 확립했다.

그의 초기 업적 중 가장 중요한 것은 운동법칙에 대한 연구였다. 진자의 등시성 원리, 즉 추의 질량이나 진폭에 상관없이 실의 길이가 일정하면 진자가 왕복하는 주기도 항상 일정하다는 사실을 발견하여 시간 측정의 기초를 마련했으며, 물체의 무게나 크기에 관계 없이 낙하하는 속도는 똑같다는 것을 보임으로써 기존 아리스토텔레스의 이

• 일반적으로는 성을 부르지만, 그를 칭할 때는 특이하게도 이름인 '갈릴레오'라고 부르는 것이 맞다. 그 이유는 당대에 주로 그렇게 불렸기 때문이다.

론이 틀렸음을 밝혔다. 또한 그는 뉴턴의 운동법칙의 토대가 되는 속도와 가속도의 개념을 확립했다.

이 외에도 순수수학적인 방면에서 그가 밝혀낸 내용으로는 일정한 가속도로 운동한 물체가 움직인 거리는 걸린 시간의 제곱에 비례한다는 사실, 던져진 물체가 (공기 저항을 무시하면) 포물선 궤도로 날아간다는 사실 등이 있다. 그는 던져진 물체의 운동을 가로 방향과 세로 방향으로 분리해 분석했는데, 가로 방향으로는 속도가 일정하고 세로 방향으로는 낙하 거리가 시간의 제곱에 비례한다는 것을 밝혔다. 이는 데카르트좌표계의 개념과 본질적으로 같은 발상이었다.

→ 갈릴레오 갈릴레이

1609년 그는 네덜란드에서 발명된 망원경의 원리를 듣고선 자체적으로 성능이 뛰어난 망원경을 제작했다. 이 새로운 도구로 밤하늘을 관찰한 결과는 코페르니쿠스의 태양 중심설을 뒷받침하는 결정적인 증거가 되었다. 갈릴레오는 불과 몇 개월 사이에 그 이전까지 누구도 발견하지 못했던 많은 천문학적인 사실을 밝혀냈다. 그는 달 표면의 산과 계곡을 관찰하여 달이 완벽한 구체가 아님을 증명함으로써, 천체는 완벽하다는 아리스토텔레스의 주장을 무너뜨렸다.

또한 목성의 위성 4개를 발견하여 지구 외의 천체를 중심으로 공

• 그가 피사의 사탑에서 물건들을 떨어뜨려 증명했다는 일화는 후세에 만들어진 이야기일 것이다.

→ 갈릴레오의 망원경과 그가 그린 달의 표면

전하는 위성이 존재함을 입증했다.[•] 아울러 토성의 고리를 발견하고, 금성이 달처럼 차고 기우는 위상변화를 관찰하여 금성이 태양 주위를 돈다는 직접적인 증거를 제시했다. 은하수가 수많은 작은 별로 이뤄져 있다는 사실도 관찰을 통해 확인했다. 이 모든 관찰 결과는 1610년 출간된 『시데레우스 눈치우스(Sidereus Nuncius, 별들의 전령)』에 실려 당대 유럽 전역에 큰 충격을 주었다. 이를 계기로 갈릴레오는 유럽에서 가장 유명한 수학자로 이름을 떨치게 되었다.

갈릴레오를 존중하던 마페오 바르베리니(Maffeo Barberini, 1568-1644)가 1623년 교황 우르바노 8세(Urbano VIII)로 선출되자, 갈릴레오

• 그는 이 위성에 토스카나 지방의 통치자인 메디치 공작의 이름을 붙였다.

는 막 출판하려던 『분석자(Il Saggiatore)』를 새 교황에게 바쳤다. 이 책에는 다음과 같은 유명한 말이 실려 있다. "철학은 우리의 시선에 늘 열려 있는 '우주'라는 아주 거대한 책에 쓰어 있다. 그러나 이 책은 먼저 언어를 익히고 글자를 읽는 법을 배워야만 이해할 수 있다. 그것은 수학이라는 언어로 쓰어 있으며, 그 문자는 삼각형, 원 등의 기하적 도형이다. 그것들 없이는 한 단어도 이해할 수 없으며 그것들 없이는 어두운 미로를 헤매게 될 뿐이다."

그 자신은 독실한 기독교도였음에도, 천체에 대한 그의 혁명적 주장은 당시 절대적 지배력을 지니던 교회와 충돌을 일으켰다. 그의 유명한 책 『두 가지 주요 세계관에 관한 대화(Dialogo dei due massimi sistemi del mondo)』는 1624년부터 쓰기 시작하여 1630년에 완성됐다. 그는 로마로부터 출간 허가를 받고자 했으나 뜻대로 되지 않았고, 결국 피렌체의 허락만 받아 1632년에 출간했다. 이 책은 프톨레마이오스적 우주 체계와 코페르니쿠스적 우주 체계에 대한 것으로, 내용은 프톨레마이오스파인 심플리코(Simplico)*와 코페르니쿠스파인 살비아티(Salviati), 그리고 중립적 교양인인 사그레도(Sagredo)가 나누는 대화로 구성된다. 나름 자연철학자임을 자처하던 교황은 지동설을 증오했고 책의 출판을 허락받으러 온 갈릴레오에게는 천동설을 지지하라고 말했다. 하지만 이 책의 주요 내용은 지동설을 지지하는 것으로 해석되어 이 책이 출판되자 로마교황청은 판매를 금지하고 갈릴레오에게 출두를 명령했다. 병 때문에 그다음 해에서야 출두한 재판에서 그는 종신형을 받는다. 다행히 가택연금으로 감형되었지만 이 형벌은 죽을 때까지 유지

---

* '단순한 자'라는 뜻으로, 고지식한 성직자 또는 교황을 지칭할 수 있어 교황청의 심기를 건드리는 대목이었다.

→ 갈릴레오의 종교재판 장면
재판 장소는 바티칸사도궁전으로, 배경에 보이는 그림은 바로 라파엘로의 「성체논의」다. 종교 권위의 상징인 라파엘로의 그림 앞에서 갈릴레오가 심판받는 구도는 과학과 교회의 충돌을 상징적으로 표현하는 듯하다.

되었다.

그는 말년에 평생의 연구 결과를 정리해 『두 가지 새로운 과학에 관한 논술(Discorsi e Dimostrazioni Matematiche, intorno a due nuove scienze)』(1638)*을 썼고 이를 당대 최고의 문명국이던 네덜란드에서 출간했다. 말년에 그는 5년이 넘는 기간 동안 극심한 병마와 외로움에 시달렸다. 역사상 가장 위대한 수학자 중 한 명이자 당대 유럽 최고의 유명인이던 그가 교회로부터 이단자로 낙인찍힌 것은 매우 안타까운 사건으로

* 이 책에 물체의 포물선 궤도가 나온다. 그가 이 사실을 발견한 것은 30년 전인 1608년경이다.

종교와 과학 사이의 오랜 갈등의 상징과도 같았다.

그의 시신은 그의 희망대로 아버지 묘 근처에 묻히지 못했고 사후 100년쯤 후에야 교회의 정식 묘에 묻힐 수 있었다. 1992년 10월, 당시 교황이던 요한 바오로 2세는 사후 350년 만에 갈릴레오의 재판에 참여한 이론가들의 오류를 인정하고 교황의 이름으로 이 재판을 종결했다. 하지만 교황은 갈릴레오가 지동설 주장으로 이단이라는 판결을 받은 것에 대한 교회의 잘못은 인정하지 않았다.

교회는 끝내 자신의 과오를 시인하지 않았지만, 역사는 이미 판결을 내렸다. 갈릴레오가 망원경을 들고 하늘을 올려다본 그 순간부터, 인류는 권위가 아닌 관찰로 세상을 이해하기 시작했다. 그것이 근대 과학의 출발점이었다.

5부

이성의 시대

수학으로 우주의 질서를 논하다

수학혁명:
수학의 획기적인 발전

갈릴레오는 "자연이라는 책은 수학의 언어로 쓰여 있다"라고 말했다. 이는 단순한 비유가 아니었다. 르네상스에 이어 16세기부터 시작된 과학혁명은 사실상 '수학혁명'이기도 했다. 케플러는 행성의 궤도가 타원임을 발견했고, 뉴턴은 만유인력을 수학적으로 정립했으며, 데카르트는 기하학과 대수학을 하나의 언어로 통합했다. 수학자들의 발견은 학자들의 서재에만 머물지 않았다. 그들의 후원자, 그리고 새로운 지식에 목마른 대중까지 그들의 발견에 열광했다. 한 수학자(과학자)가 찾아낸 원리와 이론은 또 다른 학자로 하여금 다음 단계의 수학적(과학적) 발견을 할 수 있게 했다. 그렇게 새로운 지식은 탑처럼 층층이 쌓여갔다.

지구가 태양 주위를 돌다

16세기 중반부터 18세기까지 유럽에서는 과학혁명이 일어났다. 인류가 자연을 이해하고 탐구하는 근본적인 방식 자체를 완전히 뒤바꾼 혁명적인 시대였다. 종교에 의한 사상적, 문화적 지배와 중세적 사고방식에서 벗어나, 관찰, 실험, 그리고 수학적 분석을 기반으로 하는 새로운 과학적 방법론이 확립되면서 근대 세계의 토대가 마련된 것이다. 수학, 물리학, 천문학 등에서 획기적인 발전이 이뤄졌고 과학은 철학, 종교와 분리되어 독립적인 학문 영역으로서 자리를 잡게 되었다.

이러한 변화는 새로운 과학에 대한 철학을 배경으로 일어난다. 이 새로운 과학철학은 종교적 믿음이나 직관에 의존하지 않고, 순수한 이성을 바탕으로 세상의 섭리를 합리적으로 탐구하는 것이었다. 데카르트는 "나는 생각한다, 고로 나는 존재한다"라는 말로 대변되는 이 새로운 과학철학의 창시자이다. 과학의 발전에는 언제나 그 배경 철학이 매우 중요한 역할을 한다. 이러한 그의 철학적 공헌과 더불어 좌표계 발견, 문자 계산 도입 등의 수학적 공헌 때문에 필자는 그를 '수학 발전에 가장 큰 공헌을 한 사람'으로 꼽는다.

과학혁명의 시작을 알리는 신호탄으로는 코페르니쿠스의 『천체의 회전에 관하여』(1543)을 꼽을 수 있겠다. 9장에서도 살펴봤던 코페르니쿠스를 다시금 조명하는 이유는, 지구가 태양 주위를 돌고 지구가 자전한다는 것이 역사상 인류가 발견한 가장 혁명적이고 충격적인 과학적 사실이기 때문이다. 이 발견은 인간이 살고 있는 지구가 세상의 중심이라는 수천 년의 믿음을 무너뜨렸지만, 동시에 이것은 후대 과학자들이 전통적인 관념에 도전할 수 있는 용기를 주었다.

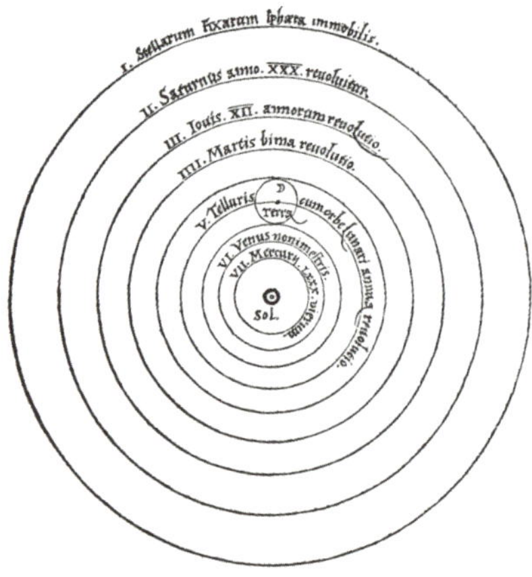

→ **코페르니쿠스의 태양중심설 도해**

코페르니쿠스가 『천체의 회전에 관하여』에 직접 수록한 태양 중심의 우주 모델이다. 가장 안쪽에 태양(Sol)이 위치하고, 그 주위를 수성·금성·지구·화성·목성·토성이 순서대로 공전한다. 수천 년간 지속된 지구중심설을 정면으로 뒤집은 그림이다.

→ **에르다펠**

'에르다펠(Erdafel)'은 독일어로 '지구의 사과'라는 뜻으로, 1492년경 독일의 마르틴 베하임(Martin Behaim)이 제작한 현존 최고의 지구의이다. 이 지구의는 지구가 둥글다는 인식이 15세기 유럽에 확고히 자리 잡고 있었음을 보여준다. 콜럼버스의 신대륙 발견(1492) 직전에 제작된 탓에 아메리카 대륙은 그려져 있지 않다.

한편 지동설과 지구가 공 모양이라는 사실이 동시에 발견됐다고 생각하는 사람들이 많지만, 이 둘은 내용도 발견된 시기도 전혀 다르다. 지구가 둥글다는 사실은 수학자들에게는 오랜 전부터 잘 알려져 있었던 것에 비해 지동설은 과학적 증명이 어려운 데다 성경과 충돌하는 종교적 문제까지 얽혀 있어, 훨씬 늦게 그리고 훨씬 험난한 과정을 거쳐 받아들여지게 된다. 교회가 지식을 독점해 온 데다가 성경에 어긋난다는 이유까지 더해져, 일반인들까지 지동설을 믿게 만드는 것은 거의 불가능한 일이었다.

위대한 천문학자 튀코 브라헤(Tycho Brahe, 1546-1601)는 망원경이 발명되기 전, 우라니보르 천문대에서 육안만으로 20여 년간 천체를 관측하여 당대 가장 정밀한 행성운동 데이터를 축적했다. 그럼에도 그 역시 코페르니쿠스적 우주관을 전적으로 받아들이지는 못했다. 다만 관측 기록을 통해 수성과 금성은 태양 주위를 돈다는 것을 추측할 수 있게 되었는데, 그는 이 사실을 반영한 수정된 천동설 모델(이를 '튀코 체계'라 부른다)을 주장했다.

브라헤의 정밀한 관찰 기록과 관찰 도구들은 그의 조수 출신이자 신성로마제국의 '제국 수학

→ **우라니보르 천문대**
덴마크 왕 프레데리크 2세의 후원으로 세워진 우라니보르 천문대이다. 튀코 브라헤가 이 천문대에서 축적한 행성운동 데이터는 훗날 케플러가 행성운동법칙을 발견하는 토대가 되었다.

자'였던 요하네스 케플러(Johannes Kepler, 1571-1630)에게 큰 도움이 되었다. 케플러는 후에 행성운동법칙 세 개를 제2법칙부터 순차적으로 발표하게 된다. 그는 브라헤와 달리 지구의 공전을 확신했을 뿐만 아니라 면밀한 관찰과 계산을 통해 다음과 같은 놀라운 행성운동법칙을 찾아냈다.

1. 타원궤도법칙

   행성은 태양을 중심으로 타원궤도로 공전하며, 이때 태양은 타원의 두 초점 중 하나에 위치한다.
2. 면적속도의 일정의 법칙

   일정 시간 동안 행성과 태양을 잇는 선분이 쓸고 지나가는 부분의 넓이는 늘 일정하다.
3. 조화의 법칙(또는 주기의 법칙)

   행성의 공전주기의 제곱은 공전 궤적인 타원의 긴반지름의 세제곱에 비례한다.

원궤도로는 끝내 설명되지 않던 브라헤의 관측 기록들을 타원궤도로 수정하자 비로소 깔끔하게 들어맞았다. 케플러가 발견한 행성운동법칙은 후에 여러 수학자에 의해 검증되었다. 뉴턴은 이 법칙들을 통해 만유인력의 법칙을 생각해 냈고, 이후 개발한 미적분학을 이용하여 케플러의 법칙을 수학적으로 증명하게 된다. 그런데 이 모든 천문학적 발견의 이면에는 하나의 도구가 있었다. 바로 렌즈이다.

물건을 크게 보거나 가까이 보기 위해 개발된 렌즈의 역사는 2000년이 넘는다. 근대 이후 렌즈의 발전에 있어서는 16세기 말부터 유럽

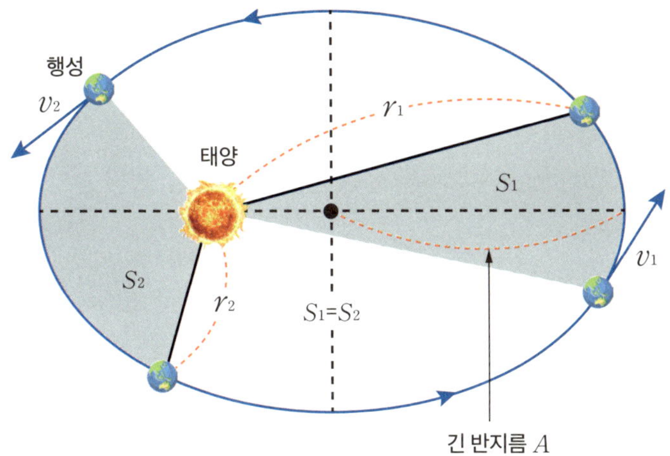

→ 케플러의 행성운동법칙

행성은 태양을 한 초점으로 하는 타원궤도를 따라 공전한다(제1법칙). 태양에 가까울수록 행성의 속도가 빨라지며, 같은 시간 동안 태양과 행성을 잇는 선분이 쓸고 지나가는 넓이는 항상 일정하다(제2법칙). 그림에서 $S_1=S_2$가 이를 나타낸다.

선진국 대열에 합류한 네덜란드 안경 기술자들의 공헌이 컸다. 망원경과 현미경의 역사는 거의 같이 전개되었는데, 그 원리가 대칭이라 근본적으로 유사하기 때문이다. 16세기 말 자하리아스 얀선(Zacharias Janssen, 1585?-?) 또는 그의 아버지 한스 얀선(Hans Janssen)이 세계 최초의 복합현미경과 망원경을 발명한 것으로 알려져 있다. 17세기 초 네덜란드의 한스 리페르스헤이(Hans Lippershey, 1570-1619)와 이탈리아의 갈릴레오가 볼록렌즈(대물렌즈)와 오목렌즈(접안렌즈)를 이용한 굴절망원경을 만들면서, 망원경으로 천체를 관찰하는 시대가 열렸다.

렌즈 기술은 미시의 세계를 볼 수 있는 현미경의 시대 역시 열어주었다. 16세기 말 영국의 로버트 훅(Robert Hooke, 1635-1703), 네덜란드의 안토니 판 레이우엔훅(Antonie van Leeuwenhoek, 1632-1723)에 의해 현

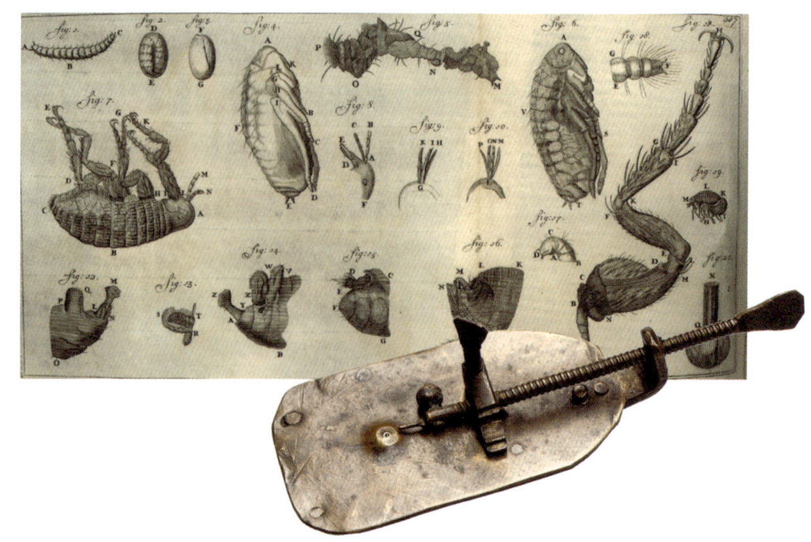

→ **레이우엔훅이 만든 현미경과 『자연의 비밀이 드러나다』**(1695)
레이우엔훅은 자신의 저서에서 현미경을 통해 관찰한 수많은 자연의 모습을 기록했다.

미경을 이용한 관찰이 이루어지게 된다. 레이우엔훅은 자신이 갈아서 만든 렌즈를 부착한 현미경으로 세계 최초로 박테리아, 단세포생물, 정자, 미세혈관, 식물의 종자 등을 발견했고, 이후 '미생물학의 아버지'로 불리게 되었다.

현미경의 발달에 따라 사람들은 세균(병균)에 대해 알게 되었고, 위생의 중요성을 깨닫게 되었다. 전염병의 원인이 밝혀지면서 영아 사망률이 현저히 낮아지고, 매년 수십만 명씩 죽어나가던 전염병의 재앙이 줄어들었다. 필자는 세균의 발견이 인간의 삶과 죽음에 있어 가장 결정적인 역할을 했기 때문에, 우리에게 가장 큰 영향을 미친 과학적 발견으로 꼽는다. 즉, 역사상 가장 획기적인 과학적 발견은 지구의 공전과 자전의 발견이고 인류에게 가장 큰 영향을 미친 발견은 세균의 발견이라고 생각한다. 이 두 가지 발견은 모두 '렌즈'의 발명과 연관이 있었다.

과학혁명 최고의 하이라이트는 뉴턴의 업적이라 하겠다. 1687년 출간된 『프린키피아』는 앞서 살펴본 코페르니쿠스, 갈릴레오, 케플러의 발견을 하나의 통일된 체계로 엮어냈다. 15장에서 자세히 살펴보겠지만 뉴턴은 운동의 세 가지 법칙과 만유인력의 법칙을 통해 지상의 물리학과 천상의 천문학이 동일한 수학적 원리에 의해 지배된다는 것을 증명했다. 또한 그는 미적분학을 개발하여 이러한 자연법칙을 기술할 수 있는 수학적 언어를 제공했다.

과학의 발전은 서양 문명 전체에 깊은 영향을 미쳤다. 종교적 권위에서 벗어나 이성과 논리, 증명을 강조하는 과학적 사고방식은 곧 계몽주의 시대를 여는 원동력이 되었다. 그런데 이 모든 과학적 발전을 가능하게 한 또 하나의 조용한 혁명이 있었다. 바로 수학 기호들의 탄생이었다.

문자 계산: x의 탄생

머리말에서 언급했듯이 새로운 기호의 발견은 수학 발전의 핵심적 요소로, 때로는 위대한 수학자의 등장보다도 더 중요한 요소라고 해도 과언이 아니다. 인도-아라비아 숫자와 0이 그 대표적인 예라 할 수 있겠다. 수학자들이 그 중요성을 알아차리고 본격적으로 기호를 발명하기 시작한 것은 16~17세기부터였다. 이 흐름은 물론 수학의 획기적인 발전으로 이어졌다.

16세기 이전에는 3+5=8의 덧셈 기호나 등호 기호처럼 오늘날 초등학생들도 쓰는 단순한 기호조차 없었다. 따라서 수학적 표현은 '수사적'이었다. 지금 우리는 방정식을 풀 때 미지수를 당연히 문자 x로 나타내고 계산하지만, 3, 4차방정식의 해법을 구하기 위해 치열하게 경쟁했던 16세기 이탈리아 수학자들마저 방정식을 문자로 나타내는 건 상상조차 하지 못했다. 요즘의 시각에서 보면 당시 수학자들이 어떻게 복잡한 3, 4차방정식의 일반적인 해법을 기호 없이 연구했을지 상상하기조차 힘들다.

그런 것을 보면 요즘 학생들이 중학교에 진학해서야 비로소 미지수를 x로 놓고 문자 계산을 통해 답을 구하는 법을 배우는 데는 다 이유가 있다는 사실을 알 수 있다. 문자 계산법은 초등학생이 익히기에는 다소 어렵고 많은 연습이 요구된다. 2000년이 넘는 세월 동안 수많은 천재적인 수학자가 발견하지 못했던 만큼 어린 학생들이 쉽게 익힐 수 있는 것이 아니다. 수학이란 것이 언어와 비슷해서 익히고 나면 쉽지만 처음 접할 때는 쉽지 않은 법이다.

문자 계산이라는 혁신적인 아이디어를 처음 제시한 것은 프랑스의 프랑수아 비에트(François Viète, 1540-1603)이다. 그는 미지수는 모음으로, 기지수(이미 알고 있는 수)는 자음으로 나타냈다. 비에트는 덧셈 기호는 사용했으나 등호는 사용하지 않았다. 제곱이나 제곱근 기호도 아직은 없을 때여서* 그의 수식은 지금 우리 눈에는 그냥 말로 쓴 문장과 같은 느낌이다.

문자 계산에 있어 결정적인 공헌을 한 또 다른 사람은 데카르트이

---

* 독일의 크리스토프 루돌프(Christoff Rudolff, 1499-1545)가 저서 『미지수』(1525)에서 제곱근, 세제곱근 등의 기호를 썼지만 일반화되지는 못했다. 봄벨리도 3, 4차방정식의 해법에 대한 연구에서 제곱과 세제곱을 나타내는 기호를 사용했다.

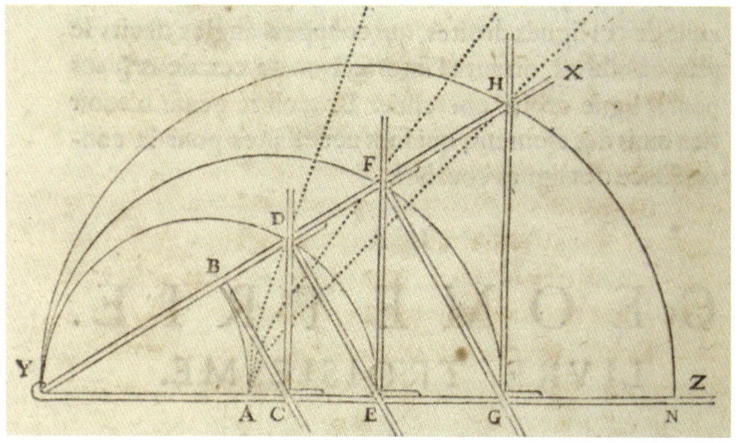

→ **『기하학』**

데카르트는 『기하학(La Geometrie)』(1637)에서 미지수를 나타내는 기호 체계를 도입했다. 미지수와 상수를 구분하기 위해 각각 알파벳 앞부분과 뒷부분을 나누어 사용했다.

다. 그는 요즘 우리가 쓰는 방식대로 미지수는 알파벳의 뒤에 나오는 문자 x, y, z를 썼고 기지수(계수와 같은 상수)는 알파벳의 앞에 나오는 문자 a, b, c를 썼다. 카르다노와 그의 제자 페라리의 3, 4차방정식 일반 해법도 데카르트가 최종적으로 정리한 것으로 보인다. 미지수를 문자 x로 나타내는 것은 방정식의 표현이나 그 계산에 있어서 엄청난 혁신이었고 수학사적으로 매우 중요한 발명이었다.

한편 수학에 문자라는 혁신을 가져왔던 비에트의 공헌은 기호에만 그치지 않았다. 그는 π를 무한히 중첩된 제곱근의 곱으로 표현하는 아름다운 공식을 찾아내기도 했다.

$$\pi = 2 \times \frac{2}{\sqrt{2}} \times \frac{2}{\sqrt{2+\sqrt{2}}} \times \frac{2}{\sqrt{2+\sqrt{2+\sqrt{2}}}} \times \cdots$$

비에트가 제곱근의 형태로 π를 표현했다면, 반세기 뒤 영국의 존 월리스(John Wallis, 1616-1703)는 훨씬 단순한 분수의 무한곱으로 같은 π를 표현했다.

$$\frac{\pi}{2} = \prod_{n=1}^{\infty} \frac{4n^2}{4n^2-1} = \left(\frac{2}{1} \cdot \frac{2}{3}\right)\left(\frac{4}{3} \cdot \frac{4}{5}\right)\left(\frac{6}{5} \cdot \frac{6}{7}\right)\left(\frac{8}{7} \cdot \frac{8}{9}\right) \cdots$$

서로 전혀 다른 방식으로 접근했지만 두 공식 모두 같은 π에 닿는다. 기호가 갖춰지자 수학자들은 이런 아름다운 표현들을 찾아낼 수 있었다.

17세기, 기호의 혁명기

덧셈, 뺄셈 기호(+, -)는 독일의 요하네스 비트만(Johanness Widmann, 1462-1498)과 네덜란드의 후커(Gielis van der Hoecke, ?-?)가 처음 소개한 것으로 알려져 있다. 1489년 비트만이 처음 이 기호를 도입했을 때는 계산 기호보다는 남음과 부족함을 나타내는 부호로 사용했고, 1514년에 후커가 이 기호들을 연산 기호로 사용했다. 덧셈 기호(+)는 라틴어 'et'(영어 'and'의 의미)를 흘려 쓰는 과정에서 유래했을 가능성이 크며, 뺄셈 기호(-)는 상인들이 물건의 양이 부족함을 나타내기 위해 사용했던 가로선에서 유래했다는 설이 유력하다. 이 기호들은 이후 비에트가 널리 알리면서 점차 확산되었고, 1630년경에 이르러서야 정식으로 덧셈과 뺄셈의 연산 기호로 인정받게 되었다.

지금은 수학적 표현에서 빼놓을 수 없는 기호인 등호 기호(=)는 영국의 로버트 레코드(Robert Recorde, 1512-1558)가 쓴 『지혜의 숫돌(The

→ 『지혜의 숫돌』에 나오는 등호 기호(위)와 『수학의 열쇠』에 나오는 곱셈 기호(아래)

Whetstone of Witte)』(1557)에서 처음 등장한다. 그가 만든 기호는 요즘 우리가 쓰는 등호 기호보다 옆으로 훨씬 길쭉하게 생겼다.

17세기는 이미 수학자들이 기호 사용법의 중요성을 인지한 후이기 때문에, 여러 수학자가 새로운 기호 개발에 열을 올렸다. 특히 영국의 윌리엄 오트레드(William Oughtred, 1574-1660)는 100개가 넘는 기호를 만들었는데, 그중 지금까지 사용되는 기호는 그의 책 『수학의 열쇠(Clavis Mathematicae)』(1631)에 등장하는 곱셈 기호(×)이다. 그가 사용한 기호 ':'는 나눗셈을 나타내기 위해 도입했던 것이다. 프랑스의 피에르 에리곤(Pierre Hérigone, 1580-1643)도 기호 개발에 열중했는데 그중 현재

→ **라이프니츠의 적분과 미분 기호 필사본**

우리가 쓰는 기호는 각의 기호(∠), 부등호 기호(<), 직각 기호(⊥) 등이다. 에리곤은 기호만으로 여섯 권짜리 대수 책을 저술했다.

뉴턴과 동시대에 미적분학을 발견한 라이프니츠는 원래 통찰력이 뛰어나고 인문학적인 소질과 경력이 풍부한 수학자여서 그런지 기호 사용에 적극적이었다. 그가 만들어 사용한 기호는 매우 정제되어 있었다. 지금 우리가 미적분에서 쓰고 있는 기호는 대부분 그가 발명한 기호이다. 즉, 적분 기호 $\int$와 미분 기호 $\frac{dy}{dx}$, dy, dx 등을 말한다. 기호 $\int$는 합(Sum)의 첫 글자 S를 길게 늘인 것이다. 함수의 개념을 이해하여 처음 도입한 것도 그였다. 한편 뉴턴은 미지수 x, y의 시간(t)에 대한 순간변화율을 $\frac{dx}{dt}$, $\frac{dy}{dt}$ 대신 $\dot{x}$, $\dot{y}$와 같은 기호로 나타냈다. 이 기호는 얼마 전까지 공학이나 물리학 책에 많이 사용되었으나 최근에는 많이 줄어드는 추세이다.

레온하르트 오일러(Leonhard Euler, 1707-1783)는 역사상 가장 많은 수학적 저술(논문)을 남긴 사람이자 수학을 빠른 속도로 현대화시킨 장본인이다. 그는 살아 있을 때부터 이미 유럽에서 가장 유명하고 영향력이 큰 수학자였기에 그가 고안하고 채택한 기호들은 당시 유럽 수학자들에게 금세 표준적인 기호로 받아들여졌다. 그는 감마함수(Γ-function), 베타함수(B-function) 등을 만들고 그것들의 기호를 정했다.

지금 우리가 흔히 쓰는 기호인 π, e와 같은 기호도 오일러가 채택한 것이다. 허수 $\sqrt{-1}$를 i로 처음 쓴 것도 그다. 오일러 등식으로 불리는 유명한 등식 $e^{\pi i}+1=0$에는 그가 채택한 기호들이 잘 나타나 있다.

그는 수열의 합을 나타내는 기호 $\sum_{i=1}^{n} a_i$도 만들었다. 삼각형에 대하여 세 꼭짓점을 A, B, C라 명명하고, 그와 마주 보는 변의 길이를 a, b, c라 하며, 세 변의 합의 반을 $s=\frac{1}{2}(a+b+c)$로 나타내는 것도 그의 아이디어였다. 삼각함수 기호인 사인, 코사인, 탄젠트 등도 그가 채택한 기호이다. 또한 그는 함수를 나타내는 기호 $f(x)$도 고안했다. 오일러가 정립한 이 기호들은 오늘날 전 세계 수학 교과서에서 그대로 쓰이고 있다. 수학자들은 이제 언어가 달라도 같은 기호로 생각하고 소통할 수 있게 되었다.

코페르니쿠스가 우주의 중심을 바꾸고, 케플러가 행성의 궤도를 수학으로 설명하는 동안, 또 다른 수학자들은 그것을 담을 언어를 만들고 있었다. +도 =도 없던 시대에서 적분 기호가 탄생할 때까지, 과학혁명과 기호혁명은 나란히 걸어왔다. 그런데 이 모든 것이 꽃핀 땅은 고요하지 않았다. 다음 장에서는 그 이야기를 따라간다.

14장

프랑스:
유럽의 지성을 이끌다

과학혁명이 꽃피던 바로 그 시기, 유럽은 종교 전쟁의 불길에 휩싸였다. 종교에 대한 신념이 다르다는 이유만으로 타인을 학살하는 참혹한 현실을 목격한 유럽인들은 신앙이 아닌 이성과 논리로 세계를 이해하려는 새로운 욕구를 키워갔다. 데카르트가 좌표계를 고안하고, 파스칼이 확률론의 씨앗을 발견한 것도 바로 그 토양 위에서였다. 이 장에서는 격동의 시대가 어떻게 수학의 새로운 장을 열었는지를 살펴보자.

종교가 불러온 비극

16세기 초엽부터 중엽까지 마르틴 루터(Martin Luther, 1483-1546), 장 칼뱅(Jean Calvin, 1509-1564) 등에 의해 이루어진 종교개혁은 당시 지

→ 「성 바돌로메 축일의 학살」
1572년 8월 24일부터 약 두 달에 걸쳐 가톨릭 신자들이 개신교도들을 학살한 사건으로, 파리에서 시작되어 전국적으로 3만 명 이상이 살해되었다.

나치게 세속화된 로마 가톨릭의 병폐를 고치려는 움직임, 즉 기독교에 대한 정화 운동이기는 했지만 결과적으로는 유럽에 참혹한 학살과 전쟁을 불러왔다. 신구 기독교는 교리의 차이로 대립했고 결국 상대 진영 사람들을 증오하고 살해하는 지경에 이르렀다.

30년전쟁(1618-1648)에서 유럽의 거의 모든 나라는 로마 가톨릭와 개신교 편으로 각각 나뉘어 약 800만 명의 사상자를 낳은 참혹하기 이를 데 없는 전쟁을 벌였다. 프랑스에서는 일명 위그노전쟁이라고 불리는 종교전쟁(1562-1598)이 벌어졌는데, 국민끼리 종교가 다르다는 이유로 서로 학살하는 참혹상이 30년 이상 이어졌다. 이는 국가 간 전쟁 이상의 비극이었다.

16~17세기에 집중적으로 발생했던 마녀사냥은 무고한 여자들을

마녀로 몰아 화형시켰다. 수만 명의 여자가 터무니없이 잔혹한 고문과 재판을 통해 죽었다. 그 과정을 상상해 보면 끔찍하기 이를 데 없다. 갈릴레오와 더불어 당대 유럽에서 가장 유명한 학자였던 케플러도 이러한 시대적 분위기에서 벗어나지 못했다. 신성로마제국의 '제국 수학자'이자, 세 명의 황제로부터 직함을 받고 경제적 지원을 받을 만큼 대단한 위치에 있던 그가 40대 중반일 때 그의 노모 카타리나가 마녀로 고발당했다. 케플러는 어머니를 변호하느라 6년간 고향을 오가며 극심한 심적 고통을 겪었다. 어머니는 감옥에서 14개월 동안 온갖 고생을 치르다가 케플러의 노력과 지위 덕분에 겨우 석방되었음에도 결국 시름시름 앓다가 6개월 후에 세상을 떠났다.

인류가 벌인 가장 끔찍한 사건은 제2차 세계대전 당시 나치가 600만 명에 달하는 유대인을 학살한 홀로코스트일 것이다. 유럽의 기독교인들은 예수님이 메시아라는 것과 예수님의 부활을 인정하지 않는 유대인을 극도로 증오했다. 유대인들이 예수님을 죽인 자들이라고 믿는 사람도 많았다. 예수님 자신이 유대인이자 유대인들을 위한 메시아였다는 사실과 유대인의 선민사상이 성경에도 나와 있다는 모순이 기독교인들을 더욱 분노하게 만들었다. 유대인 탄압은 1000년 동안 집요하게 지속적으로 이어졌고 그 증오가 가장 참혹한 형태로 나타난 것이 바로 20세기에 일어난 홀로코스트였다. 이처럼 종교적 증오가 얼마나 오래, 얼마나 깊이 지속될 수 있는지를 역사는 반복해서 보여주었다.

16~17세기 종교 갈등으로 인해 발생한 전쟁은 유럽인들에게 중요한 깨달음을 주었다. 30년전쟁의 막을 내린 베스트팔렌 조약(1648)은 더 이상 종교가 전쟁의 명분이 될 수 없음을 선언했다. 이 전쟁은

→ 베스트팔렌 조약

종교전쟁을 끝낸 이 조약은 종교적 명분으로 전쟁을 일으킬 수 없음을 선언했다. 유럽의 근대적 국제 질서의 출발점이자, 종교 대신 이성과 합리를 추구하는 계몽주의 시대의 서막이었다.

종교의 폭력적 지배력을 약화시켰고 이성과 합리에 기반한 새로운 질서의 시작을 열었다. 종교로 인한 전쟁의 참혹함은 이성적 사고와 합리주의를 중시하는 분위기를 불러왔다. 결과적으로 개인의 자유와 권리를 존중하고 계몽주의라는 근대 유럽의 핵심 가치들을 낳는 중요한 계기가 되었다. 좋은 일이 생기면 나쁜 일이 따라오고 나쁜 일이 생기면 좋은 일이 따라오는 법이다.

베스트팔렌 조약 이후 정치적으로는 신성로마제국의 영향력이 약화되었으며, 독립적인 주권 국가들이 각자의 종교를 선택하고 각자의 국익을 추구하는 새로운 국제 질서가 형성되었다. 종교전쟁으로 큰 피해를 본 독일 지역이 어려움을 겪는 사이에 프랑스는 군사적, 문화적 강대국으로 부상했고, 네덜란드와 스위스의 독립이 승인되었다.

수학의 무대가 바뀌다

17세기 유럽의 중요한 변화 중 하나는 바로 문화와 수학의 중심지가 이탈리아반도에서 프랑스와 네덜란드, 영국으로 옮겨간다는 점이다. 그래서 이 시대의 주요 수학자들은 앞서 등장한 비에트, 데카르트, 그리고 곧 살펴볼 파스칼, 페르마처럼 대부분 프랑스인이었다.

약 2000년 동안 유럽 문화와 정치의 중심지였던 이탈리아와 그로 대표되는 지중해가 프랑스를 비롯한 북쪽 국가에 주도권을 빼앗긴 데에는 복합적인 요인들이 작용했다. 경제적으로는 베네치아나 피렌체 등 상업과 르네상스를 주도했던 이탈리아의 도시국가들이 17세기 대서양 무역로가 활성화됨에 따라 경제적, 정치적 영향력을 잃기 시작했기 때문이다. 종교적으로는 북방 국가들과 달리 가톨릭교회의 권위와 보수성의 뿌리가 깊어, 자유로운 과학적 탐구를 저해하는 요인이 되었다.

정치적으로는 여러 개의 나라(봉건 영지)로 쪼개져 있던 이탈리아반도와 달리 프랑스, 영국은 강력한 왕권의 중앙집권적 국가 운영으로 국가가 부강해졌다. 문화적으로 프랑스는 루이 14세(Louis XIV, 1638-1715) 시대에 재무장관 콜베르의 주도로 프랑스 과학아카데미가 설립(1666)되었다. 이곳은 과학자들에게 급여를 지급하고 안정적인 연구 환경을 제공하는 최초의 시스템이었다. 한편 영국에서는 몇 년 일찍

→ **프랑스 과학아카데미 회원들을 루이 14세에게 소개하는 콜베르**
재무장관 콜베르(왼쪽)가 루이 14세(중앙)에게 하위헌스, 카시니 등 아카데미 창립 회원들을 소개하는 장면이다. 그림 곳곳에는 당시 과학 연구에 쓰이던 기구들이 묘사되어 있다.

왕립학회가 설립(1660)되어 뉴턴과 같은 학자들의 연구를 후원하고 그들의 성과를 출판했다.

데카르트: 믿음의 자리에 이성을 놓다

근대 철학의 아버지라 불리는 르네 데카르트(René Descartes, 1596-1650)의 가장 핵심적 업적은 중세의 권위주의적 사유의 틀을 벗어나서 오직 인간의 이성을 통하여 진리를 탐구한다는 철학 정신을 몸소 실천하고 전파한 것이다. 그의 정신은 철학에 새로운 인식론적 토대를 제공했을 뿐만 아니라 수학, 과학의 발전에도 영향을 주었다.

또한 그는 수학자로서 획기적인 도구와 방법을 고안하여 '근대 수학의 아버지'라 불려도 손색이 없을 정도로 수학사에서 매우 중요한 인물이다. 그는 뉴턴, 오일러, 가우스 등을 넘어 역사상 수학 발전에 가장 큰 영향을 미친 수학자로 꼽을 수 있다. 근대에 새로이 정립된, 수학이 빠르게 발전하는 데에 인간의 지성만으로 진리를 탐구한다는 새로운 철학과 좌표와 그래프, 문자 계산 등의 획기적인 방법론이 중요하게 작용했기 때문이다.

귀족 가문 출신인 그는 8세부터 16세까지 당대 유럽 최고의 명문 교육기관 중 하나였던 예수회 라플레슈(La Flèche) 학원에서 교육을 받았다. 이곳에서 그는 전통적인 고전 학문과 함께 토마스 아퀴나스의 사상을 바탕으로 한 스콜라철학을 공부했다. 그는 어려서부터 몸이 허약해, 엄격했던 이 학교에서도 침대에 누워 하루를 보내는 것이 허락되었다고 한다. 그는 평생 누워서 사색하는 시간이 많았다.

그는 학업을 마친 후 군대에 입대해 유럽 전역을 누볐다. 1619년 겨울, 30년전쟁에 참전해 독일 바이에른의 전선에 머물던 때 추위를 피해 난방이 되는 방에 칩거하며 사색에 잠겨 있던 중 잠이 들어 꿈을 꾸었는데, 그때 수학적 원리를 통해 모든 학문의 기초를 통합하고 오류 없는 진리를 구축할 수 있다는 과학적 영감을 얻었다. 이 신비로운 체험을 통해 그는 기존의 모든 불확실한 학문 체계를 버리고 철학적 방법론을 수학적 명확성 위에 세우겠다는 일생의 결심을 하게 된다.

1628년 그는 종교적 갈등이 심했던 프랑스를 떠나 상대적으로 사상과 표현의 자유가 보장되던 네덜란드로 이주하여 20여 년간 은둔하며 연구에 몰두했다. 이 기간 동안 그는 『방법서설(Discours de la méthode)』(1637), 『제1철학에 관한 성찰』(1641), 『철학의 원리』(1644) 등 자신의 핵심 사상을 담은 저작들을 집필했다. 1649년 스웨덴의 크리스티나여왕의 초청으로 스톡홀름으로 건너갔으나, 여왕이 요청한 이른 아침의 철학 수업과 북유럽의 혹독한 추위로 인해 건강이 악화되어 이듬해인 1650년 폐렴으로 생을 마감했다.

데카르트는 방법적 회의를 자신의 철학적 방법론의 핵심으로 삼았다. 그의 사상은 『방법서설』에 나오는 "나는 생각한다, 고로 나는 존재한다(Cogito, ergo sum)"라는 서양 철학사에서 가장 유명한 말에 잘 담겨 있다. 그런데 사실 이 말은 중의적 의미를 담고 있다. 첫 번째 의미는 그 자신이 책에 설명한 대로 감각 경험의 불확실성, 잘못된 믿음, 꿈과 현실의 혼동 가능성 등에 의해 우리 각자가 가지는 이성적 추론에는 오류가 발생할 수 있기 때문에 무엇이든 완전한 진리라고 믿을 수 없다는 것이다. 하지만 그럼에도 불구하고 꼭 받아들여야 할 단 하나의 진리는 바로 '내가 지금 무언가를 생각하고 있다'라는 사실이다. 즉, 생각의 주체인 '나'는 의심할 수 없고 결국 나라는 존재는 확실한 지식의 출발점이자 근거라고 말하고 있다.

이보다 더 중요할 두 번째 의미는, 생각하는 주체로서의 '나'의 존재만이 의심의 여지가 없는 진리라는 말이 곧 '신' 또는 '신의 뜻'의 존재조차 확실한 것이 아님을 간접적으로 의미하고 있다. 이는 1000년이 넘는 세월 동안 유럽의 철학을 지배해 왔던 기독교적인 관점에 전

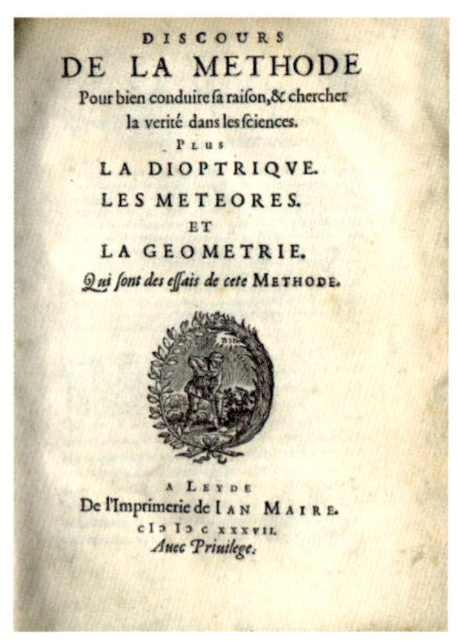

→ 『방법서설』

면적으로 배치되는 것이다. 그는 책에서 자신의 말이 (아마도 두려움 때문에) 반기독교적인 말로 해석되지 않도록 많은 설명을 써놓았지만 결국 그의 말은 '종교를 떠나 이성만으로 진리를 탐구한다'라는 현대 철학의 바탕을 제시하게 되었다.

데카르트 이후 유럽의 철학에는 신과 믿음이 차지하는 비중이 급격히 줄어들었다. 이는 데카르트만의 영향이라기보다는 당시 사상의 흐름이 그쪽으로 방향을 잡았기 때문일 것이다. 이러한 새로운 철학은 수학, 과학에 커다란 영향을 미쳤다. 그의 사상은 서양 근대 문명의 합리적, 과학적 사고방식을 대표할 뿐 아니라 오늘날까지도 합리적 탐구와 자기 성찰의 모범이 되고 있다.

데카르트는 철학자이기 이전에 뛰어난 수학자였다. 그의 수학에서의 주요 업적 두 가지를 꼽으라면, 첫 번째는 바로 좌표계(Coordinate System)라는 획기적인 개념을 발견한 것이다. 이 성과는 『방법서설』의 부록 「기하학」에 서술되어 있다. 중학교 1학년 교과서에 나오는 바로 그 좌표평면이다. 직교하는 x축, y축을 이용하여 평면 위의 점을 실수의 쌍 (x, y)로 나타내고, 이로써 함수 또는 등식의 '그래프'를 평면에 그릴 수 있게 된다. 예를 들어 수학을 배운 사람들은 $y=x^2$을 보면 보통 '포물선'으로 인식하지만, 원래 이 등식은 그냥 두 변수 x와 y 사이

의 관계식일 뿐이다. 이처럼 관계식은 대수적인 내용이므로 결국 좌
표는 '대수와 기하를 연결해 주는 다리' 역할을 해준다. 기하적인 도형
(선, 원, 포물선 등)을 대수적인 수식(예컨대 원은 $x^2+y^2=r^2$)으로 나타낼 수
있는 것이다. 이러한 것을 해석기하학이라 부른다. 즉, 데카르트는 해
석기하학의 창시자이다.

좌표평면은 실수 집합 R의 곱 $R \times R = R^2$으로도 표현될 수 있다. R^2
의 임의의 원소는 (x, y) 꼴로 나타내며 집합으로 표현하면 $R^2 = \{(x,$
$y) | x, y \in R\}$이다. 또한 R을 세 번 곱한 $R \times R \times R = R^3$은 3차원 공간이
라고 하고 이것의 각 원소는 (x, y, z) 꼴이 된다. 이렇게 두 개 또는 여
러 개의 집합을 곱하는 것을 정식적으로는 '카티션곱(Cartesian product)'
이라고 부르는데, 이는 데카르트의 이름을 딴 것이다,

두 번째로는 그가 비에트의 방정식 표기법을 개선하여 요즘 우리
가 쓰고 있는 형태의 기호를 정립한 것을 꼽을 수 있다. 데카르트는
$x \times x$ 대신 x^2으로, $x \times x \times x$ 대신 x^3으로 나타내는 현대적인 지수 표
기법을 체계화했다. 이는 긴 수식을 간결하고 명확하게 표현할 수 있
게 해 계산의 효율성을 극대화했다.

데카르트는 갈릴레오, 뉴턴, 라이프니츠, 오일러 등이 그러했듯이
당대 유럽에서 가장 유명한 사람 중 한 명이었다. 그는 네덜란드에서
(평생 독신으로) 은둔에 가까운 생활을 하고 있었음에도 불구하고 유럽
의 지식인들은 물론이고 일반인들조차 그의 학문적 성취와 사생활에
관심이 많았다. 16~19세기 유럽에서 학자들이 유명인이었던 이유는,
당대 사람들이 세상의 진리에 대해 관심이 많기도 했지만 요즘처럼 연
예인, 정치인 같은 부류의 유명인이 많지 않았던 점도 하나의 원인으
로 작용했을 것이다.

파스칼: 불확실성을 수학으로 길들이다

블레즈 파스칼(Blaise Pascal, 1623-1662)은 17세기 프랑스가 낳은 천재로 '수학의 모차르트'로 불릴 만한 인물이다. 그가 살던 시기는 데카르트 이후 소위 '합리주의의 시대'로 불리며 그가 연구하던 기하학, 자연철학, 확률론 등의 학문에 높은 가치를 두던 시대였다. 한편 파스칼은 이성과 비상한 두뇌를 통해 과학을 탐구하는 동시에 깊은 종교적 믿음을 중시하며, 무엇이든 이성적 사고로 해결하려는 태도에는 부정적인 시각을 갖는 이중성을 유지했다. 이러한 태도는 사상적 모순이 아니라 그의 깊은 종교적 신념에서 비롯된 것이었다.

→ 블레즈 파스칼

파스칼은 어려서부터 천재로 유명했다. 1623년 클레르몽페랑에서 태어난 그는 법관이자 수학자였던 아버지로부터 평소 엄격한 교육을 받았는데, 어느 날은 아버지의 가르침 없이 스스로 유클리드기하학의 정리를 재발견하며 타고난 재능을 입증했다. 또한 파스칼은 16세에 눈부신 업적을 발표했는데 그것이 바로 그의 책『원뿔곡선론 시고』(1640)에 담긴 파스칼의 정리이다. 이 정리는 '원에 내접하는 육각형의 세 쌍의 마주 보는 변의 교점은 항상 한 직선 위에 놓인다'라는 내용으로, 사영기하학의 초석을 다진 기념비적 성과였다. 데카르트는 이 정리의 발표자가 소년이라는 것을 듣고 크게 놀랐다고 한다.

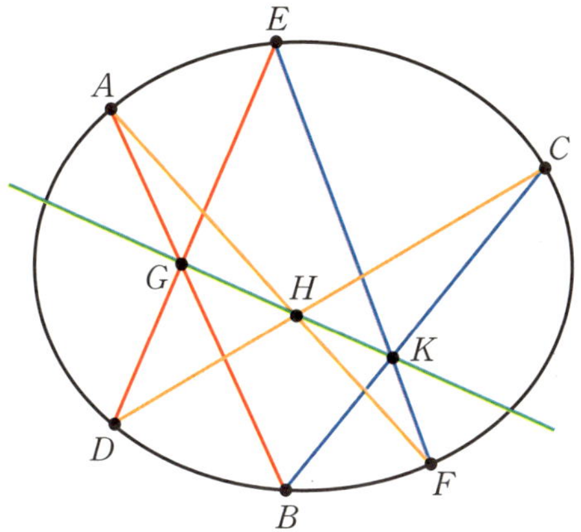

파스칼의 정리는 원 위에서만이 아니라 모든 원뿔곡선 위에 놓인 여섯 개의 점에 대하여 (점들이 놓인 순서에 관계 없이) 성립한다는 것이 추후에 밝혀졌다. GHK는 파스칼의 직선이라 한다.

파스칼은 1642년 세금 계산 업무를 하던 아버지를 돕기 위해 '파스칼린'이라는 기계식 계산기를 발명했다. 이는 역사상 최초의 실용적인 기계식 계산기 중 하나로, 덧셈과 뺄셈이 가능했으며 이후 자동화된 계산의 발전에 결정적인 영감을 주었다. 이 발명으로 그는 당대 최고의 발명가 반열에 올랐다.

그러나 파스칼의 수학적 업적 중 가장 중요한 것은 아마도 확률론일 것이다. 확률론이 등장하기 전까지 수학은 이미 일어난 일, 혹은 반드시 일어나는 일을 다루는 학문이었다. 확률론은 '일어날 수도 있는 일'을 수학의 언어로 다루기 시작했기에 수학사의 근본적인 전환점으로 작용했다. 오늘날 통계학, 금융, AI에 이르기까지 불확실성을 다루는 거의 모든 학문이 이 출발점 위에 서 있다.

이 혁신의 계기는 도박이었다. 1654년 귀족 도박꾼 슈발리에 드

→ 파스칼린

메레가 파스칼에게 두 가지 질문을 던졌다. '주사위를 던질 때 어느 쪽이 더 유리한가', 그리고 '중단된 게임의 판돈을 어떻게 나누는 것이 공정한가'라는 질문이었다. 파스칼은 이에 대해 페르마와 서신으로 논의했고, 이 과정에서 기댓값과 확률의 개념이 처음으로 정립되었다.

파스칼은 유체역학에서도 중요한 업적을 남겼다. 대기압의 존재를 처음 암시한 것은 이탈리아의 에반젤리스타 토리첼리(Evangelista Torricelli, 1608-1647)였지만, 진공이 실제로 존재하는지는 여전히 논란의 대상으로 남아 있었다. 파스칼은 1648년 매제인 페리에에게 산 정상과 기슭에서 동시에 기압을 측정하게 하여 고도에 따라 대기압이 달라진다는 사실을 실험으로 입증했다. 이로써 진공의 존재와 대기압의 개념이 확립되었다.

파스칼은 유체의 압력 전달에 관해서도 중요한 원리를 정립했는데, 이것이 오늘날 파스칼의 원리로 알려져 있다. 즉, 밀폐된 유체에 가해진 압력은 유체의 모든 부분에 걸쳐 동일하게 전달된다는 것이다. 이 원리는 유압 프레스, 브레이크 등 현대 유압 장치 개발의 기초가 되었다. 그의 업적을 기념하여 현재 압력의 단위로 파스칼(Pa)을 쓰고 있다.

파스칼의 짧은 생애는 질병과의 끊임없는 투쟁이었다. 그렇기에 그는 수학자 중에서는 드물게 종교에 심취했다. 그의 생각들은 유명한 저서 『팡세(Pensées, 생각들)』에 담겨 있다. 이 책의 주제는 인간 존재의 모순에 대한 통찰이다. 그는 여기서 "인간은 생각하는 갈대"라는 유명한 말을 남겼다. 이 책에 실린 소위 '파스칼의 내기'는 합리적인 인간이라면 신이 존재한다는 쪽에 내기를 걸어야 한다는 주장이다. 신이 존재하지 않는다고 가정하고 신을 믿지 않으면 (그런데 신이 존재한다면) 손해 볼 수 있지만, 신이 존재한다고 가정하고 신을 믿으면 (혹시 존재하지 않더라도) 잃을 것은 없기 때문에 신앙을 선택하는 편이 합리적이라는 주장이다. 도박판의 확률을 계산하고, 신의 존재에 내기를 걸었던 파스칼은 불확실한 것들을 이성의 언어로 다루려 했던 수학자였다.

하위헌스: 시간을 정확하게 측정하다

네덜란드에는 크리스티안 하위헌스(Christiaan Huygens, 1629-1695)라는 뛰어난 수학자이자 물리학자가 있었다. 갈릴레오와 데카르트의 영향을 받으며 성장한 그는 뉴턴과 동시대에 활동하며 동역학, 광학, 시계학, 확률론에 걸쳐 많은 업적을 남겼다. 특히 물리학 분야에서는 빛의 파동이론과 시계추 시계의 발명으로 유명하다.

그는 헤이그의 부유하고 영향력 있는 귀족 가문에서 태어났다. 그의 아버지 콘스탄틴 하위헌스는 시인이자 외교관으로, 데카르트와 같은 당대 최고의 지식인들과 교류했다. 이러한 환경 덕분에 하위헌스

는 어린 시절부터 최고의 교육을 받았으며 레이던대학에서 법학과 수학을 공부했다. 그는 곧 유럽 수학계에서 두각을 나타냈고, 파스칼, 페르마와 교류하며 확률론의 기초 수립에 함께 기여했다.

그의 가장 유명한 업적은 1656년 시계추 시계의 발명이다. 당시 시간 측정은 매우 부정확했는데, 하위헌스는 갈릴레오가 발견한 추의 등시성 원리를 실제로 구현하여 시간을 정밀하게 측정할 수 있는 길을 열었다. 그리고 1673년 저서 『시계추 시계』에서 시계추의 진동에 대한 수학적 분석을 제시했다. 갈릴레오가 발견한 진자의 주기가 진폭과 관계 없이 일정하다는 등시성은 진폭이 작을 때만 성립한다. 하위헌스는 진폭이 커도 진자의 주기가 일정하도록 만들려면 사이클로이드˙ 궤적을 따라야 함을 증명했다.

하위헌스는 광학 분야에서도 혁신을 일으켰다. 그는 자신이 제작한 당대 최고의 망원경을 이용하여 놀라운 천문학적 발견을 이뤘다. 1655년 토성에서 가장 큰 위성인 타이탄을 발견한 것이다. 이듬해에는 토성 주변의 신비로운 귀처럼 보이는 구조물이 실은 얇고 평평한 고리라는 사실을 최초로 발견하였다.

그의 광학적 업적의 정수는 1690년 발표한 『빛에 관한 논고』에 담

˙ 이 중요한 곡선에 대해서는 뒤에서 좀 더 자세히 다룰 것이다.

긴 빛의 파동설이다. 빛을 에테르라는 매질을 통해 전파되는 파동으로 간주한 그는 유명한 하위헌스의 원리를 발견했다. 그의 파동설은 빛의 반사와 굴절 현상을 깔끔하게 설명할 수 있었지만 당시 뉴턴이 주장한 입자설에 밀려 한동안 주목받지 못하다가, 19세기 들어 토머스 영(Thomas Young, 1773-1829)의 간섭 실험 등을 통해 그것이 옳음이 입증되었다.

그와 철학자 스피노자(Baruch Spinoza, 1632-1677)에 얽힌 이야기가 있다. 스피노자는 급진적인 철학(범신론)으로 인해 사회적으로 고립된 후, 생계를 위해 정밀 렌즈 연마를 직업으로 삼았는데 그는 이 분야에서 유럽 최고 수준의 장인이었다. 하위헌스는 고성능 망원경 제작을 위해 스피노자에게 정밀한 렌즈를 주문해 사용했다. 하위헌스가 남긴 천문학적 발견 뒤에는 스피노자의 렌즈가 있었던 것이다.

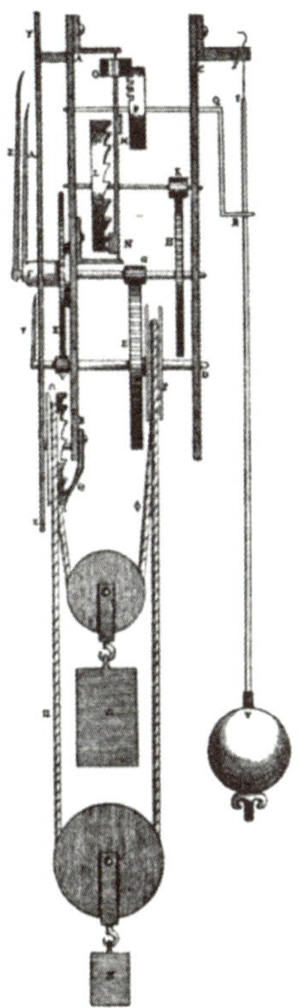

→ 시계추 시계

페르마: 350년 넘게 풀리지 않은 문제를 남기다

피에르 드 페르마(Pierre de Fermat, 1607-1665)는 아마도 역사상 가장 유명한 아마추어 수학자일 것이다. 낮에는 판사로 일하고 밤에는 수학을 연구했던 그의 페르마는 오늘날 수학사에서 가장 자주 등장하는 이름 중 하나다. 오를레앙대학에서 법학을 공부한 그는 대학에서 아폴로

→ 피에르 드 페르마

니우스에 관한 논문을 접한 뒤 취미로 수학을 시작했고, 1630년에는 툴루즈의 공무원으로 취임해 나중에는 고위직 판사가 되었다. 파스칼, 토리첼리 등 당대 최고의 수학자들과 활발히 교신하기도 했다. 엄밀한 증명보다는 직관으로 문제를 꿰뚫는 스타일이었지만 그 직관들은 번번이 옳았고 수학사에 길이 남을 업적이 되었다. 파스칼과의 서신에서는 확률론의 기초를 함께 닦았고, 데카르트와는 독립적으로 좌표계를 발명하기도 했다. 현대 수학 곳곳에 남아 있는 그의 업적 중 대표적인 것 세 가지를 꼽으면 다음과 같다.

페르마의 마지막 정리

역사상 가장 유명한 이 난제를 추측(conjecture)이나 가설(hypothesis)이라 부르지 않고 '정리(theorem)'라 부르는 것은 페르마를 예우하기 위함이다. 정리의 내용은 간단하다. n이 3 이상의 정수일 때, $x^n+y^n=z^n$을 만족하는 정수해는 존재하지 않는다는 것이다. $n=2$일 때는 정수해가 무한히 많다. (3, 4, 5), (5, 12, 13) 같은 '피타고라스 삼각수'가 그것이다. 그런데 n이 3 이상이 되는 순간 그런 정수해는 단 하나도 없다는 게 이 정리의 주장이다.

그는 디오판토스의 『산술』 여백에 이 정리를 적으면서 이런 말을 남겼다.

나는 이에 대한 실로 놀라운 증명법을 발견했다. (하지만) 여백이 부족하여 이를 적지 않겠다.

후세의 수학자들은 페르마의 마지막 정리의 증명을 찾지 못해 고심했다. 수많은 수학자가 이 문제에 도전했지만 실패했다. 그들 중에는 역사상 가장 위대한 수학자인 오일러, 라그랑주, 가우스, 코시 등도 포함되어 있다. 이 문제를 풀면 다른 수학 문제 해결에 도움이 된다거나 다른 분야에 활용될 가능성이 거의 없음에도 불구하고 많은 수학자가 이 문제에 인생을 걸고 도전했다는 것은 수학 연구의 속성을 잘 보여주는 예이다. 수학자들에게는 문제 자체가 흥미롭기만 하면 그것만으로도 충분하다. 물론 문제를 푼다면 최고의 수학자라는 영예가 뒤따른다는 기대도 있을 것이다.

그동안 정수론은 이 문제를 풀기 위해서 발전해 왔다고 해도 과언이 아니다. 6부에서 자세히 살펴보겠지만, 19세기의 위대한 수학자 쿠머는 이 문제의 풀이에 크게 기여했는데, 그 과정에서 현대 대수학의 핵심 영역인 환이론(ring theory)을 정립하게 된다. 그는 마지막 정리에 대한 부분적인 풀이를 찾아내기도 했다. 그 내용은 '정상적인 소수 p에 대해서는 마지막 정리가 성립한다'이다. 즉, $x^p + y^p = z^p$의 정수해 (x, y, z)는 존재하지 않는다는 것이다.

357년 동안 미해결 문제로 남아 있던 이 문제는 1994년 앤드루 와일스(Andrew Wiles, 1953-)에 의해 마침내 증명되었다. 그의 증명은 세계 전체를 깜짝 놀라게 했으며 이로써 그는 하루아침에 20세기 최고의 수학자 중 한 명이 되었다. 이 문제 해결의 중요성은 그 정리의 활용에 있지 않다. 그것이 중요한 이유는 첫째로 이 문제를 해결할 수 있

→ 앤드루 와일스

을 만큼 현대 수학의 개념과 정리가 진화했음을 보여주었다는 점이고, 둘째로 이 문제가 다른 여러 문제와 연결되어 있어 직접적인 연관성이 없는 분야에서 개발된 개념이나 정리 들이 문제 해결에 결정적으로 이용되었다는 점이다.

이 문제를 풀 때 와일스의 증명에는 대수적 기하에 등장하는 개념들이 큰 역할을 했는데, 특히 다니야마–시무라 추측이 핵심이다. 정수론자 케네스 리벳(Kenneth Ribet, 1948-)은 1986년 '다니야마–시무라 추측이 성립한다면 페르마의 마지막 정리가 성립한다'라는 사실을 증명했다. 이를 토대로 와일스는 다니야마–시무라 추측이 성립함을 증명했고 이로써 페르마의 마지막 정리의 증명이 완성된 것이다. 리벳의 결과 외에도 와일스의 증명에는 다른 수학자들이 새롭게 개발한 따끈따끈한 개념들이 이용되었기 때문에 만일 그가 10년만 일찍 이 증명을 시도했다면 성공하지 못했을 것이다.

페르마의 소정리

p가 소수일 때 정수 a에 대하며 다음이 성립한다.

$$a^p \equiv a \,(\mathrm{mod}\ p)$$

이 정리는 페르마의 마지막 정리와 정반대의 특성을 지니고 있다. 마지막 정리는 성립을 증명하는 일이 매우 난해하면서 그 정리의 활용성은 거의 없는 반면에, 소정리는 성립함을 보이는 일이 비교적 쉬우면서 정수론에서 실용성은 매우 높은 정리이다. 소정리는 정수론에 등장하는 모든 기본적인 정리 중에서 아마도 가장 활용도가 높은 정리일 것이다.

이 정리는 페르마가 처음 언급하기는 했으나 그가 증명을 제시한 적은 없고, 처음으로 증명한 사람은 라이프니츠다. 이 정리의 일반화인 정리가 여러 가지 있지만 그중 가장 유명하고 유용한 것은 다음과 같은 '오일러 정리'이다.

a와 n이 서로소인 자연수일 때 다음이 성립한다.

$$a^{\phi(n)} \equiv 1 \pmod{p}$$

앞의 정리와 마찬가지로 '$\equiv$' 기호는 합동식을 나타내는 기호로, '$a^{\phi(n)}$과 1은 p로 나눈 나머지가 같다'라는 뜻이다. 이때 기호 $\phi(n)$는 오일러 피(phi) 함수라는 것으로 '1부터 $n-1$까지의 정수 중 n과 서로소인 것들의 개수'를 나타낸다.

페르마의 원리

페르마는 굴절 현상을 설명하기 위해 '페르마의 원리'라 불리는 최소 시간의 원리를 제시하였다. 이 원리는 빛의 굴절 현상을 나타내는 스넬의 법칙을 설명할 수 있다.

빛이 지나는 경로는 두 점을 잇는 경로 중, 지나는 시간을 가장 짧게 하는 경로를 택한다.

데카르트, 파스칼, 하위헌스, 페르마까지 이들은 각자의 자리에서 각자의 방식으로 수학의 새 영토를 개척했다. 종교전쟁의 폐허 위에서 이성을 택한 시대가 낳은 사람들이었다. 이제 무대는 프랑스에서 영국으로 옮겨간다. 이 모든 흐름을 하나로 꿰뚫을 한 사람이 기다리고 있다.

토리첼리

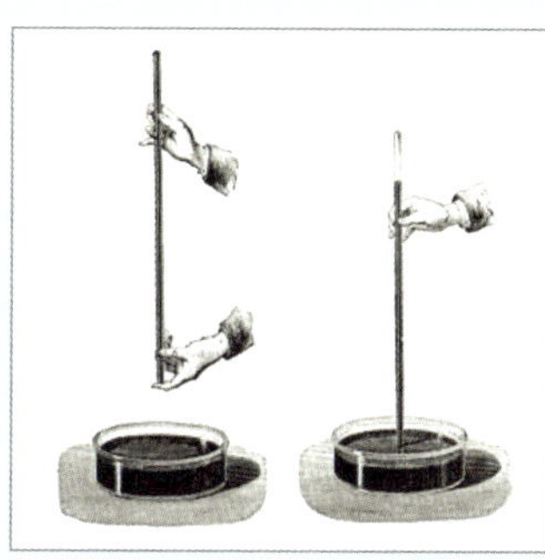

토리첼리와
'토리첼리의 진공'

17세기에 프랑스 외의 다른 나라에서 이렇다 할 수학자가 한 명도 없었던 것은 아니다. 이탈리아의 토리첼리는 갈릴레오의 마지막 제자로, 저서 『운동론』을 갈릴레오에게 보낸 것이 인연이 되어 1641년 피렌체로 건너가 스승의 비서로 일했으며 갈릴레오 사후에는 토스카나 대공의 궁정 수학자 자리를 이어받았다.

토리첼리의 가장 위대한 업적은 기압계의 발명이다. 당시 과학자들은 물 펌프가 물을 10미터 이상 끌어 올릴 수 없는 이유를 알지 못했는데, 토리첼리는 물기둥을 떠받치는 것이 펌프가 아니라 공기의 무게, 즉 대기압임을 알아냈다. 한쪽이 막힌 유리관에 수은을 채워 거꾸로 세우자 수은 기둥은 76센티미터에서 멈추고 그 위에 진공이 생겼는데, 이것이 대기압의 존재를 실험으로 입증한 최초의 사례였다.

토리첼리는 순수수학 분야에서도 상당한 업적을 남겼다. 그는 무한소(infinitesimal, 매우 작은 양수를 상징적으로 나타내는 개념) 개념을 활용하여 오늘날 적분법의 기초가 된 방법들을 연구했으며, 특히 '토리첼리의 나팔'이라는 곡면을 발견했다. 이 곡면은 유한한 부피를 가지면서도 무한한 겉넓이를 가지는 특이한 성질을 가지고 있어 수학계에 큰 반향을 일으켰고, 무한소 개념의 이해를 심화시키는 데에 기여했다.

15장

미적분학의 발견:
만물의 움직임을 설명하다

수학의 역사에서 단 하나의 사건을 꼽으라면, 많은 수학자는 미적분학의 탄생을 고를 것이다. 실제로 수학의 역사는 미적분학 이전과 이후로 나눌 수 있을 정도로 미적분학이 수학에서 차지하는 중요성은 아주 크다. 미적분학 이전의 수학이 정지한 세계를 다뤘다면, 미적분학은 처음으로 변화하는 세계를 수학의 언어로 포착했다. 역사적으로 수학자들은 미분보다 적분의 개념을 먼저 생각했다. 어떤 대상의 넓이(혹은 곡선의 길이, 물체의 부피 등)를 구할 때 그 대상을 작은 사각형들로 쪼갠 후에 이것들의 넓이를 더함으로써 전체 넓이의 근삿값을 구하는 노력(구분구적법)은 아르키메데스를 비롯한 고대 그리스의 수학자들부터 시작했다.

이번 장에서는 미적분학을 발견한 뉴턴과 라이프니츠에 대한 이야기와 함께 베르누이 형제에 의해 이루어진 미적분학의 발전 과정을 살펴볼 것이다. 아울러 미적분학이 왜 수학과 과학에서 핵심적 역할을 하는지에 대해서도 알아보자.

뉴턴: 수학적 언어로 우주의 섭리를 설명하다

위대한 수학자 아이작 뉴턴(Isaac Newton, 1643-1727)은 과학혁명의 정점을 찍고 근대 물리학의 기초를 구축했다. 수학, 물리학에서의 그의 공헌은 자연을 이해하는 방식을 근본적으로 변화시켰으며, 계몽주의 시대의 지적 토대를 구축했다. 수학적 언어로 우주의 섭리를 설명한다는 것은 혁명적 업적이자 문명사상 가장 중요한 사건이라 해도 과언이 아니다.

→ 아이작 뉴턴

뉴턴은 1643년• 시골 마을 울즈소프에서 미숙아로 태어났으며, 아버지는 그가 태어나기 전에 사망했다. 세 살 때 어머니가 재혼하여 그를 외가에 맡기면서 그는 고독한 어린 시절을 보냈다. 이러한 유년기의 경험은 뉴턴이 내성적이고 독립적인 성격으로 자라는 데 큰 영

• 그가 태어날 당시에 쓰던 율리우스력에 따라 1642년 크리스마스에 태어났으나 후에 채택된 그레고리력에 의해 그의 생일은 1643년 1월 4일로 변경되었다. 따라서 그가 운명처럼 갈릴레오가 죽은 1642년에 태어났다고 하는 당대의 유명한의 이야기는 성립되지 않는다. 실제 이 두 사람의 사망과 출생은 1년 가까이 차이가 난다.

→ 트리니티칼리지의 렌도서관
뉴턴이 머물던 시절 완공된 케임브리지대학 트리니티칼리지의 렌도서관. 건축가 크리스토퍼 렌이 설계했으며, 뉴턴의 친필 편지와 『프린키피아』 초판 원본이 지금도 이곳에 보관되어 있다.

향을 미쳤을 것으로 보인다. 그는 평생 독신으로 살았고 친구가 별로 없었다.

그는 1661년 케임브리지대학 트리니티칼리지에 입학했지만 1665년 흑사병이 창궐하자 학교가 문을 닫으면서 고향으로 돌아와 2년여간 사색하는 시간을 가지게 된다. 그는 이 기간에 미적분학, 만유인력 이론, 그리고 광학 연구의 주요 개념들을 착상했다. 사과가 떨어지는 것을 보고 만유인력을 떠올렸다는 일화도 이때의 이야기이다.

1667년 케임브리지대학이 다시 문을 열자 뉴턴은 학교로 돌아와 석사학위를 받았고, 이듬해에는 반사망원경을 만들었다. 1669년에는 지도교수였던 아이작 배로(Isaac Barrow, 1630-1677)[*]의 뒤를 이어, 케임브리지대학 루카스 수학 석좌교수가 되었다. 배로 교수가 젊은 제자가 자기보다 낫다며 자신의 교수직을 제자에게 물려준 것인데, 이 일은 감동적인 사건이자 뉴턴과 인류에게 큰 선물이었다. 원래 이 자리는 1664년 헨리 루카스(Henry Lucas)라는 인물의 기부로 마련되고 왕 찰스 2세에 의해 공식 지정된 영광스러운 교수직으로, 배로가 초대 교수로 임명되었던 것이다. 이 '루카스 수학 석좌교수' 자리는 지금까지 이어져 오고 있으며 '세계에서 가장 영예로운 교수직'으로 인식되고 있다.

운동법칙과 미적분학: 자연을 수학으로 증명하다

뉴턴이 발견한 운동법칙 $F=ma$는 간단한 수식 하나로 자연법칙을 표현할 수 있음을, 즉 수학이 자연의 기본 언어임을 보여주는 가장 선명한 예로, 역사상 가장 위대한 과학적 발견 중 하나이다. 또한 그의 만유인력법칙은 지상의 사과가 떨어지는 이유와 하늘의 달이 지구 주위를 도는 이유가 동일한 한 가지 힘 때문임을 밝혔다. 아리스토텔레스 이래로 천상계와 지상계는 서로 다른 법칙이 지배하는 분리된 세계로 여겨져 왔는데, 뉴턴은 이 둘이 동일한 수학적 원리로 움직인다는 사실을 증명함으로써 그 오랜 세계관을 완전히 무너뜨렸다. 이 법칙은 우리가 지구 표면에서 떨어지지 않고 살아갈 수 있는 이유는 물론, 태양계 행성들과 달의 운동까지 하나의 원리로 설명해 준다. 만유인력을

---

[*] 배로는 미적분학의 기본 정리와 근본적으로 같은 내용의 정리를 밝혀냈다. 그의 수학적 아이디어가 뉴턴의 미적분학 발견에 큰 영향을 미쳤을 것이라 짐작할 수 있다.

나타내는 등식 $F=k\dfrac{m_1m_2}{r^2}$ 는 두 물체 사이에 작용하는 인력이 질량에 비례하고 거리의 제곱에 반비례한다는 것을 설명한다.

운동법칙과 만유인력만으로도 충분히 혁명적이었지만, 수학의 관점에서 뉴턴의 가장 중요한 업적은 미적분학의 발견이라 할 수 있다. 그는 이를 유율법(Method of Fluxions)이라고 불렀는데, 한마디로 '변화를 수학으로 다루는 방법'이었다. 유율법은 속도, 가속도 같은 운동의 순간적인 변화율을 나타내는 데에 쓰였다. 이는 여러 수학적 문제를 해결하는 도구가 되었으며, 물체의 변화와 움직임을 설명하는 자연과학의 언어가 되었다. 그는 만유인력법칙과 미적분학을 이용하여 케플러의 행성운동법칙을 수학적으로 완벽히 증명했다.

라틴어로 쓴 저서 『프린키피아(Philosophiæ Naturalis Principia Mathematica, 자연철학의 수학적 원리)』(1687)는 그의 위대한 업적을 담고 있는 역사상 가장 중요한 과학 서적이다. 그는 이 책에서 세 가지 운동법칙(관성의 법칙, 가속도의 법칙, 작용-반작용의 법칙)과 함께 만유인력법칙을 제시하며 세상의 모든 물체의 운동에 대해 완전하게 설명했다.

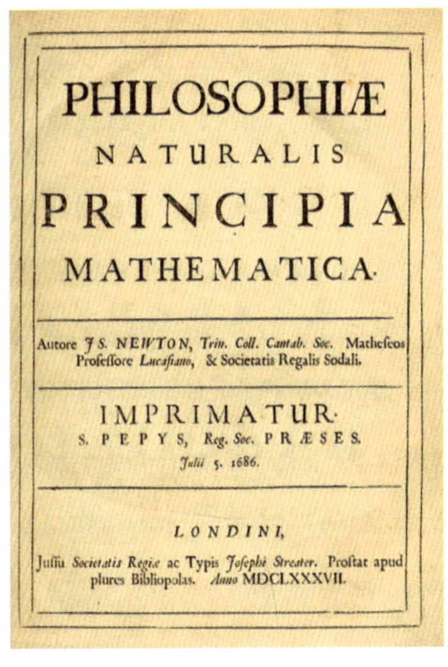

→『프린키피아』
이 역사적인 저서는 핼리혜성으로 유명한 천문학자 에드먼드 핼리(Edmund Halley, 1656-1742)가 출간을 권유하고 재정적으로 지원한 덕분에 세상에 나올 수 있었다.

광학: 프리즘으로 빛의 본질을 밝히다

뉴턴은 빛의 본질과 색에 관한 연구에서도 독자적인 업적을 남겼다. 1704년에 출판한 저서 『광학(Opticks)』에서 그는 프리즘 실험을 통해 백색광이 단일한 빛이 아니라 무지개색 스펙트럼으로 구성된 복합적인 빛이라는 사실을 증명했다. 뉴턴은 각 색깔의 빛이 굴절되는 정도가 다른데, 이는 렌즈 기반의 굴절망원경에서 발생하는 색수차 문제*의 원인임을 깨달았다. 이를 해결하기 위해 뉴턴은 렌즈 대신 거울을 사용하는 반사

→ **뉴턴의 반사망원경**

망원경을 직접 고안하고 제작했다. 이 발명품은 광학 기술을 획기적으로 발전시켰으며, 오늘날에도 천문대에서 사용되는 대형 망원경의 기본 원리로 남아 있다.

뉴턴은 당대에 이미 유럽에서 매우 유명해 그의 이름을 모르는 사람이 거의 없을 정도였다. 17세기 후반부터 말년에 이르기까지 공직에 몸을 담았으며, 1696년 영국 왕립조폐국 검사관으로 임명된 후 3년 만에 국장 자리까지 올랐다. 금 제조를 목적으로 한 연금술과 신학 연

* 렌즈가 빛의 색(파장)마다 굴절률이 달라 초점이 하나로 모이지 않는 현상으로, 상의 가장자리에 무지갯빛 번짐이 생겨 흐릿해진다. 뉴턴은 렌즈 대신 오목거울을 사용함으로써 이 문제를 해결했는데, 거울은 빛을 반사시키기 때문에 색에 관계없이 같은 초점에 모인다.

구에도 많은 시간을 쓴 것으로 알려져 있다. 1705년에는 앤여왕으로부터 수학자(과학자)로서는 최초로 기사 작위를 받았으며, 1727년 사망할 때까지 왕립학회 회장직을 역임하며 영국의 과학계를 이끌었다.

뉴턴은 미적분학을 물리학 문제를 해결하는 데 사용했지만 그 내용을 체계적으로 정리하거나 발표하지는 않았는데, 미적분학 자체의 수학적 중요성을 미처 헤아리지 못했을 가능성이 높다. 이에 반해 독일의 라이프니츠는 미적분학의 기초 개념을 알아내자마자 그것의 중요성을 인지하고, 1684년 학술지 《악타 에루디토룸(Acta Eruditorum)》에 발표해 유럽 대륙에 널리 알렸다. 이는 후에 '우선권 논쟁'을 일으켰다. 뉴턴과 영국의 동료들이 라이프니츠를 표절범이라고 비난하면서 이 논쟁은 격화되었고, 왕립학회 회장이던 뉴턴은 이 문제에 대한 공식 조사를 요청했다. 그의 지지자로 이루어진 위원회는 뉴턴의 우선권을 공식 선언했다.

이 논쟁의 후유증은 컸다. 영국 학계와 대륙 학계 사이의 학술 교류가 70년 이상 끊어지면서 영국의 학문적 고립을 초래한 것이다. 이는 결국 영국의 수학과 과학이 19세기 후반까지 대륙에 비해 뒤처지는 원인이 되었다.

라이프니츠: 미적분학의 언어를 만들다

고트프리트 빌헬름 라이프니츠(Gottfried Wilhelm Leibniz, 1646-1716)는 철학, 수학, 과학, 법학, 외교 등 거의 모든 학문 분야에서 혁신적인 업적을 남긴 독일의 사상가이자 진정한 만능 천재라 할 수 있다. 그는 라이프치히의 학자 집안에서 태어났으며 어려서부터 라틴어와 그리스어를 통달한 천재로 유명했다. 그는 어린 시절 방대한 독서를 통해 스스로 지식을 쌓았으며, 15세의 나이에 라이프치히대학 법학과에 입학했다. 이후 예나대학에서 수학 강의를 듣고 1666년 법학 박사학위를 취득했지만, 교수직을 사양하고 법률고문 및 외교관으로서 실무 경력을 쌓았다. 그러나 그의 진면목은 뒤늦게 발견한 수학적 재능에서 드러났다.

→ **고트프리트 빌헬름 라이프니츠**

그는 비교적 늦은 나이에 본격적으로 수학에 관심을 가지게 되지만 탁월한 지능과 노력 덕분에 당대 최고의 수학자 반열까지 오르게 된다. 1672년부터 1676년까지 파리의 외교관으로 체류하면서 최고의 수학자, 과학자 들과 교류하며 심도 있는 수학 연구에 몰두할 기회를 얻었다. 그중 하위헌스로부터 당대의 최신 수학 지식, 특히 무한소와 관련된 지식을 얻었고, 파스칼의 구적법에 관한 논문 등 주요 수학 저작들을 연구했으며, 기하학적 문제(접선의 기울기, 곡선의 면적)를 대수적으로 해결할 수 있는 방법을 탐구했다. 이 연구 과정에서 그는 현대 미적분학의 기초가 되는 핵심 원리를 정립하게 되었다.

라이프니츠는 브라운슈바이크 공작가(家)의 고문관과 도서관장 등으로 평생을 봉직했으나, 생의 후반에는 후원자였던 하노버 공과의 관계가 소원해지고 뉴턴과의 미적분 우선권 논쟁까지 겪으며 고독한 말년을 보냈다.

뉴턴이 주로 물리학적 문제, 즉 운동을 설명하기 위한 유율법의 개념으로 미적분학을 다룬 반면, 라이프니츠는 곡선 아래 면적을 계산하는 문제(적분)와 접선의 기울기를 구하는 문제(미분) 사이의 상호 역관계를 파악하고 이를 체계화했다. 그는 1675년경 미분과 적분의 관계를 하나의 식으로 나타내는 미적분학의 기본 정리를 정립했다.

인문학적 소양이 깊었던 라이프니츠는 기호의 중요성을 누구보다 잘 이해했고, 그가 고안한 기호는 매우 정제되어 있었다. 앞서 언급한 바와 같이 지금 우리가 미적분에서 쓰고 있는 기호 $\int$와 $\dfrac{dy}{dx}$, dy, dx 등은 그가 채택한 기호를 따른 것이다. 라이프니츠의 기호는 미분과 적분의 개념을 직관적으로 보여주며, 복잡한 연산을 간결하고 체계적으로 표현할 수 있게 했다.

다음은 그가 발견한 원주율 π에 관한 유명한 '라이프니츠급수'* 이다.

$$\frac{\pi}{4} = 1 - \frac{1}{3} + \frac{1}{5} - \frac{1}{7} + \frac{1}{9} - \frac{1}{11} + \cdots = \sum_{n=1}^{\infty} \frac{(-1)^n}{2n+1}$$

요즘 이공계 대학 1학년생들은 이 등식을 아크탄젠트(arctan, 역탄젠트)함수의 테일러급수를 이용하여 쉽게 증명할 수 있지만 라이프니츠 시절에는 놀라운 발견이었다. 한편 그는 '함수(function)'라는 용어를 처음 사용했으며, 독일어권 최초의 과학 저널인 《악타 에루디토룸》을 창간하여(1682) 여러 편의 미적분학 관련 논문을 게재했다.

---

* 최근에는 이 급수를 일찍이 발견했던 인도의 수학자 마다바(Madhava, 1340-1425)의 이름을 붙여서 마다바-라이프니츠급수라고 부르기도 한다.

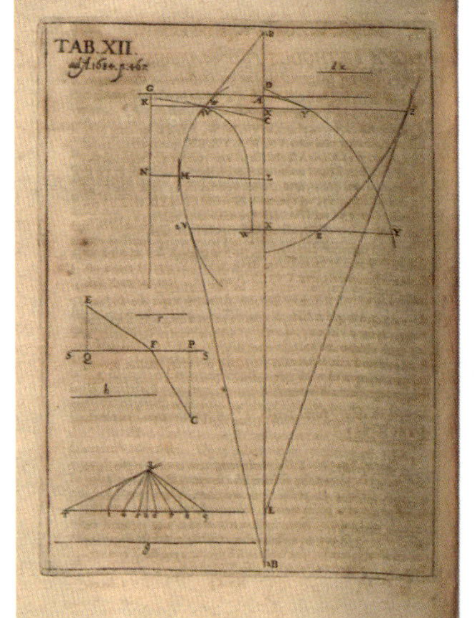

→《악타 에루디토룸》

라이프니츠가 1684년《악타 에루디토룸》10월호에 발표한 논문 「Nova Methodus」의 12번 도판. 위쪽 그림은 곡선의 접선, 즉 미분을 기하학적으로 나타낸 것이고, 아래쪽 그림은 면적 계산, 즉 적분에 관한 도해다. 라이프니츠가 2년 전 직접 창간한 이 저널에 실은 이 논문은, 미적분학이 세상에 처음으로 공식 출판된 역사적 문서다.

미분과 적분, 세상의 모든 현상을 설명하다

뉴턴이 미적분학으로 우주의 운동을 증명했고 라이프니츠가 그것을 누구나 쓸 수 있는 언어로 다듬었다면, 이제 미적분학 자체가 왜 그토록 중요한지를 살펴볼 차례다. 미적분이 중요한 이유는 세상 만물이 움직이고 변화하고 있기 때문이다. 물체의 운동, 기후의 변화, 경제의 흐름 등 우리가 사는 세계에서 벌어지는 거의 모든 현상은 미적분의 언어로 설명될 수 있다. 이처럼 미적분은 모든 현대 과학의 기반이 되기 때문에 고등학교 수학 과정의 최종 목표가 미적분을 이해하고 활용하는 것이다.

수학적인 표현으로 말하자면 미분은 국소적인(local) 성격의 값이고 적분은 전체적인(global) 성격의 값이다. 우리는 미분을 통해 그래프 각 점에서의 미분값(접선의 기울기)을 통하여 그래프의 개형을 알 수 있고, 물리학적으로는 물리량 각 점에서의 순간변화율을 알 수 있다. 반면에 우리는 적분을 통하여 어떤 물건의 전체 넓이나 전체 부피를 계산한다. 물리학적으로는 속도를 적분해서 총이동 거리를 얻기도 하고, 힘을 경로에 따라 적분해 그 힘이 한 일의 총량을 얻을 수도 있다.

이와 같이 미분과 적분은 성격이 전혀 다른 개념인데 어떻게 서로 연관이 되는 것일까? 그 이유를 설명해 주는 것이 바로 미적분학의 기본 정리인데, 이는 다음과 같다.

미적분의 기본 정리

정의역 [a, b]에서 연속인 함수 $\int$에 대하여 다음 등식이 성립한다.

$$\frac{d}{dx}\int_a^x f(t)dt = f(x)$$

미적분의 기본 정리는 미분과 적분 사이의 관계를 단 한 개의 등식으로 나타내 준다. 이 정리는 '함수 $f(x)$의 적분을 미분하면 $f(x)$가 된다'라는 내용을 의미하는데, 미분과 적분의 의미를 잘 되새겨 본다면 직관적으로도 납득이 된다.

현대 수학의 여러 분야 중에 가장 실용적인 분야는 해석학*이라고 할 수 있다. 미적분학은 해석학의 출발점이자 핵심을 이룬다. 변화하는 물체, 변화하는 세상의 대부분은 미분방정식으로 표현된다. 아주

* 수학에서 해석학(analysis)이란 미적분학을 배경으로 하는 분야로서, (편)미분방정식, (실 또는 복소)함수론, 확률론 등이 이에 속한다. 좀 더 넓은 의미로는 실수 집합, 복소수 집합, 유클리드공간 등에서 정의된 함수를 다루는 수학 분야 전체를 뜻한다.

간단한 예로 토머스 맬서스(Thomas Malthus, 1766-1834)가 『인구론』에서 이야기한 "인구가 늘어나는 비율은 그때의 인구에 비례한다"를 미분방정식으로 나타낼 수 있다. 시간을 t라 하고 인구를 $p(t)$라 하면 인구 증가의 법칙은 $\frac{dp}{dt} = kp$로 나타낼 수 있고, 이 방정식의 해는 $y = Ce^{kt}$다.

미분방정식에서 변수가 2개 이상인 경우에는 편미분방정식(Partial Differential Equations, PDE)이라고 부르고, 앞서 본 것과 같이 변수가 하나인 경우는 상미분방정식(Ordinary Differential Equations, ODE)이라고 한다. 물체의 운동, 기후의 변화, 경제 현상, 화학물질의 확산 등 세상에서 일어나는 많은 변화는 수식으로 표현하고자 하면 대개 편미분방정식으로 표현된다. 그런 의미에서 편미분방정식은 이 세상에서 일어나는 변화를 표현하는 데에 가장 좋은 언어라고 할 수 있다.

그런데 뉴턴과 라이프니츠가 각자의 방식으로 미적분학을 발견했다고 해서 그것이 곧바로 오늘날 우리가 배우는 미적분학이 된 것은 아니었다. 당시의 미적분학은 직관에 의존한 부분이 많았고 엄밀하지 못한 점도 있었다. 이를 현대적인 의미의 미적분학으로 다듬고 체계화한 이들이 바로 스위스 바젤의 베르누이 형제였다.

베르누이 가문: 미적분학의 완성자들

스위스 베르누이(Bernoulli) 가문은 역사상 유례가 없는 수학 천재들을 배출했다. 이 가문에서 총 8명의 유명 수학자가 탄생했는데, 특히 야코프(Jacob, 1654-1705), 요한(Johann, 1667-1748) 형제와 요한의 아들 다니엘(Daniel, 1700-1782)은 당대 유럽 최고의 수학자들이었다. 뛰어난 음악가들을 배출한 바흐(Bach) 가문과 슈트라우스(Strauss) 가문에 비견할

→ 베르누이 가문
순서대로 야코프 베르누이와 요한 베르누이 형제, 그리고 요한의 아들인 다니엘 베르누이이다.

수 있겠다.

수학에서는 부자 또는 부녀가 뛰어난 수학자인 경우는 간혹 있지만 베르누이 가문과 같이 한집안에서 최고의 수학자들이 여러 명 나온 경우는 없다. 17~18세기 유럽에서 수학자들은 사회적, 국제적으로 아주 유명한 사람들이었다. 당시에는 학문 분야가 많지 않았기 때문에 매우 뛰어난 두뇌를 가진 사람들만이 최고 수학자의 반열에 오를 수 있었다. 그런 특별한 재능을 가진 사람들이 한집안에서 쏟아져 나왔다는 것은 아주 신기한 일이다.

베르누이 가문은 원래 네덜란드에서 왔다. 야코프와 요한 형제의 고조할아버지는 위그노(칼뱅주의 개신교도)였는데, 당시 네덜란드를 식민지로 삼고 있던 가톨릭 왕국 스페인의 종교적 박해를 피해 독일 프랑크푸르트로 이주했다. 향료 상인이던 그의 손자 야코프는 1620년 스위스 바젤로 이주했고, 그곳에서 손자들인 야코프와 요한이 태어났다. 지금도 바젤은 수학의 도시로 유명한데, 베르누이 가문 외에도 위대한 수학자 오일러가 이곳 출신이기 때문이다. 오일러의 스승이 바로

라인강을 끼고 있는 스위스 북서부의 도시 바젤로, 베르누이 가문이 정착하고 오일러까지 배출한 이곳은 18세기에 유럽 수학의 중심지로 자리 잡았다.

요한이었고, 다니엘은 오일러와 친한 친구 사이였다.

뉴턴과 라이프니츠가 미적분학을 발견한 이후 이를 정리하고 발전시키는 데에 가장 큰 공헌을 한 사람들은 앞서 말했듯 베르누이 형제 야코프와 요한이었다. 요한은 13살 위의 형이자 바젤대학 교수인 야코프 밑에서 공부를 시작했다. 두 사람은 공동 연구를 통하여 라이프니츠의 다소 모호한 미적분학을 현대적인 의미의 미적분학으로 발전시키는 데 함께 공헌했으나, 이 둘은 점차 라이벌이 되고 나중에는 사이가 극도로 나빠졌다. 특히 야코프는 동생이 자신을 능가한다는 사실을 인정하기 어려웠던 것으로 보인다.

자신의 업적을 요한이 훔쳐서 발표했다고 생각한 야코프가 먼저 요한을 공격하면서 시작된 이 불화는, 동생을 시기한 야코프에게 좀 더 책임이 있어 보이긴 한다. 요한 역시 훗날 아들 다니엘과 프랑스 과학아카데미상을 공동 수상하자 동급으로 취급받는 것이 불명예라며 다니엘을 집에서 내보냈는데, 이들의 과다한 경쟁심은 특이하다. 하지만 이런 모습은 지금의 우수한 수학자들에게도 가끔 보인다.

요한의 뛰어난 세 아들 중 맏아들 니콜라우스 2세(Nicolaus II, 1695-1726)는 아버지를 능가하는 천재였으나 안타깝게도 상트페테르부르크에서 젊은 나이에 요절했다. 다니엘은 1725년 형 니콜라우스와 함께 상트페테르부르크 과학아카데미에 부임했는데, 8개월 만에 형이 세상을 떠나면서 그 자리에 자신의 절친인 오일러가 오게 된다. 두 사람은 공동 연구를 하며 좋은 연구 성과를 거뒀지만 고향을 그리워하던 다니엘은 1733년 바젤로 돌아갔다.

요한의 아들 중에는 막내아들 요한 2세가 가장 성공한 수학자가 된다. 1748년 아버지가 돌아가시며 바젤대학 수학 교수로 부임했다. 그는 프랑스의 유명한 계몽주의 학자들과 교류했고, 프랑스 과학아카데미상을 세 번이나 수상하는 등 당대 유럽에서 가장 유명한 수학자 중 한 명이 되었다. 요한 2세의 아들 요한 3세(1744-1807)와 야코프 2세(1759-1789) 또한 뛰어난 수학자였다. 베르누이 집안의 전통은 법학과 수학을 복수 전공하는 것이었다고 한다.

미적분학, 미분방정식, 물리학 등을 공부할 때 베르누이라는 이름이 들어간 정리, 공식, 방정식, 원리가 많이 등장하는데, 그중 반 이상은 야코프의 업적이다. 그의 업적 중에 일반인들에게 가장 유명한 것은 자연상수 e의 정의• $e=\lim_{n\to\infty}(1+\frac{1}{n})^n$와 미분방정식에 등장하는 베르누이방정식이다. 다니엘의 업적 중 가장 잘 알려진 건 유체역학의 핵심 공식인 베르누이방정식으로, 유체의 속도가 빠를수록 압력은 낮아진다는 법칙을 수학적으로 표현한 것이다. $\frac{1}{2}pv^2 + P =$ 상수로서, 이때 v는 속도, p는 액체의 밀도, P는 압력이다. 비행기가 뜨도록 하는 양력도 이 원리로 설명된다.

요한은 당대에 자타가 공인하는 최고의 수학자였고 미적분학의 발전에 크게 공헌했지만 그의 업적 대부분이 전문적이고 일반인이 이해하기 어렵다. 그럼에도 그가 최소강하곡선이 사이클로이드임을 처음 증명했다는 사실과 라이프니츠가 명명한 함수 개념을 대수적 식으로 확장한 사실만큼은 알고 있으면 좋을 듯하다. 수학자의 역할 중에서 가장 중요한 것은 (자연과학자들과는 달리) 개념과 이론을 이해하고 개발하며, 이를 이용하여 남들이 풀지 못하는 문제를 해결하는 '실력'을 갖추는 것이다. 당대 최고의 실력을 갖췄던 요한은 위대한 수학자로 불릴 자격이 충분하다.

사이클로이드: 시대의 수학자들을 사로잡은 하나의 문제

사이클로이드는 우리가 흔히 알고 있는 원뿔곡선(타원, 포물선, 쌍곡선과 같은 이차곡선)이나 다항식(예컨대 $y=x^3$)으로 나타나는 곡선들과는 다른 다소 고급스러운 곡선으로, 17세기 유럽 최고의 수학자들의 관심을 크게 끌었다. 당대 저명한 수학자들은 거의 다 이 곡선에 얽힌 이야기에 등장할 정도다. 사이클로이드란 한 원이 한 직선 위에서 구를 때

• 오일러가 정의했다고 잘못 알고 있는 사람들이 많지만, 오일러는 기호를 채택했을 뿐이다.

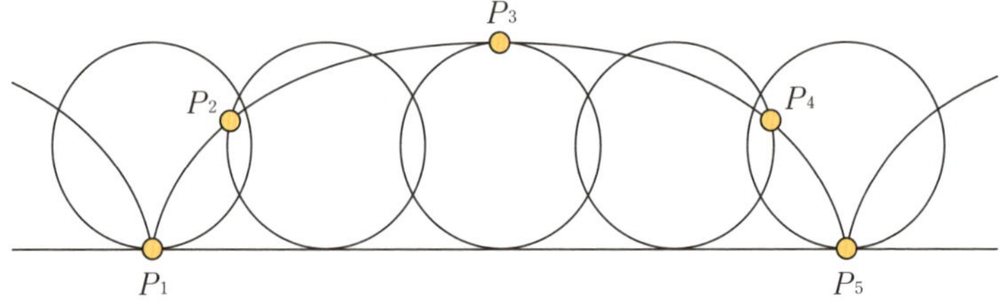

→ **사이클로이드**

원주 위의 한 점이 움직이는 자취를 말한다.

이 곡선을 처음으로 명확하게 정의한 이는 프랑스의 마랭 메르센 (Marin Mersenne, 1588-1648)*이었다. 그는 원래 엄격한 생활을 하던 수도승이었지만 학문에 관심이 많아 17세기 초 유럽 학자들 간 소통의 중심 역할을 했다. 갈릴레오, 데카르트, 하위헌스, 토리첼리, 로베르발, 파스칼 부자 등과 밀접히 소통했고, 동방의 오스만튀르크와 발칸반도의 트란실바니아 지역 학자들과도 교류했다. 네덜란드에서 은둔 생활을 하던 데카르트도 그를 통해 수학의 세계와 소통했다. 메르센은 사이클로이드의 곡선 아랫부분의 넓이를 구하려 했으나, 풀지 못하자 여러 수학자에게 이 문제를 제안했다.

갈릴레오가 1599년경 이 곡선에 사이클로이드라는 이름을 붙였으나, 1638년 제자 토리첼리에게 보낸 편지에서 자신이 40년간 연구했지만 결국 넓이를 구하지 못했다고 고백했다. 메르센은 1628년경 이 문제를 질 로베르발(Gilles Roberval, 1602-1675)에게 제안했고, 로베르발은 몇 년 후 그 넓이가 원의 넓이의 세 배임을 밝혀냈다. 그는 자신의

• 그의 이름은 '메르센 소수'로도 알려져 있다.

풀이를 자랑스럽게 알리는 편지를 데카르트에게 보냈지만, 데카르트는 이것은 웬만한 기하학자라면 다 풀 수 있는 문제라며 대신 사이클로이드의 접선의 기울기를 구하는 새로운 문제를 제안했다. 이 문제는 페르마가 해결했는데, 페르마는 넓이 문제도 독립적으로 해결한 바 있었다.

사이클로이드는 파스칼도 사로잡았다. 원래 몸이 약해 늘 병마에 시달리던 파스칼은 몇 년간 깊은 신앙의 세계에 빠져 수학을 떠나 있었는데, 사이클로이드를 생각하니 고통이 사라지는 것을 느껴 이것이 신의 계시라고 여기며 수학의 세계로 돌아왔다고 한다. 그는 사이클로이드를 수직선으로 잘라 생긴 부분의 넓이와 무게중심을 계산했고, 사이클로이드를 x축(원이 구른 직선) 주위로 회전하여 얻은 회전체의 부피도 구했다. 파스칼이 이 두 문제를 공개적으로 제안하자 페르마, 하위헌스, 그리고 영국의 저명한 건축가이자 수학자인 크리스토퍼 렌(Christopher Wren, 1632-1723) 등이 풀이를 보내왔다.

사이클로이드는 유명한 최속강하경로 문제의 해답이기도 하다. 중력에 의해 점 A에서 점 B로 물체가 움직일 때 가장 짧은 시간이 걸리는 경로를 묻는 문제인데, 그 답이 바로 사이클로이드다. 직선이나 다른 어떤 곡선을 따라 미끄러지며 떨어져도 사이클로이드보다 느리다는 뜻이다. 사이클로이드는 또 다른 신기한 성질을 가지고 있다. 그것은 바로 사이클로이드 위의 어떤 점에서 출발하든 물체가 떨어지

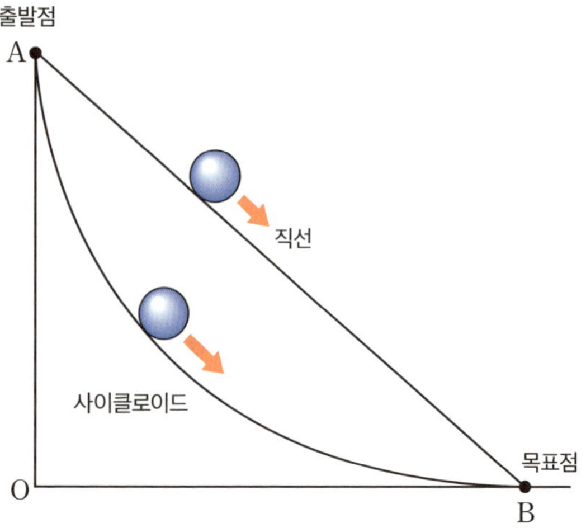

→ **최속강하곡선**
사이클로이드를 따라 미끄러지며 떨어질 경우 가장 빠르게 떨어진다는 의미이다. 이때
OA:OB=2:π 즉 사이클로이드의 반현이다.

는 데 걸리는 시간을 일정하다는 성질이다. 이러한 성질을 동시강하성(tautochrone 또는 isochrone)이라 하며, 1673년 하위헌스에 의해 증명되었다.

최속강하곡선 문제는 1696년 요한 베르누이가 저널《악타 에루디토룸》에 제안했는데,[*] 미적분학이라는 새로운 언어가 없었다면 풀 수 없었을 문제였다. 야코프, 라이프니츠 등 당대 최고의 수학자들이 해법을 보내왔다. 뉴턴과 관련해서는 재미있는 이야기가 전해진다. 당시 유럽에서 가장 유명한 수학자는 당연히 뉴턴이었기에 요한은 그에게 이 문제를 개인적인 편지로 알렸다. 1697년 1월 29일 오후 4시에 귀

• 그는 해답을 알고 있었다.

가하여 편지를 받은 뉴턴은 그날 밤 문제에 몰두해 해답이 사이클로이드라는 것을 밝혀낸 후 다음 날 아침 익명으로 답신을 보냈다. 요한은 편지를 받자마자 누가 보냈는지 알았다고 한다. 당시 54세의 뉴턴은 이미 케임브리지대학을 떠나 런던의 왕립조폐국에서 근무하고 있었지만 아직 그의 실력이 녹슬지 않았다는 것, 그리고 문제를 푸는 데 2주나 걸린 요한보다 한 수 위임을 보여준 셈이었다. 사이클로이드에 얽힌 이야기에는 이처럼 17세기 유럽의 가장 유명한 수학자들이 거의 다 등장한다고 할 수 있다. 이후에도 많은 수학자가 사이클로이드를 연구하여 더 일반화시키고 그 활용의 범위를 넓혀왔다.

뉴턴은 미적분학으로 만물의 운동을 설명했고, 라이프니츠는 그것을 누구나 쓸 수 있는 언어로 다듬었다. 베르누이 형제는 그 언어를 현대적인 의미로 체계화했고, 사이클로이드라는 곡선은 시대 최고의 수학자들을 하나의 문제 앞에 불러 모았다. 변화를 다루는 수학으로써 미적분학은 이렇게 한 세기를 관통하며 현대 수학과 과학의 토대가 되었다.

컴퓨터의 선구자, 라이프니츠

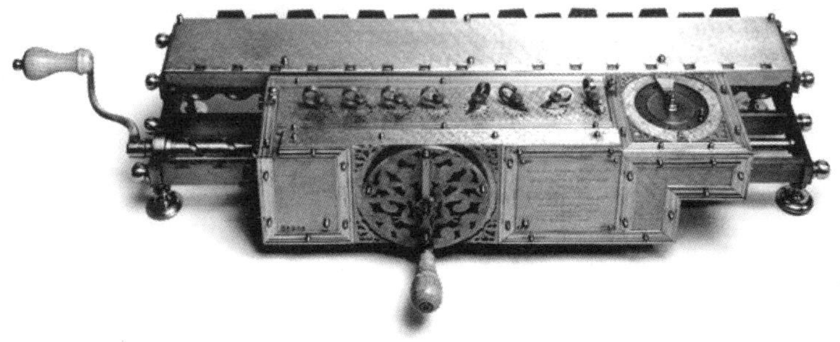

라이프니츠 휠

라이프니츠는 미적분학을 발견했을 뿐 아니라 모든 개념을 수학적 기호처럼 명확하게 나타낼 수 있는 보편적인 언어(기호)를 만들고자 했다. 그 수단으로 주목한 것이 바로 이진법이었다. 0과 1만을 사용하는 이진법이 수학적 명제와 논리적 추론을 기계적으로 처리할 수 있는 완벽한 수단임을 간파한 것이다.

그는 더 나아가 이진법의 논리를 바탕으로 계산기를 발명했다. 덧셈과 뺄셈만 가능했던 파스칼의 계산기를 개량하여 자동으로 곱셈과 나눗셈까지 가능한 최초의 기계식 계산기인 '라이프니츠 휠(Leibniz wheel)'을 고안했다. 그의 이진법, 기계적 계산, 보편적 기호에 대한 아이디어는 현대의 수리논리학과 컴퓨터 과학의 이론적 토대가 되었기 때문에 그를 컴퓨터의 선구자 중 한 명으로 꼽는다.

16장

수학의 황금기:
현대 문명의 기틀을 마련하다

뉴턴과 라이프니츠가 발견하고 베르누이 형제들이 발전시킨 미적분이라는 강력한 도구는 18세기에 이르러 더욱 정교해지고 광범위하게 응용되면서, 수학의 모든 분야가 혁명적인 발전을 이루는 데 영향을 미쳤다. 이 시기를 '수학의 황금기'라 부르는 것은 그래서다. 이때의 수학자들은 기존 분야를 심화했을 뿐 아니라 미분방정식, 변분법, 미분기하학, 통계학 등 수많은 분야를 새로 창조했다.

이러한 발전을 이끈 곳은 당시 유럽의 사상과 문화의 중심지였던 프랑스였다. 데카르트 이래로 이어진 합리주의 철학이 계몽주의로 발전하면서, 종교적 권위에서 벗어나 이성으로 세상을 탐구하는 풍토가 과학과 수학의 발전에 든든한 토양이 되어 주었다. 이 영향으로 18세기 중반 이후 최고의 수학자들 대부분이 프랑스 출신이었다. 반면 영국은 앞서 봤듯 뉴턴과 라이프니츠의 논쟁 이후로 수학의 변방국이 되었다.

그런데 흥미롭게도 수학사적으로는 이 시대를 '오일러의 시대(The Age of Euler)'라고도 부른다. 정작 오일러는 스위스 태생에 러시아와 프로이센에서 활동했는데도 불구하고 그 한 사람의 업적과 영향력이 시대를 압도할 정도로 독보적이었기 때문이다. 이 장에서는 오일러를 시작으로 라그랑주, 라플라스, 푸리에, 코시까지 수학의 황금기를 만든 인물들을 차례대로 만나본다.

오일러: 수학의 왕

레온하르트 오일러(Leonhard Euler, 1707-1783)는 '수학의 왕'이라 불러도 손색없을 만큼 위대한 수학자이다. 앞서 수학 발전에 가장 큰 공헌을 한 수학자로 데카르트를 꼽은 바 있지만, 순수한 수학적 업적과 능력 면에서는 오일러와 가우스●를 최고로 꼽을 수 있다. 오일러는 특히 다작으로 유명한데, 평생 800여 편에 달하는 논문과 저서를 남겼다.

1707년 스위스 바젤●●에서 태어난 그는 14세에 바젤대학에 입학했으며 그곳에서 당대 최고의 수학자인 요한 베르누이의 지도를 받는 행운을 누렸다. 그는 16세에 석사 과정을 마치고 19세에는 바젤대학에서의 모든 교육을 마쳤다. 오일러는 수학자로서의 일자리를 알아보던 중 친구 다니엘 베르누이의 초청으로 상트페테르부르크 과학아카데미로 가게 되었다. 아카데미는 2년 전쯤 세워졌는데, 초대 소장이자 바젤 출신의 유명 수학자인 야콥 헤르만(Jakob Hermann, 1678-1733)도 오

● 가우스에게는 '수학의 왕자(Prince of Mathematics)'라는 별명이 있다.
●● 바젤은 프랑스 접경 도시이지만 오일러와 주민 대다수의 모국어는 독일어였다.

일러의 초청에 일조했다.

약 15년간 상트페테르부르크에서 왕성한 연구 활동을 이어나가던 오일러는 당시 유럽 과학계에서 가장 영예로운 상이었던 프랑스 과학아카데미의 최고상을 두 번 수상하면서 최고의 수학자 반열에 올라섰다. 프로이센의 계몽주의 군주 프리드리히 2세(Fredrich II, 1712-1786)가 그를 베를린으로 초청한 것을 계기로 25년간 지내다가 다시

→ 레온하르트 오일러

러시아로 돌아갔는데, 베를린의 빈자리는 당대 최고라고 인정받던 젊은 수학자 라그랑주가 이어받았다.

오일러는 1738년경 한쪽 눈을 실명했는데 1766년 러시아로 다시 돌아온 직후부터는 백내장으로 인해 나머지 한쪽 눈마저 거의 보이지 않게 된다. 놀랍게도 그는 시력을 잃은 후에도 연구를 멈추지 않았다. 오히려 실명 이후의 저술량이 그 이전보다 많을 정도였다. 오일러는 스위스인 카타리나와 1734년 결혼하여 13명의 자녀를 두었고 평생 아이들을 돌보며 수학 연구를 하는 것을 즐겼다고 한다.

천재 수학자 라플라스는 오일러에 대하여 "오일러를 읽으라, 오일러를 읽으라, 그는 우리 모두의 스승이다"라고 말한 적 있다. 프랑수아 아라고(François Arago, 1786-1853)는 오일러에 대해 다음과 같은 유명한 말을 남겼다. "오일러는 마치 사람이 숨을 쉬는 것처럼, 독수리가 바람을 타고 날아오르는 것처럼 아무런 노력 없이 계산할 수 있었다."

→ 상트페테르부르크 과학아카데미

상트페테르부르크 과학아카데미의 본부로 쓰였던 건물로, 아카데미가 후에 별도로 독립하면서 이 건물은 현재 쿤스트카메라라는 박물관으로 쓰이고 있다. 표트르 대제가 1697~1698년 유럽 순방 중 '진기한 방(쿤스트카머 혹은 분더카머)'에 매료되어 귀국 후 직접 수집품을 모으기 시작한 것이 그 기원이 되었다.

당대 최고의 수학자들이 이토록 경탄했을 만큼 그의 수학적 업적은 막대하여, 수학의 역사는 오일러 이전과 오일러 이후로 나눌 수 있을 정도다. 오일러 이후의 수학은 이전보다 훨씬 더 어렵고 정교해져서 일반인들은 이해하기 어려운 학문이 되었다. 오일러가 창안한 개념, 해결한 문제, 그의 이름이 붙은 정리들이 너무 많아서 일일이 소개할 수 없지만, 여기서는 대표적인 업적 중에서도 독자들이 비교적 가깝게 느낄 수 있는 것들을 골라 살펴보려 한다.

앞서 언급했듯이 우리가 오늘날 사용하는 수학 기호의 상당수가 오일러의 창작품이다. 원주율을 π라는 간단한 기호로 나타낸 이유는 '주변'을 뜻하는 그리스어(영어로 periphery)의 앞 글자를 딴 것이다. 오일러가 워낙 저명한 수학자였기에 그가 고안한 기호가 표준이 된 경우가 많았다. 자연상수(일명 오일러수) e, 수열의 합 기호 $\sum_{k=1}^{n} a_k$, 함수 기호 $f(x)$,[•] 삼각함수 기호 $\sin x$, $\cos x$ 등이 있다. 한편 그는 복소수라는 수의 체계를 확립하고 복소수를 정의했다.

복소수의 체계화

복소수 z는 $a+bi$ 꼴로 나타낼 수 있고 극좌표[••]로는 $r(\cos\theta+i\sin\theta)$로 나타낼 수 있다. 여기서 오일러는 전혀 달라 보이는 두 종류의 함수인 삼각함수와 지수함수 사이에 밀접한 관계가 있음을 발견했다. 즉 $e^{i\theta}=\cos\theta+i\sin\theta$임을 보였고, 이를 통해 복소수 전체를 지수함수로 다룰 수 있게 되었다. 여기서 오일러의 등식에 $\theta=\pi$를 대입하면 세상에서 가장 아름답다고 불리는 등식이 나온다.

$$e^{\pi i}+1=0$$

이 등식이 그토록 유명한 이유는 복소수의 실체를 보여주는 데다가, 수학에 있어서 가장 중요한 수 e, π, 0, 1, i가 단 하나의 식 안에 모두 등장하기 때문이다. 전혀 관계없어 보이던 것들이 하나로 연결된다는 것, 그것이 바로 수학자들이 이 등식을 아름답다고 부르는 이유다.

그가 $e^{i\theta}$와 $\cos\theta+i\sin\theta$가 같다고 생각한 이유는 $\cos\theta+i\sin\theta$가 지

[•] 그의 스승 요한 베르누이는 그에 앞서 ϕx와 같은 기호를 썼다. 실은 '함수'라는 엄밀한 개념이 정립된 것은 이보다 훨씬 후의 일이다.

[••] 극좌표에서는 우리가 보통 쓰는 좌표계와 다른 방식으로 한 점을 나타내는데, 원점에서 점까지의 거리 r과, x축으로부터 얼마나 회전했는지의 각도 θ로 표현한다. 즉 (r, θ) 꼴이다.

수함수의 성질과 똑같은 성질을 가진다는 것을 알아차렸기 때문이다. $\cos\theta + i\sin\theta = f(\theta)$라고 하면 등식 $f(\alpha)f(\beta) = f(\alpha+\beta)$가 성립하는데, 이것은 지수함수 e^{kx}가 가지는 특유의 성질과 일치한다.

쾨니히스베르크의 다리 문제

지금의 러시아 칼리닌그라드, 당시 프로이센의 도시 쾨니히스베르크에는 프레겔강이 흐르고 있었다. 강 위에는 두 개의 섬과, 이 섬들과 강변을 잇는 일곱 개의 다리가 놓여 있었다. 이 도시에는 다음과 같은 수수께끼가 있었다. 바로 일곱 개의 다리를 각각 한 번씩만 건너서 출발점으로 돌아올 수 있는지의 문제였다. 오래도록 아무도 성공하지 못했고, 왜 안 되는지 설명할 수 있는 사람도 없었다.

오일러는 이 문제에 완전히 새로운 방식으로 접근했다. 섬과 강변을 점으로, 다리를 선으로 추상화하여 한붓그리기 문제로 전환한 것이다. 이 경우 쾨니히스베르크의 다리는 꼭짓점 4개와 선분 7개로 이루어진 그래프가 된다. 한붓그리기가 가능하려면 홀수점(연결된 선의 수가 홀수인 꼭짓점)이 2개 이하여야 하기 때문에 결국 일곱 개의 다리를 한 번에 건너는 것은 불가능하다는 결론이 나온다.

이 풀이가 수학사에서 중요한 이유는 답 자체보다 방법에 있다. 오일러는 현실의 지리적 문제를 점과 선의 추상적 관계로 변환했고, 그 관계의 성질만으로 문제를 해결했다. 이것이 오늘날 그래프이론의 출발점이 되었다.

다면체의 오일러수

오일러는 볼록다면체에 대하여 꼭짓점의 수를 V, 모서리의 수

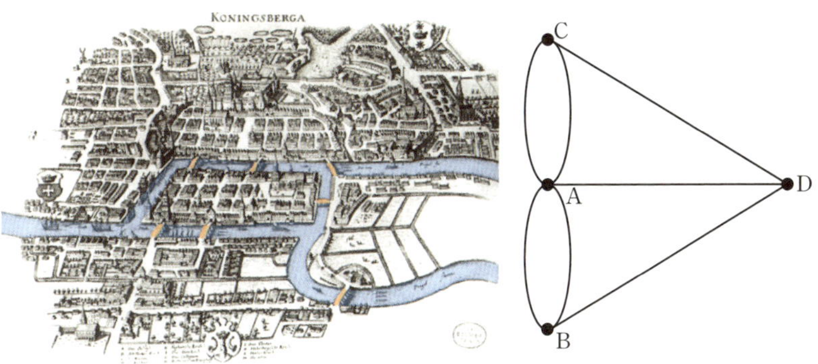

→ **쾨니히스베르크의 다리 문제**

를 E, 면의 수를 F라 할 때 모든 다면체에 대하여 등식 $V-E+F=2$가 성립한다는 것을 증명했다. 이를 오일러의 다면체정리라 부른다. 예를 들어 정육면체는 꼭짓점이 8개, 모서리가 12개, 면이 6개이므로 $8-12+6=2$가 성립한다.

더 나아가 오일러는 이 개념을 다면체 너머로 확장했다. 폐곡면(경계가 없는 곡면) S에 대하여 $V-E+F$의 값을 χ(S)라 쓰고 이것을 '오일러수'라고 부르는데, 이 값은 곡면의 모양이 바뀌어도 변하지 않는 불변량이 된다. 즉 아무리 구부리고 늘려도 찢거나 붙이지 않는 한 오일러수는 바뀌지 않는다. 모든 볼록다면체는 구(sphere)와 위상동형(homeomorphic)이고, 서로 위상동형인 두 폐곡면의 오일러수는 서로 같다.

예를 들어 도넛 모양 곡면의 오일러수는 0으로, 구의 오일러수 2와 다르다. 이것이 바로 수학적으로 구와 도넛이 본질적으로 다른 도형임을 증명하는 방식이다. 이렇게 오일러수와 같은 불변량을 통하여 곡면(또는 어떤 물체)들을 분류하는 것이 바로 위상수학의 출발점이다. 그래서 오일러를 위상수학의 시조라고 부른다.

컵 모양과 도넛 모양은 모두 오일러수가 0이고 서로 위상동형인 곡면이다.

바젤 문제와 제타함수

바젤 문제라 불리는 문제는 다음과 같은 무한급수가 어떤 값으로 수렴하는가를 묻는다. 즉 자연수의 제곱의 역수를 계속 더하면 어떤 값에 가까워지냐는 문제다.

$$\sum_{n=1}^{\infty} \frac{1}{n^2} = 1 + \frac{1}{4} + \frac{1}{9} + \frac{1}{16} + \cdots$$

1650년 이탈리아 출신의 수학자 피에트로 멘골리(Pietro Mengoli, 1626-1686)에 의해 제시된 문제인데, 그 답을 어렴풋하게는 유추할 수 있어도 딱 떨어지는 값은 당대의 최고 수학자인 야코프 베르누이도 찾지 못했다. 이것을 해결한 것이 바로 오일러로, 그는 27세의 나이에 다음과 같은 답을 찾아내어 유럽 수학계를 깜짝 놀라게 하며 일거에 유명해졌다.

$$\sum_{n=1}^{\infty} \frac{1}{n^2} = \frac{\pi^2}{6}$$

정수들의 역수를 더하는 문제에서 원주율 π가 튀어나온 것이다. 원과는 전혀 무관해 보이는 식에서 원주율이 등장한다는 사실은 당시 수학자들에게 충격을 주었다. 그러나 이 풀이가 더 큰 의미를 갖는 것은, 바젤 문제의 해법이 단순한 퍼즐의 정답에 그치지 않았기 때문이다. 1859년 리만이 이를 복소수 전체로 확장하면서 현대 수론의 핵심 도구인 리만제타함수가 탄생했다. 그리고 이 함수를 둘러싼 미해결 문제, 즉 리만가설은 오늘날까지도 수학에서 가장 유명한 난제로 남아 있다.

현대적인 수론의 체계 구축

수론(number theory, 혹은 정수론)은 정수의 성질을 탐구하는 학문이다. 소수가 어떻게 분포되어 있는지, 어떤 조건을 만족하는 정수는 무엇인지, 방정식의 정수해가 존재하는지 같은 질문들이 수론의 주제다. 단순해 보이지만 증명하기는 극도로 어려운 문제들이 많아, 수학자들을 수천 년 동안 매혹시켜 온 분야이기도 하다.

오일러는 이 수론을 직관과 추측에 의존하던 학문에서 엄밀한 증명 중심의 학문으로 탈바꿈시켰다. 합동식을 도입하고 체계화했으며, 수론의 다양한 문제에 혁신적인 방법론을 도입했다. 그의 연구는 수론을 현대 수학의 중요한 분야로 끌어올렸고, 오늘날 암호학, 수학적 물리학 등 여러 분야에도 영향을 미치고 있다. 이런 공헌들 때문에 오일러를 현대 수론의 창시자라고 불러도 결코 과언이 아니다.

한편 그는 완전수에 대해서도 연구했다. 유클리드의『원론』제4권에는 다음과 같은 놀라운 사실이 서술되어 있다.

2^p-1(이때 p는 소수)이 소수라면 $2^{p-1}(2^p-1)$ 꼴의 정수는 모두 완전수이다

이때 2^p-1 꼴의 소수를 메르센 소수라고 하고, $2^{p-1}(2^p-1)$을 메르센 수라고 한다. 완전수란 자기 자신을 제외한 약수들을 더했을 때 자기 자신이 되는 정수이다. 예를 들어 6은 1+2+3=6이기 때문에 완전수이다.

여기에서 오일러는 모든 짝수 완전수는 메르센 수임을 증명했다. 이 증명은 간단해 보일지 몰라도 무려 2000년 묵은 문제를 해결한 것이다. 유클리드가 기원전 300년경 이미 '메르센 수이면 완전수'임을 증명했지만, 그 역방향인 '모든 짝수 완전수는 메르센 수'라는 사실은 18세기에 오일러에 의해 비로소 증명됐다. 이로써 짝수 완전수와 메르센 소수는 완벽한 일대일대응 관계로 묶이게 되었다.

그러나 이 정리가 더 흥미로운 이유는, 완성된 답이 아니라 더 큰 미스터리의 입구이기 때문이다. 짝수 완전수의 비밀은 풀렸지만 홀수 완전수가 존재하는지, 그리고 완전수가 유한개인지(이는 메르센 소수가 유한개인지와 같은 문제다)는 여전히 풀리지 않은 채로 남아 있다.

한편 메르센 소수, 즉 2^p-1 꼴의 소수 중 큰 소수를 찾기 위한 인터넷 협회(GIMPS)도 있다. 이곳에서는 새로운 큰 메르센 소수를 발견

한 사람에게 상금도 준다. 참고로 지금까지 찾은 가장 큰 메르센 소수는 2024년 10월에 발견된 $2^{136,279,841}-1$로 이것은 41,024,320자릿수의 수이다.

골트바흐의 추측

골트바흐의 추측은 소설, 영화 등을 통해 잘 알려져 있다. 프로이센의 수학자 크리스티안 골트바흐(Christian Goldbach, 1690-1764)가 1742년 오일러에게 물어본 문제인데, "5보다 큰 모든 자연수는 세 개의 소수의 합으로 나타낼 수 있다"라는 추측으로 이것은 현재까지도 미해결인 상태다. 오일러는 답신에서 이 추측은 "2보다 큰 모든 짝수는 두 개의 소수의 합으로 나타낼 수 있다"라는 것을 보이면 된다고 지적했다. 단, 여기서 소수는 서로 다를 필요는 없다. 전자를 약한 추측, 후자를 강한 추측이라고 부른다. 강한 추측은 지금까지 매우 큰 수까지 맞다는 것이 컴퓨터 계산을 통해 확인되었지만 이 추측이 모든 수에 들어맞는다는 증명은 찾지 못하고 있다. 약한 추측에 대해서는 2013년 페루의 수학자 아랄드 엘프고트(Harald Helfgott, 1977-)가 증명을 발표했다.

수학사를 통틀어 이토록 다양한 분야에 이토록 방대한 업적과 흥미로운 이야기들을 남긴 수학자는 오일러가 유일할 것이다. 18세기가 수학의 황금기였다면, 그 중심에는 언제나 오일러가 있었다.

라그랑주: 현대적 해석학의 아버지

조세프루이 라그랑주(Joseph-Louis Lagrange, 1736-1813)는 프랑스 수학의 절정기를 이끈 인물로 알려져 있지만, 엄밀하게 보자면 그는 이탈리아인이다. 고조할아버지가 프랑스인이기는 하지만 그는 프랑스와 지리적으로 가까운 이탈리아 토리노에서 태어났고, 파리에서 강의할 때도 강한 이탈리아식 억양으로 말했다고 한다.

그는 11형제 중 맏이로 태어났으나 다른 형제들은 한 명을 제외하고 모두 어릴 때 세상을 떠난 것으로 알려져 있다. 라그랑주는 아버지의 투자 실패로 가난한 어린 시절을 보냈다. 17세가 되어서야 우연히 에드먼드 핼리의 저술을 접하고 수학의 아름다움에 매료되면서 수학자로의 길을 결심하게 되었다. 그의 천재성은 즉시 발현되었는데, 불과 19세 때 이미 변분법(범함수의 최대, 최소를 다루는 미적분의 한 분야)의 초기 형태를 발견하고 오일러와 서신을 교환하기 시작했다. 오일러는 이 젊은 천재의 잠재력을 즉시 알아보고 그의 성장에 결정적인 도움을 주었다. 라그랑주는 20세에 토리노왕립포병학교의 수학 교수로 임명되었고, 22세에는 토리노 아카데미의 설립을 주도하며 유럽 학계에 이름을 알렸다. 이 시기 그는 미적분학의 기초, 음파의 전파, 줄의 진동 등 다양한 분야에서 혁신적인 논문들을 발표하기 시작했다.

30세이던 1766년, 프로이센 프리드리히 2세의 초청을 받아 베를린 아카데미의 수학부장으로 부임했다. 이는 당대 최고의 수학자였던 오일러의 뒤를 잇는 자리였으며, 프리드리히 2세는 "유럽의 가장 위대한 왕이 유럽의 가장 위대한 수학자를 데려왔다"라고 말했다고 전해진다. 베를린에서 21년간 지내며 그는 자신의 연구를 집대성한 최고 걸작인 『해석 역학』(1788)을 출판했다. 라그랑주는 뉴턴이 도입했던 기하학적 도표와 복잡한 벡터적 힘의 개념을 완전히 배제하고, 모든 역학 문제를 단 하나의 해석학적 원리와 미적분학의 기술로만 설명했다.

라그랑주는 천체역학에서도 뛰어난 성과를 거두었다. 그는 달의 칭동(libration, 흔들림 현상)을 수학적으로 설명해 프랑스 과학아카데미상을 받았고, 특히 목성과 토성 간의 섭동 문제•를 해결하여 태양계가 장기적으로 안정돼 있다는 것을 수학적으로 입증했다. 이 문제는 많은 수학자가 고심해 오던 난제였다. 라그랑주는 이를 통해 뉴턴역학의 한계를 보완하고 해석학적 지식을 천문학에 깊숙이 적용했다.

→ 조세프루이 라그랑주

1783년 부인과 프리드리히 2세가 잇따라 세상을 떠나자 라그랑주는 1787년 파리로 이주했다. 프랑스혁명(1789)의 격동 속에서도 살아남아 연구를 이어가면서 혁명 정부의 과학 개혁에 참여했고, 현대 공학 교육의 효시인 에콜폴리테크니크(École Polytechnique)의 설립에 깊이 관여하기도 했다.

그는 정수론과 대수학에도 크게 기여했다. 그중 하나가 군론(group theory)인데 대수학이라고 하는 현대의 거대한 수학 분야의 출발점이자 핵심 개념이다. 군이란 덧셈이나 곱셈처럼 일정한 규칙에 따라 연산이 정의된 집합을 말한다. 훗날 갈루아가 방정식의 일반적인 해법을 연구

• 목성과 토성의 공전 궤도가 미세하게 변하는 현상을 말한다. 이 둘의 질량이 크기 때문에 서로에게 영향을 주어 생기는 현상이다. 라플라스는 섭동에 대한 장기적인 계산을 통하여 이것이 태양계의 안정을 해치지 않는다는 사실을 증명했다.

→ 에콜폴리테크니크
1794년 프랑스혁명 중에 설립되어 현재까지 이어지는 프랑스 최고의 이공계 엘리트 교육기관이다. 푸아송, 코시, 푸앵카레 등 19세기 프랑스 최고의 수학자들을 대거 배출했으며, 프랑스의 고등교육기관인 그랑제콜 중에서도 최고로 손꼽힌다.

할 때 군이 필수적인 기초 개념으로 쓰였다.

자부심이 강하기로 유명했던 라플라스조차 라그랑주를 "모든 해석학적 방법론에 능통한 위대한 수학자"라고 칭송했고, 나폴레옹도 깊은 존경을 표했다. 1813년 파리에서 생을 마감할 때까지 그는 수학의 대통일이라는 목표를 이루기 위해 노력했고, 그가 세운 해석학적 토대는 오늘날까지도 모든 과학기술 분야에서 강력하게 작동하고 있다.

라플라스: 프랑스의 뉴턴

'프랑스의 뉴턴'이라는 별명이 붙은 피에르시몽 라플라스(Pierre-Simon Laplace, 1749-1827)는 천체역학, 확률론, 미분방정식 등 수학의 핵심 분야에서 큰 업적을 남긴 수학자이자 천문학자, 물리학자이다. 그는 해석학을 이용하여 천체의 움직임과 태양계의 안정성을 완벽하게 설명하고자 했다. 그의 이름은 현대의 이공계 대학생들에게는 아주 익숙하다. 미분방정식에서 꼭 알아야 하는 라플라스변환 때문이다.

라플라스는 1749년 노르망디의 평범한 가정에서 태어났다. 16세에 신학을 공부하기 위해 캉대학에 입학했지만, 스스로 수학에 대한 재능을 발견하고 방향을 바꿨다. 자신의 실력을 자부한 그는 19세에 대학 졸업장도 없이 교수의 추천서 하나만 들고 당시 최고의 수학자 중 한 명이었던 달랑베르를 찾아 파리로 갔다. 달랑베르는 그의 탁월한 수학적 재능을 알아보고 군사학교 수학 교수 자리를 주선해 주었다. 라플라스는 그곳에서 평생 안정적으로 수학 연구에 전념했다.

그는 프랑스 과학아카데미에 가입하며 정력적인 연구 활동을 시작했으며,• 라그랑주와 함께 프랑스 수학의 황금기를 이끌었다. 그는 프랑스혁명, 나폴레옹 시대, 왕정복고라는 격변의 시대를 살면서도 꾸준히 학문적 성과를 이어갔다. 수학자로서는 드물게 평생 자신의 명성과 지위를 높이는 데에 관심이 많아 군사학교 시절 제자였던 나폴레옹에 의해 내무부 장관으로 임명되기도 했으며, 나중에는 후작 작위까지

• 그는 20대 초반에 두 번이나 과학아카데미 위원 선거에서 떨어져 화가 나 있었는데 다행히 달랑베르가 요청하여 베를린아카데미의 회장이던 라그랑주가 그를 위원으로 받아들였다.

→ **피에르 시몽 라플라스**

받았다. 정치적 상황에 따라 유연하게 처신한 그의 태도는 이후 비판의 대상이 되기도 했다.

라플라스의 가장 중요한 업적은 뉴턴의 중력이론을 태양계 전체에 적용하여 그 안정성을 수학적으로 증명한 것이다. 뉴턴은 행성들의 상호 중력 작용으로 태양계가 언젠가 붕괴하게 되니 신의 주기적 개입이 필요하다고 생각했다. 라플라스는 정교한 섭동이론을 이용해 행성 간 궤도 상호작용에서 나타나는 작은 불규칙성들이 장기적으로 서로 상쇄됨을 증명했다. 태양계는 신의 손길 없이도 스스로 안정적으로 작동하는 거대한 기계라는 뜻이었다. 라플라스는 이 연구를 다섯 권의 대작 『천체역학』(1799-1825)으로 집대성했다. 나폴레옹이 "왜 당신의 책에는 신에 대한 언급이 없습니까?"라고 물었을 때, 라플라스는 "나에게는 그런 가설이 필요하지 않았습니다"라고 답했다는 유명한 일화가 있다.

그는 미분방정식을 대수방정식으로 변환해 쉽게 해를 구하게 해주는 혁명적인 기법인 라플라스변환을 체계화했다. 이 변환 기법은 오늘날 공학과 물리학에서 회로 분석, 제어 시스템 설계 등 복잡한 문제를 해결하는 데 핵심적인 도구다. 확률론에서도 중요한 업적을 남겼다. 『확률의 해석이론』(1812)에서 확률 개념을 수학적으로 엄밀하게 정립했고, 베이즈정리를 베이즈와 독립적으로 발견해 수식화했다. 베이즈정리는 일찍이 영국의 토머스 베이즈(Thomas Bayes, 1701-1761)가 발견해 이름 붙여진 것으로, 간단히 말해 이전의 경험과 현재의 증거를 토대로 어떤 사건의 확률을 추론하는 알고리듬이라 할 수 있다.

라플라스방정식이라 불리는 편미분방정식은 자연계의 다양한 정상 상태 또는 평형 상태 현상을 나타내는 데에 사용된다. 열의 분포, 유체의 흐름, 전기장 등 자연계의 다양한 평형 상태를 기술하는 방정식으로, 오늘날 물리학과 공학 전반에 광범위하게 쓰인다.

'라플라스의 악마(Laplace's Demon)'라는 개념도 그에게서 나왔다. 만약 어떤 지적 존재(절대신)가 우주에 존재하는 모든 입자의 정확한 위치와 속도를 동시에 안다면, 뉴턴역학을 이용해 과거와 미래의 모든 상태를 완벽하게 예측할 수 있다는 것이다. 이 결정론적 세계관은 20세기 양자역학과 불확정성원리에 의해 무너졌지만, 과학이 세상을 어디까지 설명할 수 있느냐는 질문을 던졌다는 점에서 지금도 철학적으로 의미 있게 거론된다. 그의 수학적 엄밀성과 해석적 접근은 현대 과학과 공학의 거의 모든 분야에 걸쳐 깊은 영향을 미쳤다.

르장드르: 2000년 된 교과서를 대체하다

아드리앵마리 르장드르(Adrien-Marie Legendre, 1752-1833)는 라그랑주, 라플라스와 함께 '세 명의 L'로 불리는 18세기 프랑스 수학자이다. 파리 출신인 그 역시 라플라스처럼 당시 유력한 수학자 달랑베르의 추천으로 1775년부터 1780년까지 군사학교에서 수학 교수를 지냈고, 이후 프랑스 과학아카데미 위원으로 활동했다. 다른 두 수학자처럼 그도 프랑스혁명의 혼란기에 무사히 살아남았다.

르장드르는 기하학 분야의 업적으로 가장 널리 알려져 있다. 그가 저술한 『원론(Eléments de géométrie)』(1794)이 약 2000년이라는 오랜 세월 동안 기하학의 교과서 역할을 해왔던 유클리드의 『원론』을 대체하게 된 것이다. 이 책은 이후 약 100년간 유럽뿐 아니라 미국에서도 표준 기하 교과서로 채택되어 사용되었다. 그는 이 책에서 π가 무리수라는 사실을 간단히 증명해 보였고, π^2도 무리수라는 사실을 최초로 증명해 냈다. π가 무리수임을 보이는 것은 오일러도 실패했을 정도로 상당히 어려운 문제였는데, 1761년 요한 하인리히 랑베르(Johann Heinrich Lambert, 1728-1777)라는 수학자가 처음 증명했다. 르장드르는 이를 더 간결하게 정리한 것이다.

달랑베르: 계몽주의 운동을 이끈 수학자

장 르 롱 달랑베르(Jean Le Rond d'Alembert, 1717-1783)는 18세기 중후반 프랑스에서 가장 영향력 있는 수학자이자 철학자였다. 그는 계몽주의 운동의 핵심적인 인물이기도 했다. 계몽주의는 프랑스의 볼테르, 몽테스키외, 루소 등이 주도한 사상운동으로, 이성을 통해 사회의 무지와 구체제를 타파하고 개인의 권리와 자유를 확립하려는 시대적 흐름이었다. 또한 교육과 과학의 중요성을 강조하고 종교에 대한 맹목적 믿음보다 이성적 판단을 앞세웠다. 달랑베르는 디드로와 함께 『백과전서』(1751-1772) 편찬을 주도했으며 서문을 직접 집필했는데, 당대의 모든 지식을 대중에게 전달하려는 이 방대한 프로젝트는 계몽주의의 상징이 되었다.

계몽주의 사상은 미국독립운동과 프랑스혁명에 큰 영향을 미쳤으며, 개인의 권리와 자유에 대한 주장은 새로운 정치 체제를 형성하는

데 중요한 역할을 했다. 프랑스혁
명은 심화된 사회적 불평등, 재정
파탄, 시민 의식의 성장 등 복합적
인 요인이 결부되면서 유럽 역사상
가장 큰 정치적 격변을 낳았다. 이
혁명은 다른 유럽 군주국들을 긴장
시켰고 결국 대규모 전쟁으로 이어
졌다.

30년전쟁 이후 200여 년간 유
럽 최강대국이자 문화의 중심이
었던 프랑스는 대혁명 이후 끝없

→ 장 르 롱 달랑베르

는 혼란을 겪었다. 그리고 나폴레옹전쟁(1803-1815)의 패배, 7월혁명
(1830), 2월혁명(1848), 파리코뮌(1871)을 거치며 19세기 중반 이후에는
국력에서 독일에 뒤지기 시작했다. 결정적으로 프로이센-프랑스 전쟁
(1870)에서의 패배는 과학기술 경쟁에서 프랑스가 독일에 뒤처졌음을
보여주는 결과였다. 이후 유럽의 과학 주도권은 확실하게 독일로 넘어
갔다.

푸리에와 푸아송: 수학에 이름을 새기다

조제프 푸리에(Joseph Fourier, 1768-1830)가 발견한 푸리에급수는 현
대 해석학에서 매우 중요한 도구이자 개념이다. 핵심 아이디어는 단순
한데, 모든 주기함수는 삼각함수(사인과 코사인)의 합으로 표현할 수 있
다는 것이다. 진동, 파동, 소리, 빛처럼 주기성을 띠는, 즉 반복되는 모

→ 조제프 푸리에

→ 시메옹 드니 푸아송

든 자연현상을 수학적으로 분석하고 예측할 수 있게 해주는 강력한 도구다. 이 급수의 가장 간단한 형태는 다음과 같다.

$$f(x) = \frac{a_0}{2} + \sum_{n=1}^{\infty}(a_n\cos nx + b_n\sin nx) \in [-\pi, \pi]$$

푸리에는 한때 라그랑주와 라플라스로부터 수학적 엄밀성이 부족하다는 비판을 받기도 했지만, 훗날 그의 통찰이 옳았음이 증명되어 이론의 실용성도 높이 평가받게 되었다. 푸리에급수의 중요성을 인지하고 이를 수학적으로 엄밀하게 재구성하여 일반화한 이들이 뒤에서 살펴보게 될 독일의 위대한 수학자 디리클레와 리만이다.

주기함수에 푸리에급수가 적용된다면 비주기함수에는 푸리에변환이 적용된다. 이는 순수한 수학적 개념으로서 중요할 뿐 아니라 실용적 활용도 또한 매우 높다. 디지털신호처리(DSP), 음성 인식, 영상 압축(JPEG), 자기공명영상(MRI) 등 현재 전자공학 전반에 광범위하게 활용

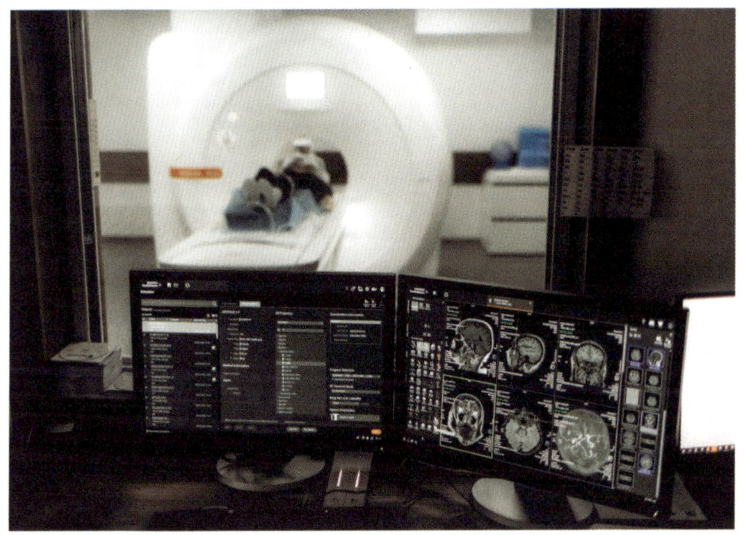

→ 자기공명영상(MRI)

MRI 영상은 푸리에변환 없이는 존재할 수 없다. 인체에서 수집된 신호를 푸리에변환으로 처리해야 비로소 단면 영상이 만들어진다. MRI는 방사선 피폭 없이 종양, 뇌졸중, 근골격계 질환 등을 정밀하게 진단할 수 있는 현대 의학의 핵심 도구로, 순수수학이 인류의 삶을 바꾼 대표적인 사례다.

되며, 현대 기술 문명의 기초를 이루는 핵심 도구로 자리 잡았다.

시메옹 드니 푸아송(Siméon Denis Poisson, 1781-1840)은 에콜폴리테크니크 재학 시절부터 라플라스와 라그랑주의 인정을 받은 천재였다. 그의 이름은 수학 영역 곳곳에 남아 있다. 편미분방정식의 푸아송방정식(라플라스방정식의 일반화), 미분방정식과 리대수(Lie algebra)의 푸아송 괄호, 확률론의 푸아송분포, 푸아송적분 등이 그것이다. 다방면에 걸쳐 300편 이상의 수학 논문을 남길 만큼 학술 영역에서 왕성하게 활동했다. 그럼에도 그 업적의 중요성은 당대보다 후세의 독일 수학자들에 의해 더 높이 평가되었다.

코시: 직관의 과학에서 논리의 과학으로

라플라스, 푸아송, 푸리에와 같은 거장들을 뛰어넘는 업적을 남긴 수학자가 있었으니 그는 바로 오귀스탱루이 코시(Augustin-Louis Cauchy, 1789-1857)이다. 해석학의 엄밀화를 통해 근대 수학의 기초를 확립한 수학자인 코시는 현대 수학 교과서에 이름이 가장 많이 등장하는 인물이라 할 수 있다. 그는 미적분학의 기초, 복소해석학, 해석적 역학, 수리물리학 등 현대 수학 전반에 업적을 남겼으며, 오일러와 함께 역사상 가장 많은 저술을 남긴 수학자로 꼽힌다. 코시의 공헌 덕분에 명확한 정의와 논리적 증명은 곧 수학의 본질이 되었다. 해석학의 개념들은 엄밀해졌고 수학은 직관의 과학에서 논리의 과학으로 변했다. 오일러의 유산을 계승한 그는 동시대의 가우스와 견줄 만한 위대한 수학자였다.

그의 아버지 루이 프랑수아 코시는 루이 16세의 관리였으며, 신앙심이 깊고 교육열이 높아 어린 코시에게 라틴어, 수학, 고전문학을 가르쳤다. 11세 무렵의 코시는 라플라스와 라그랑주의 시선을 끌 정도로 뛰어난 영재였다. 이후 그는 에콜폴리테크니크에 지원자 293명 중 2등으로 입학했으며 재학 중에도 뛰어난 성적을 거두었다. 졸업 후 그는 토목기술자로 일했으나, 곧 순수수학 연구에 더 깊은 흥미를 느껴 수학자로서의 길을 걷게 된다. 코시는 26세에 에콜폴리테크니크의 교수가 되었다.

18세기 미적분학은 오일러와 라그랑주에 의해 비약적으로 발전했지만 극한, 연속, 수렴 등의 개념은 여전히 직관에 의존했으며, 종종 모호한 논증이 발생했다. 그러한 문제를 인식했던 코시는 수학의 논리적 기반을 확립하는 데에 주력했다. 그는 저서 『해석학 강의』(1821)에서 처음으로 극한과 연속을 명확히 정의했다. 그는 수열의 수렴 개념,• 코시수열의 개념을 도입했고 실수의 완비성 개념을 제시했다. 오늘날 완비공간이라는 개념도 그에게서 출발한다.

→ 오귀스탱루이 코시

그의 이름이 붙은 개념과 정리, 공식은 아주 많다. 부등식 공식 중 가장 유명한 코시-슈바르츠부등식이 있으며 (편)미분방정식에도 그의 이름이 붙은 방정식, 정리, 경계조건 등이 여럿 등장한다. 코시는 복소해석학에서 유난히 많은 업적을 남겼는데 특히 코시-리만등식, 코시적분정리, 코시적분공식 등은 복소해석학의 기초이자 중심이 되는 원리이다.

코시는 순수수학뿐 아니라 응용수학에도 깊은 관심을 가졌다. 그는 탄성체 역학의 기초를 세워, 응력과 변형률의 관계를 체계적으로 수식화했다. 오늘날 사용되는 코시응력텐서라는 개념과 파동이론, 유체역학, 빛의 간섭 등 다양한 물리 현상에 대한 수학적 모델을 제시했다. 이러한 연구는 훗날 나비에-스토크스방정식, 해석적 연속, 편미분방정식이론 등으로 이어졌다.

그는 수학자로서는 드물게 독실한 가톨릭 신자이자 열렬한 왕당

• 'ε-δ 정의'라 불리는 수렴의 엄밀한 정의는 바이어슈트라스의 업적이다.

파였다. 1830년 7월혁명 이후 부르봉 왕가가 축출되자, 그는 교직을 잃고 망명길에 올랐다. 그는 토리노, 프라하 등지에서 교편을 잡으며 연구를 계속했다. 이러한 시련은 오히려 그가 왕성한 연구에 더 몰입할 수 있도록 자극을 주었다. 코시는 1838년 망명 생활을 끝내고 프랑스로 돌아왔지만, 왕정을 지지하는 정치적 견해를 굽히지 않고 공화정을 끝까지 거부하는 바람에 일자리를 얻는 데에 어려움을 겪었다.

18세기 수학자들이 남긴 것은 단순히 공식과 정리의 목록이 아니었다. 직관에 의존하던 수학이 엄밀한 논리 위에 서게 되었고, 자연현상을 기술하는 수학의 언어가 비로소 완성되었다. 오늘날 우리가 쓰는 수학 기호, 미분방정식, 확률 계산, 신호처리기술의 기초가 모두 이 한 세기에 이루어졌다. 수학이 이토록 짧은 시간 안에 이토록 넓어진 시대는 그 전에도, 그 후에도 없었다.

푸리에와 샹폴리옹의 이집트 문자 해독

현대 수학에 중요한 이름을 남긴 푸리에는 고대 이집트 상형문자의 해독과도 깊은 인연이 있다. 그는 나폴레옹의 이집트 원정(1798-1801)에 동행했는데, 귀국 후에는 그 결과물을 집대성한 『이집트 기술서(Description de l'Égypte)』의 편찬을 총괄했다. 1809년부터 20여 년에 걸쳐 출판된 이 기념비적인 저작은 고대와 현대 이집트의 모든 것을 담은 인류 지식의 집적이었다. 그러나 그 안에 수록된 수천 점의 상형문자 기록은 아무도 읽을 수 없었다.

『이집트 기술서』의 초판 표지 그림

이집트 원정에서 돌아온 이듬해인 1802년, 푸리에는 프랑스 동남부 도시 그르노블 지사가 되었는데 그때 한 천재 소년을 만난다. 그 소년이 바로 11살의 샹폴리옹이었다. 푸리에는 그에게 자신의 이집트 유물 컬렉션과 상형문자 기록들을 보여주었다. 그 상형문자를 아무도 해독하지 못했다는 말을 들은 소년은 자신이 반드시 해독하겠다고 결심하게 된다.

샹폴리옹은 5살에 스스로 책을 읽기 시작해 16살에 이미 6개의 동방 고대 언어와 라틴어, 그리스어를 습득했다. 1807년 파리로 옮겨 콜레주드프랑스에서 페르시아어, 에티오피아어, 산스크리트어, 아랍어 등을 공부하며 콥트어 사전과 문법서 작업을 시작한 그는, 불과 19살에 그르노블로 돌아와 역사학 조교수로 임용되었다.

샹폴리옹이 18살에 형에게 보낸 편지는 그의 열정과 재능을 생생하게 보여준다. "중국어 문법책을 보내줘, 기분 전환이 필요해. 페르시아어 문법은 완벽하게 외웠어. 젠드어(아베스타어)와 팔라비어를 공부할 때는 정말 행복해. 아무도 모르는 것, 심지어 이름조차 모르는 것들을 읽을 수 있다는 게 너무 만족스러워. 지금은 에트루리아어에 빠져 있어.”

나폴레옹전쟁 기간 중 군인의 사망률은 극도로 높았다. 샹폴리옹은 푸리에의 도움으로 군 복무를 면제받을 수 있었고 직장도 얻을 수 있었다. 12년간이나 지사직에 있었던 푸리에는 지속적으로 샹폴리옹의 가장 중요한 후원자 역할을 했다.

그리고 1822년, 마침내 샹폴리옹은 수천 년 동안 닫혀 있던 상형문자의 비밀을 풀었다. 9월 14일 그는 형의 사무실로 달려가 “내가 해냈어!”라고 외친 뒤 기절했고, 두 주 후 아카데미에서 발표한 그의 논문은 이집트학의 출발점이 되었다. 그 순간, 『이집트 기술서』 속 수천 점의 상형문자 기록도 비로소 인류가 읽을 수 있는 언어가 되었다.

현대의 도전

수학, 미래를 향해 나아가다

17장

현대 수학의 태동:
천재들이 새로운 지평을 열다

과학기술이 인류의 삶을 가장 크게 바꾼 100년을 꼽으라고 한다면 19세기 중반부터 20세기 초반까지의 시기가 가장 유력하지 않을까. 최근 반세기 동안 인류는 컴퓨터와 인터넷의 발전으로 인해 거대한 변화를 경험해 왔지만, 19세기 후반 인류가 겪었던 변화는 이보다 더 혁명적이었다. 물리적 삶의 많은 영역이 근본부터 바뀌었기 때문이다. 전기등, 사진기, 기차, 모터, 전화기, 무선통신, 자동차, 영화, 라디오, 플라스틱, 녹음기, 화학비료, 합성섬유, 세탁기… 열거하기도 힘들만큼 수많은 발명품이 쏟아져 나왔다. 철도와 교량 등 도시의 뼈대를 만든 새로운 제철 기술은 그 풍경을 이전과는 완전히 다른 것으로 바꾸었고, 세균과 면역법의 발견은 사람들을 질병과 죽음으로부터 구했다. 이 전례 없는 변화의 밑바탕에는 언제나 수학이 있었다. 증기기관을 설계하고 전기를 이해하고 통신을 가능하게 만든 것은 결국 수학적 언어였다.

한편 세상이 격변하던 바로 그 시기에 수학도 혁명적으로 변하고 있었다. 단순히 새로운 정리나 기호를 발견한 것이 아니었다. 증명이란 무엇인지, 무한이란 무엇인지, 나아가 수학이 무엇이고 무엇을 추구하는지 묻기 시작하며 수학은 단단한 체계를 갖추게 된다. 즉, '현대 수학'이 태동하기 시작한 것이다.

문명과 수학의 수준은 늘 같이 간다. 산업혁명과 함께 경제가 발전하고 공교육이 확대되며 문화 수준이 높아짐에 따라 수많은 수학자가 활동하게 되었고, 이전의 수학자들을 뛰어넘는 천재들이 잇달아 등장했다. 위대한 수학자 가우스와 갈루아가 수학의 새로운 지평을 열며 19세기가 시작되었고, 한 세기가 지나는 동안 현대 수학의 틀이 점차 완성되어 갔다. 20세기 초 수학계의 양대 산맥이라 할 수 있는 힐베르트와 푸앵카레가 수행하던 연구의 수준은 지금의 수학과 큰 차이가 없다고 해도 과언이 아니다.

가우스: 수학의 현대화를 이끌다

역사상 가장 위대한 수학자를 한 명만 꼽으라고 하면 카를 프리드리히 가우스(Carl Friedrich Gauss, 1777-1855)를 떠올리는 사람이 가장 많을 것 같다. 그가 이룬 수학적 업적으로 인해 수학의 현대화가 촉진되었고, 그의 제자 리만과 괴팅겐의 수학자들에 의해 현대화가 거의 완성되었다. 수학의 현대화란 새로운 수학적 개념들이 엄밀하게 정립되고, 그것들이 현대 수학자들이 사용하고 있는 언어로 이어져 간 과정을 말한다.

가우스는 수론, 대수학, 기하학, 해석학, 측지학 등 거의 모든 수학 분야의 발전에 커다란 공헌을 했을 뿐만 아니라 괴팅겐대학의 젊은 교수 빌헬름 에두아르트 베버(Wilhelm Eduard Weber, 1804-1891)와 함께 전자기학 발전에 결정적인 기여를 했다. 현재 자기장의 단위인 '가우스'도 그의 업적을 기리기 위함이다. 평생 근무한 괴팅겐대학에서는 천문대장으로서 많은 시간 동안을 별을 관찰하며 보냈고, 결과적으로 천문학, 광학 등에도 큰 자취를 남겼다.

가우스는 독일 브라운슈바이크의 가난한 노동자 가정에서 태어났다. 그의 천재성에 대한 유명한 일화가 있다. 10세 때 학교 수업 시간에 선생님이 1부터 100까지의 합을 구하라는 문제를 냈는데, 가우스는 금세 답을 찾았다. $1+100=101$, $2+99=101$, …와 같이 101이 50쌍이 만들어지므로 합이 5050이 된다는 사실을 생각해 낸 것이다. 등차수열의 합을 구하는 법을 스스로 찾아낸 순간이었다.

브라운슈바이크의 공작 페르디난트는 어린 가우스를 만나보고 그의 천재성에 깊은 감명을 받았다. 공작의 재정 지원 덕분에 가우스는 카롤리눔과 괴팅겐대학에서 등록금과 생활비 걱정 없이 공부할 수 있었다. 그는 수학뿐 아니라 언어에도 뛰어난 재능을 보였기에 17살 무렵 수학자가 될지 언어학자가 될지 진지하게 고민했다고 한다. 그는

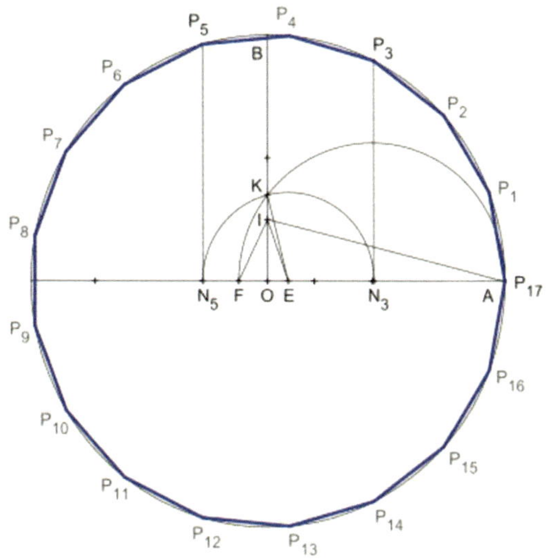

→ **정십칠각형의 작도법**

라틴어, 그리스어를 유창하게 구사했고, 이후 러시아어, 영어, 프랑스어, 덴마크어 등 여러 언어를 독학으로 익혔다.

19세 때 그는 정십칠각형이 자와 컴퍼스만으로 작도가 가능함을 증명했다. 이 증명은 대수학과 기하학의 깊은 연결을 보여주었으며, 가우스 자신도 평생 이 업적을 자랑스러워했다. 훗날 자신의 묘비에 정십칠각형을 새겨달라고 유언했을 정도였다.

22세에 헬름스테트대학에서 박사학위를 받은 그의 학위논문 제목은 「대수방정식의 근에 대한 새로운 증명」이었다. 이는 대수학의 기본 정리를 증명한 것이다. 이 정리는 "모든 n차 다항방정식($n \geq 1$)은 복소수 범위에서 정확히 n개의 근(중근 포함)을 가진다"라는 내용으로, 이전에 달랑베르, 오일러, 라그랑주 등이 증명을 시도했지만 모두 수학적 엄밀성이 부족했다. 가우스의 증명은 복소수가 수학에서 필수적인 요소라는 것을 보여줌과 동시에 복소수 집합이 '대수적으로 닫혀 있다'는 사실, 즉 모든 다항식은 복소수 안에서 모든 근을 갖는다는 사실을 증명한 것이다.

흥미로운 것은 그가 이 정리를 한 번 증명하는 데 만족하지 않았다는 점이다. 그는 평생 세 번이나 더 새롭게 정리를 증명했는데, 이와 같이 가우스는 자신이 과거에 증명한 적 있는 문제를 나중에 또 다른 방법으로 증명하는 일을 즐겼다. 이러한 그의 연구법은 후세의 수학자들에게 귀감이 되었다. 이런 엄밀한 태도는 수학에만 그치지 않았다. 그는 일상생활에서도 자신과 가족에게 매우 엄격했다고 한다.

복소수의 집합 $C=\{a+bi \mid a, b \in R\}$는 평면으로 간주되며 이를 복소평면 또는 가우스평면(또는 아르강평면)[*]이라고 부른다. 복소수를 기하학적으로 체계화하는 데 가우스가 결정적인 역할을 했기 때문이다. 데카르트좌표계가 두 실수축으로 이루어진 평면이라면, 복소평면은 가로축은 실수, 세로축은 허수로 이뤄진 평면이다. 이 평면을 통하여 복소수의 연산을 기하적으로 해석할 수 있게 되었고 이는 곧 기하학과 대수학의 가교가 되었다. 가우스평면 외에도 가우스의 이름이 붙은 개념과 정리는 가우스소거법, 가우스곡률, 가우스적분, 가우스의 발산정리, 가우스-보네정리, 가우스분포 등 수없이 많다.

현대 수학의 거의 모든 분야에 그의 이름이 남아 있을 뿐만 아니라 그는 수학을 현대적 엄밀함으로 재정립했다. 그것이 가우스를 수학의 왕자라 부르는 이유다. 한편 가우스가 괴팅겐에서 별을 관측하며

* 현실에서 아르강평면이라고 부르는 수학자는 드물지만, 스위스 출신의 아마추어 수학자인 아르강(Argand, 1768-1822)이 최초로 복소평면을 생각해 냈다고 한다.

→ 10마르크 지폐

2002년까지 통용된 독일의 10마르크 지폐에는 가우스의 초상과 정규분포곡선이 함께 인쇄되어 있었다. 정규분포란 사람들의 키나 시험 점수처럼 수많은 자연·사회현상이 따르는 종 모양의 분포로, 가우스가 천문 관측의 오차를 분석하는 과정에서 수학적으로 정립했기 때문에 가우스 분포라고도 불린다.

수학의 토대를 새로 쌓아 올리던 그 시절, 파리에서는 전혀 다른 삶을 살았던 또 한 명의 천재가 수학의 역사를 바꾸고 있었다.

갈루아: 세상에서 가장 아름다운 수학 이론

역사적으로 천재성이 가장 두드러진 수학자 한 명을 꼽는다면 그는 바로 에바리스트 갈루아(Évariste Galois, 1811-1832)일 것이다. 격동의 시대에 20년 조금 넘는 짧은 삶을 살았음에도 '갈루아이론'이라는 세상에서 가장 아름답다고 여겨지는 수학 이론을 찾아냈고, 이 이론은 군론(group theory)과 체론(field theory)을 기초로 한 현대 대수학의 출발점이 되었다. 무명의 젊은 수학자였던 그의 수학적 업적은 사후에야

→ **에바리스트 갈루아**

세상에 알려졌다. 이 천재의 생애는 시대의 격랑이 만들어낸 한 편의 비극이었다.

갈루아는 부르고뉴 지방의 작은 마을 부르주에서 태어났다. 그의 아버지는 마을에서 널리 존경받던 교사이자 자유주의적 정치인으로, 훗날 시장직에 오르기도 했다. 갈루아는 문학과 고전 교육 중심의 학교에 재학했지만, 15세쯤부터 수학 공부에 빠졌고 여러 고급 수학을 대부분 독학으로 습득했다.

당시 프랑스는 부르봉 왕정복고(1815) 이후 반동 정치가 지속되었다. 1829년 그의 아버지가 정치적 중상모략으로 인해 자살을 하자 갈루아의 정치적 분노는 격화되었다. 그는 2년 연속 에콜폴리테크니크의 면접시험에서 낙방했는데, 시험관들●의 눈에 갈루아의 천재성은 어느 정도 보였지만 면접 태도가 매우 좋지 않았기 때문이었다. 대신 그는 군대식 기숙학교인 고등사범학교에 입학한 후 공화주의 청년단체에 적극적으로 참여했고, 정치 집회와 시위에 자주 등장했으며 1831년 7월혁명 전후로 체포와 수감 생활을 여러 차례 반복했다.

1832년 그는 원인이 불분명한 동기로 인해 권총 결투에 나섰다가 치명상을 입었다. 죽기 전날 밤 갈루아는 밤새 편지를 썼다. 수학자인 친구 오귀스트 슈발리에(Auguste Chevalier, 1809-1868)에게 보내는 그 편

● 그중에는 푸아송도 있었다.

지에는 자신이 발견한 수학적 아이디어들이 빼곡히 담겨 있었다. 여백에는 "시간이 없다"라는 메모가 남아 있었다고 한다. 그가 사망한 지 14년이 지난 1846년 카미유 조르당(Camille Jordan, 1838-1922)에 의해 유고가 출판되며 갈루아의 이름이 세상에 알려졌다. 이 편지 속 갈루아 이론은 추상대수학과 수론, 기하학, 위상수학 등 다양한 분야로 확장되며 현대 수학의 핵심적 이론이 되었다.

갈루아 이전까지 250년이 넘도록 5차 이상의 다항방정식에 대한 해법을 찾기 위해 오일러와 가우스를 포함해 수많은 수학자가 노력해왔다. 이탈리아의 수학자이자 의사였던 파올로 루피니가 5차 이상의 방정식은 일반적인 방법, 즉, 근호만으로 풀 수 없다는 증명을 최초로 제시했지만 그의 증명은 엄밀하지 못해* 인정되지 않았다. 이 문제를 최초로 정확하게 증명한 사람은 노르웨이의 젊은 수학자 닐스 헨리크 아벨이었다. 아벨도 갈루아와 마찬가지로 젊은 나이인 26세에 요절한 비운의 천재였다. 그는 갈루아보다 먼저 5차 이상의 방정식에 일반해가 없음을 증명했지만, 갈루아의 증명이 더 널리 알려진 이유는 그것이 훨씬 더 일반적이면서도 아름다운 정리로부터 나오기 때문이다.

갈루아는 5차 이상의 방정식에 대한 문제를 자신이 발견한 정리의 '따름정리'로 증명하였다. 그럼 갈루아의 정리는 어떤 내용일까? 안타깝게도 일반 독자들에게 그것을 설명하는 일은 쉽지 않다. 이 정리를 이해하기 위해서는 기본적인 군이론과 가해군(solvable group)의 개념, 체(field)와 체확장(field extension) 등의 개념들을 먼저 알아야 하기 때문이다. 수학을 전공하는 대학생들이 대수학 과목을 두 학기 동안 배우

* 수학자들은 이런 것을 "갭(gap)이 있다"라고 말한다.

2003년부터 매년 노르웨이 정부에서 왕이 직접 수여하는 아벨상은 '수학의 노벨상'으로 불린다. 4년마다 40세 미만의 수학자에게 수여하는 필즈메달과 달리, 아벨상은 나이 제한 없이 매년 수여하며 평생의 업적을 기리는 상이다. 26세에 요절한 수학자 아벨의 이름을 땄다.

는데, 이 과목의 최종 종착점이 바로 갈루아이론에 대한 이해일 정도이다.

갈루아이론의 핵심을 한마디로 말하면, 다항방정식의 해를 구할 수 있는지 없는지를 판별하는 기준을 만든 것이다. 정리는 다음과 같다.

체 F 위의 갈루아확장인 체 K에 대하여 갈루아군 '$Gal(K/F)$의 부분군들'과 'K와 F 사이의 체확장들' 사이에 일대일대응이 존재한다.

어떤 다항식의 일반해(근호로 나타낼 수 있는 해법)가 존재한다는 말은 그 다항식에 대응되는 체확장의 갈루아군이 가해군이라는 의미인데, 5차 이상의 체확장에 대해서는 비가해군 A_5가 존재하므로 일반해가 존재하지 않는 것이다. 이 부분은 대학 이상 수준의 수학이므로, 정확한 이해가 어렵더라도 '5차 이상은 구조적으로 일반해가 존재하지 않음이 증명된다'라는 결론만 기억하면 충분하다.

독일, 수학의 중심으로 떠오르다

오스트리아의 합스부르크가는 15세기부터 신성로마제국의 황제 자리를 독차지하다시피 했고, 오스트리아와 독일어권 나라들은 자신들이 유럽의 중심이라는 자부심이 있었다. 하지만 단일 왕국이었던 프랑스나 영국과 다르게 수십 개의 나라로 쪼개져 있었고 게다가 식민지 경영에서 뒤져 있었다. 하지만 나폴레옹전쟁(1803-1815)이 끝난 후 독일의 민족주의가 고조된 데다가, 강력해진 프로이센왕국이 덴마크(1864), 오스트리아(1866), 프랑스(1870-1871)와의 전쟁에서 잇달아 승리하면서 통일된 독일제국이 건설됐다(1871). 이후 독일은 유럽의 문화적, 군사적 최강국으로서의 자리를 반세기 이상 유지하게 된다. 통일 이후 독일은 국가적 자부심과 함께 고등교육에 적극적으로 투자했고, 그 결과 이 시기 괴팅겐은 세계 수학의 중심지로 떠오르기 시작했다.

1855년 가우스가 세상을 떠난 후 그의 후임으로 괴팅겐대학에 당대 최고의 수학자로 인정받은 페터 구스타프 디리클레(Peter Gustav Dirichlet, 1805-1859)가 부임했다. 그는 독일인이지만 그의 조부가 벨기에 출신이어서 프랑스식 성을 썼다. 디리클레는 17세에 프랑스에서 유학을 하면서 라플라스, 르장드르, 푸리에, 푸아송 등에게 수학을 배우거나 함께 연구했다. 후에 독일로 와 베를린대학에서 근무하다가 괴팅겐으로 옮겨간 것이었다. 한편 그의 부인은 음악가 멘델스존의 동생이었다.

편미분방정식에 나오는 디리클레경계조건과 푸리에급수가 수렴하는 충분조건인 디리클레조건 등 그의 이름은 해석학의 이곳저곳에서 등장한다. '$n+1$마리의 비둘기가 n개의 집에 들어가면 반드시 한 집에 두 마리 이상이 들어간다'라는 비둘기 집의 원리도 그가 처음 수학적으로 형식화한 것이다. 이는 아주 단순해 보이지만 조합론과 컴퓨터과학 등에서 광범위하게 쓰이는 원리다.

그는 주로 수론 연구에 많은 시간을 썼는데 '디리클레 등차수열 정리'는 특히 유명하다. 이것은 '초항과 등차가 서로소인 양의 정수일 때 모든 등차수열의 항에는 무한히 많은 소수가 존재한다'라는 내용으로, 수식으로 다시 표현하면 다음과 같다. '$(a, d)=1$일 때, 자연수 n에 대하여 $a+dn$ 꼴의 소수가 무한히 많다.' 이것은 원래 오일러와 르장드르가 추측했으나 해결하지 못했던 문제인데 디리클레가 1837년에 증명한 것이다. 순수한 정수론 문제를 해석학 도구로 풀어낸 증명이기에 이 증명은 '해석적 수론'이라는 새로운 분야의 문을 열었다.

유클리드를 넘어서

비슷한 시기 러시아의 니콜라이 로바쳅스키(Nicolai Lobachevsky, 1792-1856)와 헝가리의 야노시 보여이(János Bolyai, 1802-1860)는 각자 독립적으로 비유클리드기하인 쌍곡기하를 발견했다. 6장에서 이미 살펴본 내용인데, 평면 위에서의 기하인 유클리드기하에 반하여 구면기하와 쌍곡기하는 가장 기초적인 비유클리드기하의 예이다. 구면은 일정한 곡률을 갖는 볼록한 곡면으로, 이 곡면 위의 구면기하에서는 유클리드 제5공준이 성립하지 않고 대신 '주어진 직선의 밖에 놓인 점을 지나면서 그 직선에 평행한 직선은 존재하지 않는다'가 성립한다. 쌍곡면은 일정한 곡률을 갖는 오목한 곡면으로 이곳에서의 쌍곡기하에서는 '주어진 직선의 밖에 놓인 점을 지나면서 그 직선에 평행한 직선은 최소한 두 개 이상 있다'가 성립한다. 한편, 가우스의 노트에 따르면 가우스는 이미 이런 기하에 대해 인지하고 있었다고 한다.

사실 현대적인 의미의 진정한 비유클리드기하는 독일의 수학자 베른하르트 리만(Bernhard Riemann, 1826-1866)에 의해 시작되었다고 할 수 있다. 그의 기하를 리만기하라고 부르는데 이것은 현대적인 미분기하의 출발점이 되었다. 로바첍스키와 보여이가 '휜 공간상의 기하는 다르다'라는 것을 보여줬다면, 리만은 그 휜 공간을 미적분학인 방법으로 정밀하게 다루는 법을 제시한 것이다. 리만은 1854년 교수 자격 취득 강연 '기하학의 기초를 이루는 가설에 관하여'에서 이 새로운 기하학을 제시했다.

리만은 가우스의 제자 중 가장 뛰어난 수학자로, 수학 현대화의 최대 공헌자로 인정받을 만한 업적을 남겼다. 리만은 40년의 비교적 짧은 삶을 살았고 발표한 논문의 수도 많지 않았지만 해석학, 수론, 기하학을 현대화하는 데에 지대한 공을 세워 그를 '현대 수학의 아버지'라 불러도 될 것이다.

그는 n차원 다양체(manifold)의 개념을 도입했는데, 다양체란 국소적으로는 평평해 보이지만 전체적으로는 구부러지거나 휘어진 공간을 말한다. 지구 표면이 가장 친근한 예이다. 특히 2차원 다양체인 곡면은 그의 이름을 붙여 리만곡면이라고 한다.

→ 베른하르트 리만

한편, 우리가 학교에서 처음 배우는 적분이 바로 리만적분이다. 대부분의 학생은 리만이라는 이름은 몰랐겠지만, 그의 수학은 이미 우리 곁에 있었다. 그리고 그의 이름은 복소해석학에도 여기저기 등장한다. 또한 리만-로흐정리는 대수기하학에서 중요한 역할을 하며, 리만곡면 위의 유리형 함수와 미분 형식을 연구하는 데 쓰이는 가장 중요한 도구이다.

그가 제시한 리만가설은 아주 유명하다. 이 가설은 페르마의 마지막 정리, 푸앵카레추측과 함께 현대 수학의 3대 난제로 꼽히는데, 아직 해결되지 않은 문제로는 유일하다. 이 문제는 리만제타함수 $\zeta(s)=\sum_{n=1}^{\infty}\frac{1}{n^s}$ 의 근에 대한 것이다. 리만은 1859년에 쓴 논문에서 이 함수의 정의역을 복소수로 확대했는데, 이때 이 함수의 비자명한 근•의 실수부가 $\frac{1}{2}$ 이라는 게 리만가설이다. 즉 함수의 근이 복소평면의 특정한 직선 위에만 존재한다는 가설이다.

리만가설은 발표된 지 160년이 넘도록 증명도 반증도 되지 않은 채 수학자들을 사로잡고 있다. 클레이수학연구소가 2000년에 선정한

• '자명한 근'이란 쉽게 찾을 수 있는 근으로, 리만제타함수에는 -2, -4, -6처럼 쉽게 보이는 근들이 있다. '비자명한 근'은 그 외의 찾기 어려운 근을 말한다.

밀레니엄 문제 7개 중 하나로, 이 문제를 푸는 사람에게는 100만 달러의 상금이 주어진다. 오늘날에도 전 세계 수학자들이 이 문제에 매달리고 있으며, 수학사에서 가장 많은 수학자가 도전한 문제 중 하나로 남아 있다.

베를린학파: 수학에서 무한을 어떻게 다룰 것인가

19세기 독일 수학의 양대 축은 베를린과 괴팅겐이었다. 그중 베를린학파란 대체로 쿠머, 바이어슈트라스, 크로네커 세 명의 수학자로 대표된다. 1855년 베를린대학에 있던 디리클레가 괴팅겐으로 떠나자 에른스트 에두아르트 쿠머(Ernst Eduard Kummer, 1810-1893)가 교수직을 승계했고, 1856년에는 카를 바이어슈트라스(Karl Weierstrass, 1815-1897)가 베를린으로 초빙되었으며, 레오폴트 크로네커(Leopold Kronecker, 1823-1891)도 1년 전인 1855년 베를린으로 돌아오면서 프로이센의 수도 베를린은 수학의 전성기를 맞이했다. 쿠머는 페르마의 마지막 정리에 대한 중요한 결과를 냈을 뿐 아니라 그 과정에서 환이론 등 현대적 대수학의 필수 이론을 정립하여 '현대적 대수학의 아버지'라 불리고, 바이어슈트라스는 수렴과 연속성에 대한 엄밀한 정의를 내리는 등 현대적 해석학의 기초를 다진 공로가 크기에 '현대적 해석학의 아버지'라 불린다. 이 두 사람은 오랜 학문적 동지였다.

크로네커는 쿠머가 약 10년간 교육기관인 김나지움에서 수학 교사를 지낼 때 직접 가르쳤던 제자였다. 쿠머의 추천으로 1861년 베를린 아카데미에 멤버로 선출되었고, 그 덕분에 베를린대학에서 강의할 권리를 얻고 수학계에서의 영향력을 키워갈 수 있었다. 1861년 쿠머

→ 쿠머, 바이어슈트라스, 크로네커

와 바이어슈트라스의 제안으로 독일 최초의 순수수학 세미나가 베를린에 설립되었는데, 크로네커도 여기에 합류하면서 이 세미나는 유럽의 재능 있는 젊은 수학자들을 끌어들이는 구심점이 되었다. 바이어슈트라스와 크로네커는 강의에서 자신들의 최신 연구 결과를 제시한 반면, 쿠머는 강의에서 기초 개념 설명에 주력하고 세미나에서 자신의 연구 결과를 논의하는 편이었다고 한다.

바이어슈트라스의 제자들로는 집합론의 창시자 칸토어와 코발렙스카야, 그리고 물리학자 볼츠만과 막스 플랑크 등이 있다. 칸토어와 코발렙스카야는 곧 만나게 될 것이다. 볼츠만과 플랑크는 통계역학과 양자역학의 창시자로 물리학 역사에 이름을 남긴 인물들이다. 한 스승 밑에서 수학과 물리학의 거인들이 배출된 셈이다. 코시-슈바르츠부등식으로 유명한 슈바르츠도 쿠머와 바이어슈트라스의 지도를 받았으며, 쿠머의 딸과 결혼하기도 했다.

바이어슈트라스와 크로네커는 오랜 동료였지만, 약 1875년부터 수학기초론, 특히 무한의 개념에 대한 견해가 달라 서로 대립했다. 크로네커는 바이어슈트라스와 칸토어가 사용하는 비구성적 추론(존재를 직접 구성해 보이지 않고 논리적으로만 증명하는 방식)과 집합론에 대해 깊은 의구심을 가졌다. 그의 생각은 "신은 정수를 만들었고, 나머지는 모두 인간의 작품일 뿐이다"라는 말로 대변되었다. 그렇기에 무한집합을 자유롭게 다루는 칸토어의 수학은 그에게 허구에 불과했다. 집합론이 세상에 나오던 시절에 크로네커는 독일에서 가장 영향력이 큰 수학자였다. 그는 칸토어, 리하르트 데데킨트(Richard Dedekind, 1831-1916), 하인리히 하이네(Heinrich Heine, 1821-1881) 등이 제시한 실수의 정의와 무한집합에 대한 이론을 적극적으로 부정했고 심지어는 칸토어의 논문이 저널에 실리는 것조차 반대했다. 그로 인하여 칸토어는 극심한 정신적 고통을 받았다.

이 갈등은 단순한 개인 간의 감정 대립이 아니라 '수학에서 무한을 어떻게 다룰 것인가'라는 물음에 대한 근본적인 철학적 대립이었다. 다소 추상적이지만 자연스러운 칸토어의 집합론은 결국 현대수학의 가장 기본 언어가 되었지만, 수학이 무한의 세계에 첫발을 디디던 이 시기에는 심한 저항을 받았던 것이다.

괴팅겐대학: 세계 최고의 수학 공동체

가우스의 자리를 이어받은 디리클레가 불과 4년 만에 타계하자 그 뒤를 리만이 물려받았다. 괴팅겐대학은 가우스와 그 후계자들의 영향으로 수학, 물리학에 있어서는 독일뿐만 아니라 유럽 전체에서 가장 유명한 대학이 되었다. 그러나 괴팅겐대학을 진정한 수학의 메카로 만든 사람은 바로 펠릭스 클라인(Felix Klein, 1849-1925)이었다.

그의 이름은 일반인들에게는 클라인병(Klein bottle)이라는 안쪽 면

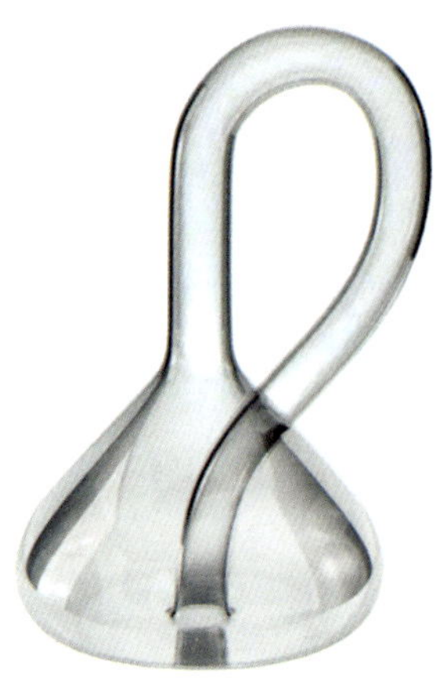

→ 클라인병

안과 밖의 구분이 없는 닫힌 곡면으로, 3차원 공간에서는 만들 수 없다. 펠릭스 클라인의 이름을 딴 이 도형을 반으로 자르면 두 개의 뫼비우스의 띠가 된다.

과 바깥쪽 면이 구별되지 않는 폐곡면의 이름 정도로만 알려져 있지만, 수학자들에게는 그가 에를랑겐 프로그램이라는 이름하에 기하와 군이론을 잇는 연구를 이끈 것으로 유명하다. 키가 크고 멋진 외모를 가진 클라인은 젊어서부터 독일 수학을 이끌어갈 재목으로 인정받았고 불과 23세의 나이에 에를랑겐대학의 교수가 되었다. 그는 28세에 뮌헨대학에서 교수로 부임하는데 그곳에서 뛰어난 강의로 이름을 날리게 된다. 이후 괴팅겐대학에서 1886년부터 1913년까지 근무하면서 뛰어난 강의 실력과 행정 능력을 발휘하여 괴팅겐대학을 명실상부한 수학의 메카로 키우게 된다.

하지만 무엇보다도 중요했던 공헌은 다비트 힐베르트(David Hilbert, 1862-1943)를 괴팅겐으로 초빙한 일이었다. 클라인은 수학의 응용에 관심이 많았던 반면, 힐베르트는 순수수학만을 고집하며 공학 같은 응용과학과의 협력에는 거부감을 가지고 있었다. 이처럼 두 사람의 성향은 달랐지만 클라인은 힐베르트의 재능을 알아보고 괴팅겐으로 초빙했으며, 그의 의견을 끝까지 존중했다.

힐베르트가 괴팅겐의 중심이 되면서 세계 각지의 인재들이 몰려들었다. 가장 친한 친구 헤르만 민코프스키(Hermann Minkowski, 1864-1909)는 1902년 힐베르트의 초청으로 괴팅겐에 와서 생을 마감할 때까지 근무했다. 멀리 일본에서 유학 온 그의 제자 다카기 데이지(高木貞治, 1875-1960)는 훗날 일본 수학을 세계적인 수준으로 끌어올리는 주역이 된다. 그는 유체론에서 다카기존재 정리와 다카기곡선 등의 업적을 남겼고, 세계적인 대수적 수론 학자가 되었을 뿐 아니라 뛰어난 제자들을 키워냈다. 도쿄대학에서 그가 키워낸 제자가 유명한 이야나가 쇼키치(彌永昌吉, 1906-2006)

→ 펠릭스 클라인

이고 이야나가의 제자가 바로 일본인 최초로 1954년에 필즈메달을 수상한 고다이라 구니히코(小平邦彦, 1915-1997)이다.

괴팅겐은 이론물리학의 메카이기도 했다.[•] 1921년부터 이곳에서 막스 보른(Max Born, 1882-1970), 제임스 프랑크(James Franck, 1882-1964)와 함께 힐베르트는 이론물리학에 대해 깊이 연구했다. 1925년 막스 보른의 조교였던 베르너 하이젠베르크(Werner Karl Heisenberg, 1901-1976)가 행렬역학의 기본 아이디어를 발표했는데 이는 양자역학의 시초로 여겨진다. 원자폭탄이나 원자력 개발에 핵심적인 역할을 한 인물들은 거의 모두 1924년부터 1932년 사이에 괴팅겐대학을 다녀갔다. 맨해튼프로젝트의 주역인 유대계 미국인 로버트 오펜하이머(Robert Oppenheimer,

---

• 20세기 중반까지도 수학과 이론물리학은 거의 한 몸이었다. 힐베르트는 줄곧 이론물리학에 깊은 관심을 가졌고 1915년에는 아인슈타인과 거의 동시에 일반상대성이론에 대한 장방정식을 유도했다.

→ 괴팅겐대학

1904-1967)는 막스 보른 밑에서 공부하기 위해 괴팅겐으로 유학을 왔다. 그는 이곳에서 하이젠베르크, 볼프강 파울리(Wolfgang Pauli, 1900-1958), 유진 위그너(Eugene Wigner, 1902-1995), 엔리코 페르미(Enrico Fermi, 1901-1954) 등 유럽 각국에서 모인 젊은 이론물리학자들과 교류했다.

한편 1933년은 괴팅겐대학뿐 아니라 독일 학계 전체에 있어 매우 중요한 해였다. 나치가 정권을 잡음과 동시에 곧바로 모든 대학에서 유대인들을 몰아내기 시작했기 때문이었다. 이로 인해 수많은 유대인 학자를 비롯해 정권에 반대하는 학자들이 외국으로 빠져나가기 시작했고, 결국 독일의 학문적 영광의 시대는 막을 내리게 되었다. 한 세대에 걸쳐 쌓아 올린 세계 최고의 수학 공동체가 단 몇 년 만에 해체된 것이다. 이 인재들이 미국으로 건너가면서 이후 수학과 과학의 중심지역시 유럽에서 미국으로 바뀌게 되었다.

힐베르트 23개 문제: 20세기 수학의 방향을 제시하다

나치의 등장으로 괴팅겐의 황금시대가 막을 내리기 전, 그 중심에 있던 힐베르트는 이미 수학사에 지워지지 않을 발자국을 남겨놓았다. 1900년 파리에서 열린 제2회 국제수학자대회(ICM) 기조연설에서 그가 제시한 23개의 문제가 바로 그것이다. 이 문제들은 20세기 수학이 나아가야 할 방향을 제시한 것으로, 실제로 20세기 수학의 발전은 상당 부분이 힐베르트의 문제들을 풀기 위한 과정에서 이루어졌다. 최근까지도 서문에 "이 논문은 힐베르트의 ○번 문제와 연관된 풀이이다"라고 쓴 논문들을 종종 볼 수 있다.

힐베르트는 클라인의 학문적 손자라 할 수 있다. 그의 박사 지도교수였던 페르디난트 폰 린데만(Ferdinand von Lindemann, 1852~1939)이 클라인의 제자로, 원주율 π가 초월수(유리수 계수를 가진 어떤 다항방정식의 해도 될 수 없는 수)임을 증명한 것으로 유명하다. 힐베르트는 1893년경 π와 e가 초월수라는 사실을 또 다른 방법으로 증명했다.

힐베르트는 평생 민코프스키, 후르비츠와 깊은 우정을 나누었다. 후르비츠는 쾨니히스베르크대학 교수로 부임하면서 힐베르트와 민

→ 다비트 힐베르트

코프스키를 가르쳤다. 나이 차이가 크지 않은 세 사람은 곧 가장 친한 친구 사이가 되었다. 훗날 후르비츠는 취리히연방공과대학으로 자리를 옮겼고 그곳에서 민코프스키를 초빙하여 함께 근무했는데, 그 대학의 학생 중 한 명이 바로 아인슈타인이었다.

민코프스키가 개발한 민코프스키공간(3차원 공간과 시간을 하나로 통합한 4차원 시공간)은 아인슈타인의 일반상대성이론을 수학적으로 뒷받침하는 핵심 도구가 되었다. 아인슈타인은 젊었을 때 수학을 물리학적 직관을 얻기 위한 도구 정도로만 여겼으나, 민코프스키와 힐베르트 같은 수학자들의 영향을 받은 후 수학이 과학적 창조의 근원임을 깨닫게 되었다고 한다. 힐베르트가 남긴 다음 말은 아주 유명하며, 그의 비석에도 새겨져 있다.

우리는 알아야 한다. 우리는 알 것이다.

(Wir müssen wissen. Wir werden wissen.)

여성 수학자: 닫힌 문을 열다

괴팅겐대학에서 근무했던 20세기 최고의 수학자들 중에서 에미 뇌터(Emmy Nöether, 1882-1935)는 특히 주목할 만하다. 그녀는 알렉산드리아의 히파티아 이후 역사상 가장 위대한 여성 수학자로 꼽힌다. 그녀의 이름이 독자들에게는 생소할지 모르겠지만 수학도들에게는 매우 친숙하다. 학부 대수학에서 배우는 뇌터환(Noetherian ring)이 바로 그녀의 이름을 붙인 것이기 때문이다. 뇌터는 추상대수학 분야에서 혁혁한 업적을 남기며 20세기 초 최고 수준의 수학자 대열에 합류했다.

그녀는 에를랑겐대학의 유명한 수학 교수이던 아버지 덕분에 대학에서 특별수업을 들을 수 있었지만, 당시 최고의 선진국이던 독일에서조차 여성이 대학에 정식 학생으로 등록하는 일은 허락되지 않았다. 다행히 1904년부터 여학생의 등록이 허락되었기에 그녀는 1907년 박사학위를 받았다. 뛰어난 수학 실력으로 독일 수학계의 주목을 받던 그녀는 1915년 괴팅겐대학

→ 에미 뇌터

으로 옮겨왔지만, 이번에는 여성이 정식으로 강의하는 것이 금지되어 있었다. 그녀는 힐베르트의 이름으로 개설된 과목을 강의하다가 1919년에야 정식 교수로 인정받았다. 힐베르트와 에드문트 란다우(Edmund Landau, 1877-1938)는 그녀를 향한 여성 차별을 적극적으로 반대했다. 힐베르트가 "대학은 대중목욕탕이 아니다"라는 말을 했다고 전해지기도 한다.

나치 정권이 들어서자마자 유대인인 뇌터는 미국으로 피신했다. 그녀의 동생 프리츠 뇌터(Fritz Nöether, 1884-1941) 역시 뛰어난 수학자였는데, 그는 소련으로 피신했다가 스탈린의 대숙청 기간에 체포되어 총살당했다. 아인슈타인이 소련 외무장관에게 사면을 요청하는 편지를 보냈지만 소용이 없었다.

실은 뇌터 이전에 위대한 여성 수학자가 한 명 더 있었다. 그녀는 러시아의 소피야 코발렙스카야(Sofya Kovalevskaya, 1850-1891)로, 코시-코발렙스카야정리로 편미분방정식 분야에서 큰 업적을 남겼다. 그녀

에게는 '여성으로서 최초'라는 수식어가 여럿 붙는다. 수학 분야 역사 상 최초의 여성 박사이자, 여성 최초로 메이저 대학의 정식 교수가 되었으며, 여성 최초로 과학 저널의 편집자가 되었다.

그녀가 걸어온 길은 순탄하지 않았다. 러시아에서도 여성은 정식으로 대학 교육을 받을 수 없었다. 그녀는 보호자가 있어야 한다는 규정 때문에 블라디미르 코발렙스키(Vladimir Kovalevski, 1842-1883)와 가짜 결혼을 하고 독일로 유학을 떠났다. 그녀는 특별 허락하에 하이델베르크대학에서 청강을 할 수 있었고, 이후 베를린에서 바이어슈트라스에게 3년간 개인 지도를 받았다. 그 후 괴팅겐대학에 논문을 제출해 여성으로서는 역사상 최초로 수학 박사학위를 취득했다(1874).

이후 가짜 결혼은 진짜 결혼으로 바뀌었지만 재정적으로 파산한 남편이 자살하고 만다(1883). 코발렙스키는 같은 해 스웨덴 스톡홀름대학의 미타그레플레르(Mittag-Leffler, 1846-1927)의 도움으로 정식 교수 자리를 얻었고, 그가 창간한 저널 《악타 마테마티카(Acta Mathematica)》의 편집자가 되었다. 미타그레플레르는 원래 여성 학자에 대해 호의적인 인물이었다. 스톡홀름에는 지금도 그의 이름을 딴 미타그레플레르 수학연구소가 운영되고 있다.

현대에도 위대한 여성 수학자들의 계보는 이어졌다. 영국의 에이다 러브레이스(Ada Lovelace, 1815-1852)는 낭만파 시인 바이런의 딸이다. 그녀는 찰스 배비지가 고안한 기계식 컴퓨터(해석기관)에 대한 논문에 주석을 달았는데, 이것은 역사상 최초의 컴퓨터 프로그램으로 인정받고 있다. 현재 그녀의 이름을 딴 에이다 프로그래밍 언어도 있다.

미국의 수학자 캐런 울런벡(Karen Uhlenbeck, 1942-)은 현대적 해석 기하학의 창시자 중 한 명으로 편미분방정식, 게이지이론, 수리물리학

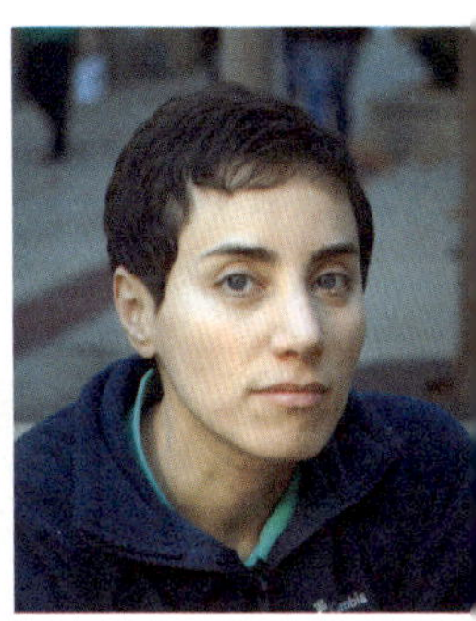

→ 닫힌 문을 열고 수학사에 이름을 새긴 여성들
왼쪽부터 소피야 코발렙스카야, 에이다 러브레이스, 캐런 울런벡, 마리암 미르자하니. 여성이라는 이유만으로 숱한 거절들을 견뎌내야 했던 시대에 수학의 역사를 바꾼 네 명의 수학자들이다.

등 광범위한 분야에서 업적을 남겼다. 2019년 여성으로서는 처음으로 아벨상을 수상했다.

이란 출신의 마리암 미르자하니(Maryam Mirzakhani, 1977-2017)는 여성으로는 처음으로 필즈메달을 수상했다. 모듈라이공간과 측지선 연구로 수학계의 주목을 받은 그녀는 2014년 서울에서 열린 국제수학자대회에서 박근혜 대통령으로부터 필즈메달을 받았는데, 당시 유방암 투병 중이었던 마리암은 2017년 40세의 나이로 세상을 떠났다.

벨에포크: 풍요와 평화 이면에 전운이 감돌다

수학의 황금기는 공교롭게도 유럽 문명이 가장 화려하게 빛나던 시기, 그리고 가장 처참하게 무너지기 직전의 시기와 겹친다. 대체로 보불전쟁(프로이센-프랑스 전쟁, 1870-1871) 이후부터 제1차 세계대전(1914-1918) 이전까지를 프랑스 말로 '아름다운 시기'라는 의미의 벨에

→ **1900년 파리 만국박람회**
벨에포크의 절정을 상징하는 이 행사에는 5000만 명이 넘는 관람객이 몰렸다. 유럽 문명이 가장 화려하게 빛나던 이 시기는 불과 14년 후 제1차 세계대전으로 막을 내린다.

포크(La Belle Époque)라 부른다. 유럽에서 문화적, 사회적, 경제적, 과학기술적으로 크게 발전하고 평화가 유지되던 시기였다.

그러나 풍요와 평화의 이면에는 강한 군국주의의 물결이 흐르고 있었다. 각국은 빠르게 발전하는 과학기술을 앞세워 새로운 무기들을 개발하고 있었고, 결국 오랜 평화와 커다란 번영은 비극적 전쟁으로 향하는 길을 재촉하는 결과를 낳고 말았다. 평화롭고 풍요롭던 벨에포크는 결국 참혹한 제1차 세계대전으로 막을 내렸다. 군인 사망자만 약 1000만 명, 부상자 2000만 명이 발생한 역사상 가장 처참한 전쟁이었다. 오랜 평화 기간 동안 발전한 과학기술과, 그것으로 개발된 전쟁 무기 및 시스템의 우위를 겨뤄보고 싶은 군국주의 군주들의 허망한 욕심이 전쟁 발발의 주요 원인이 되었다.

라마누잔: 무한대를 본 남자

전쟁의 포화가 유럽을 뒤덮던 바로 그 시기, 인도에서 건너온 한 청년이 유럽 수학계를 깜짝 놀라게 했다. 그 인물은 스리니바사 라마누잔(Srinivasa Ramajnujan, 1887-1920)으로 갈루아, 폰 노이만과 함께 역사상 뛰어난 천재로 꼽힌다. 그에 대한 이야기는 영화 〈무한대를 본 남자〉(2016)와 소설 등의 소재가 되었으며, 세계 최대 수학사 사이트인 '맥튜터 수학사'에서 가장 많이 검색된 수학자 100인 중 1위를 차지할 정도로 그를 향한 대중적 관심은 뜨겁다.

그는 인도 남부 타밀나두주 에로드의 가난한 브라만 계급의 가정에서 태어났다. 17세에 마드라스대학에 입학하여 장학금을 받으며 공부했으나 수학 이외의 과목에는 흥미가 없는 데다가 극심한 가난 때문에 졸업을 하지 못했다. 1909년에 결혼한 후 그는 직장에 다니며 일과 수학 연구를 병행했다.

1913년 라마누잔은 영국 케임브리지대학의 고드프리 해럴드 하디(Godfrey Harold Hardy, 1877-1947)에게 자신의 수학적 발견을 적은 편지를 보냈는데, 하디는 동료 존 리틀우드(John Edensor Littlewood, 1885-1977)와 상의한 후 라마누잔을 케임브리지로 초청했다. 브라만 출신은 바다를 건너서는 안 된다는 전통적 원칙이 그를 가로막았지만 라마누잔은 결국 영국으로 건너가 하디, 리틀우드와 함께 많은 연구 업적을 남겼다. 그러나 철저한 채식주의자이던 라마누잔은 영국에서 추위, 외

→ 스리니바사 라마누잔

로움, 영양실조 등으로 힘든 생활을 했기에 건강이 계속 좋지 않았다. 1920년 건강이 심각하게 나빠진 그는 인도로 돌아가 부인과 재회했으나 1년 후에 사망했다.

당시 영국의 수학은 뉴턴-라이프니츠 미적분 논쟁의 여파로 오랫동안 독일, 프랑스에 비해 뒤처져 있었는데, 20세기 초에 이 세 명의 수학자와 버트런드 러셀(Bertrand Russell, 1872-1970) 덕분에 유럽 수학계의 주목을 받게 되었다. 하디와 리틀우드 두 사람의 공동연구 결과물은 전례를 찾아보기 어려울 정도로 많았다. 독일 수학계에는 '리틀우드'가 하디의 필명일지 모른다는 이야기가 널리 퍼져 있었는데 란다우는 이를 확인하기 위해서 일부러 케임브리지를 찾아갔다고 한다. 실제로 그는 그곳에서 하디는 만났지만 리틀우드는 만나지 못해 소문이 사실일 것이라고 여겼다. 한편 그의 제자인 덴마크의 수학자 하랄 보어(Harald Bohr, 1887-1951, 물리학자 닐스 보어의 동생)는 강의에서 이런 농담을 했다고 한다. "영국에는 오직 세 명의 위대한 수학자가 있죠. 그들은 하디와 리틀우드와 하디리틀우드입니다." 한편 하디가 쓴 회상록 『수학자의 변명』은 순수수학의 가치와 수학 연구의 즐거움에 대한 책으로 지금까지도 널리 읽히고 있다.

다시 라마누잔으로 돌아가 보자. 라마누잔은 3권의 노트에 약 3900개의 정리와 공식을 기록했는데 대부분 증명 없이 결과만 적어놓은 것이었다. 1976년 케임브리지 도서관에서 그의 138쪽짜리 미발표 원고가 추가로 발견되었다. 여기에는 600여 개의 새로운 공식이 담겨 있었다.

숫자 1729에 얽힌 라마누잔의 에피소드는 유명하다. 하루는 병원에 입원한 라마누잔을 문병하러 간 하디가 "내가 타고온 택시의 번호가 1729였어. 별로 흥미 없는 번호지"라고 말하

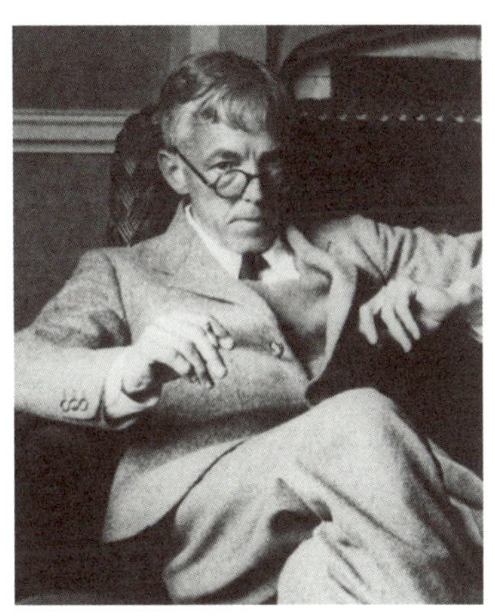

→ **고드프리 해럴드 하디**

자 라마누잔이 "아니요, 매우 흥미로운 숫자입니다. 1729는 서로 다른 두 세제곱으로 표현되는 가장 작은 수이지요"라고 말했다고 한다. 즉, $1729 = 1^3 + 12^3 = 9^3 + 10^3$이라는 말이다. 수학에 대한 그의 직관이 어느 정도의 경지였는지를 보여주는 일화다. 참고로 이와 같은 수는 '택시 숫자' 또는 '라마누잔 숫자'라고 불리며, 서로 다른 두 세제곱으로 표현되는 수는 무한히 많이 존재한다.

한편 라마누잔은 1919년 베르트랑-체비셰프정리를 감마함수를 이용하여 증명했다. 이 정리는 '자연수 n과 $2n$ 사이에 적어도 하나의 소수가 존재한다'라는 것으로, 원래 프랑스 수학자 조제프 베르트랑(Joseph Bertrand, 1822-1900)이 1845년경 추측했던 내용이기 때문에 아직도 '베르트랑가설'이라 부르기도 한다. 이것을 러시아의 수학자 파프누티 체비셰프(Pafnuty Chebyshev, 1821-1894)가 1850년에 유명한 체비셰프부등식을 이용해 증명했는데, 라마누잔은 이후 훨씬 간단한 증명

을 찾아낸 것이다. 1932년에는 20세기 최고의 수학자 중 한 명인 헝가리의 퍼울 에르되시(Paul Erdös, 1913-1996)[*]가 더 간단한 증명을 발견해 내기도 했다.

라마누잔이 영국에 가기 전 1910년에 찾은 π에 관한 급수는 놀랍다.

$$\frac{1}{\pi} = \frac{2\sqrt{2}}{9801} \sum_{n=0}^{\infty} \frac{(4n!)(26390n+1103)}{(n!)^4 396^{4n}} = \frac{2\sqrt{2}}{99^2} \sum_{n=0}^{\infty} \binom{4n}{2n}\binom{2n}{n}^2 \frac{26390n+1103}{396^{4n}}$$

이것은 그가 찾아낸 $\frac{1}{\pi}$에 대한 17개의 급수 중 하나이다. 이 급수는 얼핏 보기에는 지저분해 보이지만 아주 빠른 속도로 수렴하기 때문에 아주 실용적인 급수이다. 최근에는 계산기를 이용한 π의 근삿값 계산에서 아크탄젠트함수 대신 주로 이 급수를 사용한다. 이 급수를 일반화한 것을 라마누잔-사이토급수라고 부르는데, 여러 가지 형태가 존재한다.

1989년 추드놉스키(Chudnovsky) 형제는 IBM 슈퍼컴퓨터를 이용하여 π의 10억 자리까지 계산했다. 그들은 자신들이 1988년에 발견한 일명 '추드놉스키알고리듬'을 사용했는데, 이는 지금까지 발견된 알고리듬 중 가장 효율적인 것이다. 이 알고리듬은 라마누잔-사이토급수의 한 종류인 아래와 같은 급수를 바탕으로 만들어졌다.

$$\frac{1}{\pi} = 12 \sum_{n=0}^{\infty} \frac{(-1)^n (6n!)(545140134n+13591409)}{(3n!)(n!)^3 (640320)^{3n+3/2}}$$

<hr>

[*] 그는 평생 독신으로 전 세계를 돌아다니며 수학 연구를 했다. 에르되시는 수론, 조합론, 해석학 등의 다양한 분야에 걸쳐 1500편이 넘는 논문을 저술했으며 그와 공동연구를 한 사람은 수백 명에 이른다. 그와의 공저 관계에 따라 숫자를 붙인 '에르되시 수'는 유명하다.

19세기는 수학에서 가장 많은 것이 바뀐 세기였다. 가우스는 엄밀하고 단단한 현대적 수학의 기초를 세웠고, 갈루아는 20년 남짓한 삶으로 현대대수학의 문을 열었다. 리만은 현대적인 기하학과 해석학의 필수 개념들을 정립했고, 힐베르트는 수학이 나아갈 지도를 그렸다. 라마누잔은 전쟁이라는 풍파 속에서도 대서양을 건너와 수학사에 본인의 이름을 남겼다. 이 장에서 만난 위대한 수학자들의 삶은 제각각이었지만 한 가지는 같았다. 그들은 오직 수학의 진리를 향해 나아갔다. 그것이 바로 19세기 수학을 현대로 이끈 힘이었다.

18장

현대 수학:
더욱 정교해진 우주의 언어

수학은 오랫동안 가장 확실한 학문으로 여겨져 왔다. $1+1=2$는 의심할 수 없고, 증명된 정리는 영원히 참이라고 믿었다. 그런데 19세기 말부터 수학자들은 불편한 질문을 마주하기 시작했다. 수학은 정말 항상 확실한가? 우리가 당연하다고 여기는 수학적 진리의 토대도 흔들릴 수 있는 것 아닐까?

그 답을 찾으려는 과정에서 수학기초론(foundation of mathematics)이라는 새로운 흐름이 19세기 말부터 20세기 중반까지 이어졌다. 비유하자면 수학이라는 건물에 올바르고 튼튼한 토대를 세우는 분야라고 할 수 있다. 19세기 말 칸토어의 집합론에서 시작해 프레게의 논리학, 러셀의 패러독스, 힐베르트의 형식주의를 거쳐 괴델의 불완전성 정리로 이어지는 이 과정은, 수학 스스로가 자신의 한계를 증명하는 과정이었다. 해석학, 기하학, 대수학 등 기존 수학의 본류에서는 다소 벗어난 새로운 흐름이었지만, 당대의 거의 모든 유명 수학자가 이에 관심을 보였을 뿐 아니라 일반 대중의 관심도 컸다.

현대논리학의 탄생

이 새로운 논리학, 즉 수학기초론은 아리스토텔레스 이후 큰 진전이 없었던 논리학을 대체하게 된다. 현대논리학에는 세 가지 특징이 있다. 첫째, 집합론*이 논리학의 중심 언어가 되었다. 이에 따라 '무한'이 논리학의 주요 관심사가 되었다. 둘째, 기호를 사용한다. 그래서 기호논리학이라 부르기도 한다. 셋째, 논리학이 전문화되면서 수학의 한 분야가 되었다. 논리학이 엄밀해지면서 어려워지고 기호, 집합을 사용하게 됨에 따라 논리학 연구는 수학자들의 전유물이 되어갔다.

20세기 초에는 논리주의와 직관주의가 대립했고 이후에는 힐베르트가 주도한 형식주의가 대세처럼 보였다. 형식주의는 잘 구성된 공리 위에서 기호와 규칙만으로 수학을 연구하는 완벽한 논리 체계를 구축하는 것을 목표로 한다. 힐베르트의 계획은 완벽해 보였다. 하지만 오스트리아의 젊은 수학자 쿠르트 괴델(Kurt Gödel, 1906-1978)이 1931년 불완전성정리를 발표하면서 그 꿈은 산산이 깨졌다. 어떤 수학 체계도 그 체계 안에서 스스로의 완전성을 증명할 수 없다는 것이 그 내용이었다. 괴델은 이 정리 하나로 일약 세상에서 가장 유명한 수학자가 되었다.

공교롭게도 이 불완전성정리가 세상에 알려질 즈음, 물리학에서

* 칸토어가 창안한 것으로, 곧 자세히 살펴볼 것이다.

→ 쿠르트 괴델과 베르너 하이젠베르크

도 비슷한 충격이 일고 있었다. 베르너 하이젠베르크(Werner Heisenberg, 1901-1976)의 불확정성원리로 세상이 떠들썩했고, 1927년 이 원리가 발표되던 솔베이학회에서 닐스 보어(Niels Bohr, 1885-1962)와 아인슈타인이 벌인 논쟁은 너무나 유명하다. 양자역학의 핵심 개념인 불확정성이 지금은 주류로 자리 잡았지만 당시에는 이 새로운 물리학에 대한 회의와 논쟁이 난무했다. 수학과 물리학에서 동시에 일어난 이러한 학문적 혁명은 세상에 하나의 메시지를 던졌다. 확실하고 절대적인 진실은 없고, 불확실하고 상대적인 진실만 존재한다는 것이었다. 이 사상적 혁명은 이후 철학, 언어학, 경제학 등 다른 학문 분야에도 깊은 영향을 미쳤다.•

• 이 시기의 논리학(수학기초론)의 발전 과정과 이에 기여한 수학자들에 대해 좀 더 자세한 내용이 궁금한 독자들은 필자가 쓴 『수학자가 들려주는 진짜 논리이야기』를 읽어보시기 바란다.

1927년 브뤼셀에서 열린 솔베이학회에는 아인슈타인, 보어, 하이젠베르크, 퀴리 등 당대 최고의 물리학자 29명이 모였다. 이 자리에서 아인슈타인과 보어는 양자역학의 본질을 놓고 역사적인 논쟁을 벌였다. 아인슈타인은 "신은 주사위를 던지지 않는다"라며 불확정성을 받아들이지 않았고, 보어는 불확실성이야말로 자연의 본질이라고 맞섰다. 역사의 판정은 보어의 손을 들었다.

프레게: 논리학의 새로운 지평을 열다

고틀로프 프레게(Gottlob Frege, 1848-1925)는 새로운 논리학이 탄생하는 데에 크게 공헌한 사람 중 한 명이며 기호논리학의 창시자라 할 수 있다. 그는 양화명제(quantified statement)•를 분석하는 체계를 만들었고, 논리에서 '증명(proof)'이라는 용어를 형식화했으며, 논리 체계를 이용하면 수학적 명제를 더 간단한 논리적 표현으로 풀어낼 수 있다는

• '모든', '어떤'처럼 양을 나타내는 표현을 포함한 명제를 말한다.

것을 보여주었다.

그는 수학의 중요 결과들을 '논리'로부터 얻어내려고 했다. 예를 들어 수론의 공리들을 순수한 논리만으로 유도해 내고자 했다. 후일 이런 그의 체계는 일관되지 않다는 것이 증명되었고, 수학을 논리로 줄이고자 하는 프레게의 평생의 목표 역시 이루어지지 않았지만, 논리학의 새로운 지평을 연 그의 참신한 시도는 지금까지도 큰 영향을 미치고 있다.

→ **고틀로프 프레게**

평생 예나대학에서 교수로 근무한 그는 다양한 고등수학 과목을 강의하면서도 다른 한편으로 새로운 논리에 대한 연구를 시작했다. 프레게는 1879년에 첫 저서 『개념 기호』를 출간했는데 혁신적인 내용을 담고 있었음에도 당시에는 주목받지 못했다. 그는 책의 2부에서 기본적인 논리 기호 몇 개와 진리표의 아이디어 등을 제안했다. 1884년 『산술의 기초』에서는 '수란 무엇인가'와 '산술적으로 참이란 무슨 의미인가'라는 두 가지 근본 질문에 답하며 산술의 공리적 체계를 건설하고자 했다.

그의 논리 기호는 술어논리의 체계를 설립하는 과정에서 도입되었다. 술어논리는 아리스토텔레스 이후의 고전적인 명제논리를 확장한 것이다. 명제논리가 한 문장을 통째로 다뤘다면, 술어논리는 한 명제를 쪼개서 대상(또는 개체)과 술어로 나눈 뒤 그 관계를 기호로 나타낸다.

간단한 예를 들면, "홍길동은 사람이다"라는 명제에 대하여 '홍길동'이라는 대상을 a로 나타내고 '사람이다'라는 술어를 H로 나타낸다면, 이 명제를 Ha로 간단히 나타낼 수 있다. 통상적으로 수학에서 데카르트가 도입했던 기호 사용법과 유사하게 특정한 대상(상수)은 알파벳 $a, b, c, \cdots$로 나타내고, 변할 수 있는 대상(변수)은 알파벳 $x, y, z, \cdots$로 나타낸다. 또한 '모든 x에 대해서'는 $\forall x$로, '어떤 x에 대해서'는 $\exists x$로 나타낸다. 이때, $\forall$, $\exists$ 같은 기호를 양화사(quantifier) 또는 한정기호라 한다. 그리고 $\forall$를 보편양화사 또는 전칭기호라 부르고 $\exists$를 존재양화사 또는 존재기호라 부른다.

그의 대표작 『산술의 기본법』 제1권이 이미 1893년에 출간되고 제2권이 막 인쇄기에 걸려 있던 1902년, 영국의 젊은 수학자 버트런드 러셀(Bertrand Russell, 1872-1970)로부터 충격적인 편지 한 통이 도착한다. 그 편지에는 프레게가 평생을 쌓아온 체계에 모순이 있다는 내용이 담겨 있었다.

러셀의 패러독스

러셀이 발견한 문제는 간단하면서도 치명적이었다. 러셀의 패러독스라 불리는 이 문제는 현대논리학과 집합론에서 매우 중요하므로 그 내용이 다소 어렵기는 하지만 여기서 잠시 살펴보자. 어떤 집합 A에 대하여 $A \in A$라면, 즉 자기 자신을 원소로 가진다면 좀 이상한 집합이다. 그럼 이런 이상한 성질을 갖지 않는 (정상적인) 집합들만 생각해 보자. 즉, 성질 $A \notin A$를 갖는 모든 집합들의 집합을 Ω라고 하면 이 Ω가 가지게 되는 역설이 바로 러셀의 패러독스이다.

러셀의 패러독스

집합 Ω를 $\Omega := \{A \mid A \notin A\}$[*]라 정의하자. 그러면 $\Omega \in \Omega$일 수도 없고 $\Omega \notin \Omega$
일 수도 없게 된다. 왜냐하면

i) $\Omega \in \Omega$라면, Ω의 정의에 따라 $\Omega \notin \Omega$이어야 하고,

ii) $\Omega \notin \Omega$라면, Ω의 정의에 따라 $\Omega \in \Omega$이어야 하기 때문이다.

이 문제에 대해 러셀은 프레게에게 보내는 편지에서 "자기 자신을 술어로 가할 수 없다는 술어"를 정의할 때 모순이 발생한다고 서술하고 있다. 간단히 말해서 자기 자신에 대한 부정적인 언급이 자기모순을 발생시키는 것인데, 이런 종류의 패러독스는 많이 있다. 유명한 예로는 '이발사의 패러독스'와 '거짓말쟁이 패러독스'가 있다.

이 패러독스는 자기 자신에 대한 부정적인 언급이라는 특징을 가지고 있지만, '집합론'의 관점에서 볼 때는 '집합에 원소가 너무 많기 때문에' 발생하는 패러독스이기도 하다. 그래서 원소가 너무 많은 집합은 집합이라고 하지 않고 모임(collection 또는 class)이라고 부른다. 따라서 '모든 집합의 집합'과 같은 것은 집합이라고 하지 않는다.

칸토어: 집합론의 창시자

프레게와 러셀이 논리학의 언어를 다듬었다면, 그 논리학의 토대가 된 집합론을 창시했던 사람은 따로 있었다. 바로 게오르크 칸토어(Georg Cantor, 1845-1918)다. 러시아 상트페테르부르크에서 태어나 11살

[*] 수학에서는 정의를 할 때 그냥 단순한 등호 '=' 대신, 정의임을 강조하기 위해 기호 ':='를 쓰는 경우가 많다.

때 독일로 이주한 그는 베를린대학에서 바이어슈트라스, 쿠머, 크로네커 등에게 수학을 배웠다. 졸업 후에는 할레대학에 임용되어 평생 그곳에서 연구했다. 1872년 스위스 휴가지에서 우연히 만난 데데킨트와 학문적 동지가 되었는데, 두 사람은 같은 해 각자의 방식으로 무리수를 엄밀히 정의했다.

→ 게오르크 칸토어

칸토어는 집합론(set theory)을 창시했으며, 무한이라는 개념을 수학과 논리의 세계로 끌어들였다. 그의 집합론은 현대 수학의 근간이 되었으며 전 세계의 모든 수학도는 전문적인 수학 공부를 시작하기 전에 집합론이라는 과목을 필수적으로 이수해야 한다. 무한에는 작은 무한과 큰 무한이 있다. 학문적인 용어로는 작은 무한집합을 '가산집합', 큰 무한집합을 '불가산집합'이라고 부른다. 칸토어의 집합론에 따르면 자연수의 집합은 가산집합이고 실수의 집합은 불가산집합이다.

칸토어는 1873~1874년에 많은 수학적 업적을 이뤘다. 그는 우선 유리수 집합이 가산집합임을 보였다. 이 말은 자연수와 유리수의 개수가 (비록 무한이지만) 서로 같다는 뜻이다. 그는 두 집합의 원소 개수가 같다는 것을 '일대일대응'을 써서 정의했다. 즉, 두 집합 A, B에 대해서 (무한집합일지라도) 일대일대응 $f : A \rightarrow B$가 존재한다면 A, B의 원소의 개수가 같다고 정의한 것이다.

이 시기에 그는 대수적 수($x^2 - 2 = 0$의 해인 $\sqrt{2}$처럼 정수 계수 다정식의 해가 되는 수)의 집합도 가산집합임을 보이고, 실수의 집합은 불가산집합임을 보인다. 이 말은 초월수(π나 e처럼 어떤 다항식의 해가 되지 않는 수)의 집합도 불가산집합이라는 뜻이고, 다시 말하면 초월수가 대수적 수보다 훨씬 더 많다는 의미다. 직관적으로는 π나 e 같은 초월수가 매우 희귀할 것 같지만, 칸토어의 증명은 정반대의 사실을 보여준다.

1874년은 칸토어의 집합론이 세상에 나온 해로 인정받고 있다. 그가 새롭게 제시한 무한집합에 대한 이론은 앞서 말한 대로 크로네커의 강력한 반대에 부딪힌다. 크로네커는 무한이라는 개념 자체가 수학에서 있어서는 안 되며, 수학은 유한의 수와 유한적인 방법만을 다루어야 한다고 생각했다. 사실 수백 년 전부터 여러 수학자가 무한에 대해 생각했지만, 무한의 세계에서는 상식적이지 않은 현상이 많이 일어나기 때문에 그것을 논리와 수학의 범주에서 다루지 말아야 한다는 불문율 같은 것이 있었다. 그리스 이래로 수학자들은 수학은 상식적이고 정상적이어야 한다고 생각해 왔기 때문이다. 하지만 그들의 상식은 '유한적 사고법'으로부터 나온 상식에 불과했다. 칸토어의 이론은 '무한은 유한과 다르다'라는 것을 받아들이기만 하면 무한을 수학적 대상으로 다루는 데에 별문제가 없다는 것을 알려주고 있었다.

힐베르트의 23개 문제 중 첫 번째 문제는 '연속체 가설'로, 이 문제를 처음 제기한 사람은 칸토어(1878)다. 칸토어의 질문은 "무한집합은 두 가지 형태밖에 없는가?"라는 내용인데, 여기서 두 가지 형태란 자연수의 집합과 (원소의 개수가) 같은 가산무한집합(작은 무한집합), 그리고 실수의 집합과 같은 불가산집합(큰 무한집합)을 말한다. 참고로 무한집합의 원소 개수를 카디널수(cardinality)라 한다.

이후 칸토어는 실수의 집합보다 카디널수가 더 큰 집합들이 무수히 많으며 카디널수의 최댓값은 존재하지 않는다는 것을 발견했고, 이 사실을 1897년에 힐베르트에게 편지로 알렸다. 그 이후 연속체 가설은 다음과 같은 가설로 바뀌었다. '자연수의 집합보다 카디널수가 더 크고 실수의 집합보다는 카디널수가 더 작은 집합은 없다'.

　이 문제가 힐베르트의 첫 번째 문제로 제시된 후, 수많은 수학자가 이 문제를 연구했다. 괴델(1938)과 코헨(1963)이 각각 증명한 바에 따르면, 연속체 가설은 현재의 수학 공리 체계 안에서 참이어도 거짓이어도 모순이 없다. 즉 증명도 반증도 불가능한 문제다. 이는 ZFC 체계라 불리는 현대의 공리 체계에서 모든 질문에 답할 수 없다는 것을 보여주는 최초의 구체적 사례였다. 코헨은 이 공로로 1966년 필즈메달을 수상했다. 논리학 분야에서 필즈메달을 받은 사람은 지금까지 그가 유일하다.

　힐베르트의 문제 중 두 번째 문제는 다음과 같다. "산술의 공리들이 무모순임을 증명하라." 힐베르트는 이 문제에 대한 답이 존재한다고 믿었다. 그가 추구하는 수학의 형식주의는 절대적인 완벽함을 추구하는 것으로, 마치 종교에서 절대적인 진리를 찾는 일과 유사했다. 그는 1930년 강의에서도 산술의 형식 체계가 무모순적 일관성을 가지며, 모든 참 명제는 그 체계 안에서 증명도 가능하다는 완전성을 가지고 있을 것이라 예상했다. 하지만 불과 1년 후에 괴델에 의해 그의 예상이 무너지고 말았다. 한마디로 완벽한 수학 체계는 원리적으로 불가능했다.

페아노: 자연수에 대한 공리를 세우다

프레게가 수리논리학의 아버지로 불리지만, 이탈리아의 천재 수학자 주세페 페아노(Giuseppe Peano, 1858-1932)도 이 새로운 논리학의 발전에 크게 공헌했다. 토리노대학에서 공부하고 1880년 박사학위를 받은 그는 1884년부터 같은 대학의 교수로 평생 근무했다.

1889년 그는 자연수에 대한 유명한 공리를 발표했다. 페아노 공리계라 불리는 이 체계는 데데킨트와 헤르만 그라스만(Hermann Grassmann, 1809-1877)의 아이디어를 확장해 만든 것으로 후에 러셀, 화이트헤드, 괴델 등 많은 논리학자의 연구 대상이 되었다. 이것은 데데킨트와 그라스만의 '산술의 형식화'에 대한 아이디어를 확장하여 만든 산술 체계이다. 또한 칸토어의 무리수와 실수에 대한 정의와 새로운 집합론의 출현이 영향을 끼쳤을 것으로 추측된다. 그 핵심 개념은 "수의 다음수(successor)"다. 그의 공리계에서는 1은 자연수이고, 모든 자연수에는 반드시 다음수가 존재한다는 방식으로 자연수 전체를 단 5개의 공리로 정의한다.

러셀과 화이트헤드가 공동 저술한 명저 『수학원리(Principia Mathematica)』는 페아노 공리계에서 '1+1=2'이 성립한다는 사실을 수십 페이지에 걸쳐 증명해 놓은 것으로 아주 유명하다. 그런데 이 이야기는 다소 잘못 전달된 측면이 있다. 여기서 '2'는 우리가 알고 있는 1+1의 2가 아니라 '1의 다음수(successor)'라는 의미의 2이다. 즉, 그들이 증명한 것은 페아노 공리계에서 1+1이 '1의 다음수'와 같다는 사실이다. 페아노의 공리계에서는 임의의 자연수에 대해 그것의 다음수인 자연수가 존재한다고 정의되어 있다. 그러나 현대적 수 체계에서는 자연수를 '다음수' 대신 '덧셈'과 '1'이라는 개념으로 정의하며, 자연수 n에 1을 더한 수인 $n+1$은 자연수이다. 이렇게 현재의 자연수 정의를 쓰는 경우, 2는 1+1로 정의되는 수이므로 1+1=2라는 등식은 증명할 필요가 없다.

러셀은 1900년 파리에서 열린 제2회 국제수학자대회에서 페아노를 만났는데, 그 만남이 자기 연구 인생의 전환점이 되었다고 훗날 회고했다. 또한 페아노의 기호들은 바로 자신이 여러 해 동안 찾던 논리적 해석학의 도구였다고도 했다. 참고로 우리가 지금 쓰는 합집합(∪), 교집합(∩) 기호는 페아노가 처음 사용한 기호이다.

푸앵카레: 위상수학을 개척한 직관주의자

19세기 말 프랑스에 불세출의 천재 수학자가 나타났으니 그는 바로 앙리 푸앵카레(Henri Poincaré, 1854-1912)이다. 그는 박식가(polymath)이며 수학에서는 마지막 '만능가(universalist)'라 불린다. 그는 위상수학이라는 새로운 수학 분야를 개척하여 위상수학의 아버지라 불리기도 하며, 수학의 거의 전 분야와 물리학에 정통했다. 또한 광산학의 전문가이기도 했다. 그의 이름은 일반 대중에게는 푸앵카레추측•으로 잘 알려져 있다.

푸앵카레는 역사상 가장 뛰어난 천재 중 한 명으로 꼽히고 있다. 당대 독일에는 유명한 수학자들이 즐비했지만 그 어느 누구도 푸앵

• 푸앵카레추측은 러시아의 그리고리 페렐만(Grigori Perelman, 1966-)에 의해 2002년 경 증명되었다. 그는 이 업적으로 2006년 필즈메달 수상자로 선정되었으나 수상을 거부하고 지금까지 은둔 생활을 이어가고 있다.

→ 앙리 푸앵카레

카레의 수학적 재능과 실력을 따라가지는 못했다. 누구나 그와 수학 얘기를 하다 보면 숨이 막힐 것 같이 긴장되었다고 한다. 그는 제1차 세계대전 당시 프랑스의 대통령이었고 수상을 세 차례 역임했던 사촌 동생 레몽 푸앵카레(Raymond Poincaré, 1860-1934)보다 프랑스인들에게는 더 유명한 인물이었다.

그의 아버지가 낭시대학 교수였기 때문에 그는 낭시에서 태어나고 자랐다. 그는 에콜폴리테크니크에 수석으로 입학하여 2년 만에 졸업하였고 그 후 광산학교에 입학했다.[*] 그는 25세 때 파리대학(당시는 소르본대학)에서 당대 프랑스 최고의 수학자 샤를 에르미트(Charles Hermite, 1822-1901)[**] 밑에서 박사학위를 받았다. 20대 후반에 이미 유럽 전체에 푸앵카레의 이름이 알려졌으며 30대 초반에 프랑스 과학 아카데미의 회원이 되었다. 그는 수학 전 분야에 걸쳐 많은 업적을 남겼으며 이론물리학에서도 유럽 최고의 명성을 유지했다. 특히 1887년 스웨덴 왕실에서 실시한 수학 경쟁(대회)에서 천체역학에서의 삼체 문제(3-body problem)에 대한 논문으로 최고상을 수상했다.

---

[*] 그는 뛰어난 광산기사였으며 수학 교수가 된 후에도 엔지니어로서의 역량을 종종 발휘했다. 당시 광산공학은 첨단 공학이었으며 광산기사는 최고의 직업 중 하나였다.

[**] 그의 이름이 붙은 수학 개념(용어)은 코시나 오일러 못지않게 많다. 그의 이름은 'Hermitian'이라는 형용사로 쓰이기도 한다. 이때는 영어식으로 "허미션"이라고 발음한다.

그는 20세기 초 새로운 수학기초론(논리학) 건설의 열풍에 대해서도 자신의 견해를 밝혔는데, 힐베르트의 프로젝트에는 응원을 보내면서도 수학을 완벽한 체계와 논리만으로 수행할 수 있다는 생각에 대해서는 부정적이었다. 푸앵카레는 직관을 매우 중시했기에 직관주의자로 분류된다. 푸앵카레의 생각은 "논리로 증명하고 직관으로 발명한다"라든가 "논리는 직관이라는 거름 없이는 아무것도 생산하지 못한다"라는 유명한 말로 대변된다.

위상수학은 20세기에 들어와서 시작된 현대적인 수학이므로 이것을 일반인들이 이해하도록 설명하는 일은 불가능하다. 하지만 최대한 간단히 설명하자면, 위상수학이란 어떤 기하적 대상(위상공간)들이 가지는 '자연스러운' 불변량을 이용하여 분류하는 것을 목표로 하고 있다. 푸앵카레는 위상공간에 대해 '기본군(fundamental group)'이라는 자연스러운 불변량을 정의했고 그 과정에서 호모토피(homotopy)라는 개념을 도입하였다. 불변량의 종류는 매우 다양하지만 그것들은 모두 군(group)들이다.

아인슈타인: 일반상대성이론으로 우주를 설명하다

푸앵카레가 직관으로 공간의 가능성을 열었다면, 그 가능성을 물리적 현실로 증명한 사람이 있었다. 리만이 만들고 푸앵카레가 확장한 휜 공간의 기하학은, 알베르트 아인슈타인(Albert Einstein, 1879-1955)의 손에서 우주를 설명하는 언어가 되었다. 아인슈타인의 일반상대성이론에 따르면 우주 공간을 날아가는 빛이 어떤 별 근처를 지나갈 때 그 별 방향으로 휘어진다. 즉, 질량이 있는 물체가 빛을 당긴다는 것이다.

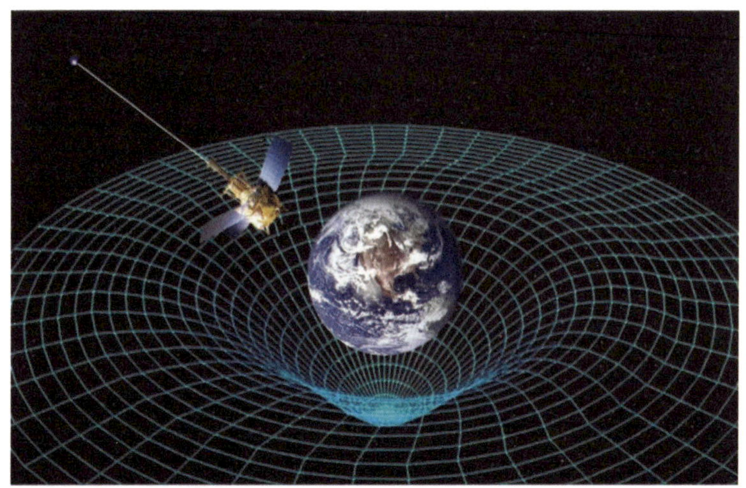

질량을 가진 물체는 주변 시공간을 휘어지게 한다. 이 그림에서 격자는 시공간을 나타내며, 지구의 질량에 의해 격자가 움푹 파여 있음을 볼 수 있다.

블랙홀 주변은 질량이 너무 커서 시공간의 곡률이 극도로 높아진다. 그 주변을 지나는 빛은 휘어진 공간의 측지선을 따라 움직이다 결국 블랙홀이 만들어낸 깊은 공간의 계곡 속으로 빠져들게 된다. 중심의 검은 영역이 빛조차 탈출할 수 없는 블랙홀이다.

이는 마치 물체가 빛이라는 입자를 당기는 만유인력처럼 느껴진다. 그런데 빛이 별(질량)이 있는 방향으로 끌리는 이유는, 빛은 직진성을 가지지만 그 별에 의해 공간이 휘어져 있기 때문이라고 해석하는 편이 더 자연스러울 수 있다. 이때 빛은 휘어진 공간의 측지선(geodesic, 두 점 간의 지름선)을 따라 움직인다고 한다.

아인슈타인의 일반상대성이론을 한마디로 이야기하자면 시공간은 중력장에 의해 휘어진다는 것이다. 이때 물론 휘어진 정도인 곡률은 질량에 비례한다. 예를 들어 엄청난 질량을 가진 블랙홀의 주변은 곡률이 매우 크기 때문에 그 주변을 지나가는 빛은 모두 블랙홀 때문에 생긴 깊은 (3차원) 계곡으로 빠져버린다.

아인슈타인은 1907년경에 이미 빛이 중력에 끌린다는 새로운 물리학적 발견(실험적으로 증명되기 전까지는 가설이지만)을 한 것으로 보이지만, 이를 과학적이고 정확하게 설명하기 위해서는 수학 공부가 필요했다. 이와 관련하여 그의 대학 시절부터의 친구이자 수학자인 마르셀 그로스만(Marcel Grossmann, 1878-1936)이 많은 도움을 준 것으로 알려져 있다. 그로스만은 휘어진 공간에서의 기하학인 비유클리드기하학, 즉 리만의 기하학을 그에게 소개해 주었다고 한다. 아인슈타인은 몇 년간의 집중적인 수학 공부 끝에 1915년 11월에 물리학 역사상 가장 위대하다는 중력장 방정식, 즉 일반상대성이론을 발표했다.

새로운 이론에 대한 발표를 들은 힐베르트가 이 이론에 대한 수학적 표현을 시작했다는 소문이 전해져서 아인슈타인은 1915년을 매우 초조하게 보냈다고 한다. 이때 아인슈타인은 수학 공부에 완전히 몰두했다. 힐베르트는 아인슈타인이 중력장 방정식을 발표하기 며칠 전에 이미 이와 유사한 방정식을 만들어 학회에 보냈다. 하지만 그는 1943년 사망할 때까지 이 이론에 대한 자신의 기여에 대해 공개적으로 언급하지 않았으며 모든 공을 아인슈타인에게 돌렸다. 당대 최고의 수학자 힐베르트는 다음과 같이 말했다. "괴팅겐의 젊은이라면 누구나 아인슈타인보다 4차원 기하를 더 잘 안다. 하지만 과제를 해결한 사람은 아인슈타인이다."

아인슈타인은 워낙 유명하고 인기도 좋아서 늘 기자들이 따라다니며 이것저것 질문을 했고, 그렇기에 아인슈타인이 직접 남긴 말들이 많이 전해진다. "정확한 자연과학에 상당한 정도의 보장성을 주는 건 수학 이외에는 없다.""수학의 어려움에 대해 걱정하지 말아요. 내가 느끼는 어려움이 더 클 것이라고 확신합니다."

우주의 언어를 찾아 헤맨 물리학자가 결국 기댄 곳은 수학이었다. 리만이 19세기에 순수한 지적 호기심으로 만든 기하학이, 반세기 후 아인슈타인의 손에서 우주를 설명하는 도구가 된 것이다. 수학은 때로 그것이 쓰일 자리를 알기도 전에 먼저 도착해 있다.

부르바키: 수학자들의 비밀 집단

20세기 초 유럽의 수학 지형은 크게 흔들리고 있었다. 나치의 등장으로 괴팅겐을 중심으로 한 독일 수학이 무너지면서 세계 수학의 중심은 공백 상태에 빠졌다. 프랑스의 젊은 수학자들은 이 위기를 새로운 도약의 기회로 삼았다.

1930년대 중반부터 부르바키(Bourbaki)라는 프랑스 수학자가 현대적인 수학 교재들은 출간하기 시작했다. 필자의 대학생 시절에는 이 수학자가 쓴 책들을 학교 도서관이나 서점에서 흔히 볼 수 있었다. 풋

내기 수학도이던 필자에게는 경외의 대상이었다. 그런데 대학원에 들어간 뒤에 듣자 하니 이 책의 저자가 한 개인이 아니라 프랑스 수학자들의 비밀 모임이라는 것이 아닌가? 수학의 엄밀성과 통일성을 추구한 이 책들은 20세기 중반 이후 전 세계의 수학자에게 막대한 영향을 미쳤고, 매우 추상적이지만 표준적인 수학 교재로 받아들여졌다.

제1차 세계대전 이후 프랑스의 수학은 추상대수학 등이 발전한 독일에 비해 지나치게 해석학에 국한되어 있었고, 전장에서 수많은 젊은이를 잃어 인재도 부족한 상황이었다. 부르바키 프로그램은 바로 이러한 배경에서 황폐해진 프랑스 수학계를 재건하고, 파편화된 수학 지식을 체계적으로 전달할 교재를 만들자는 목표로 시작되었다. 이들은 1934년 파리의 한 카페에서 첫 모임을 가졌고, 1935년 공식적으로 '니콜라 부르바키'라는 이름을 사용하기 시작했다. 부르바키는 19세기 프랑스 장군 샤를 드니 부르바키의 성에서 따온 일종의 위트였다.

이 모임은 앙드레 베유(André Weil, 1906-1998)와 장 디외도네(Jean Dieudonné, 1906-1992)가 중심이 되어 파리 고등사범학교(ENS)* 출신의 젊은 프랑스 수학자들이 모여 결성되었다. '우리가 직접 완벽하고 현대적인 교과서를 쓰자'라는 목표로 뭉친 이들은 개개인의 명성보다 집단의 목표를 우선시하기 위해 철저하게 익명으로 활동했다.

모든 원고는 세미나에서 낭독되어야 했고, 단 한 명이라도 반대하면 폐기되거나 수정되어야 했다. 언제나 격렬한 비판과 토론이 오갔다. 젊고 혁신적인 사고를 유지하기 위해 모든 멤버는 50세가 되면 은퇴한다는 원칙도 있었다. 이들은 수학을 집합론이라는 기초 위에 세우

---

* 19세기 말부터는 에콜폴리테크니크보다 고등사범학교의 위상이 더 높아졌다. 푸앵카레 이후에는 이 대학 출신들이 프랑스 수학의 주류를 이루었다.

→ 부르바키의 『집합론』 표지

고, 구조(Structure)라는 개념을 통해 대수학, 위상수학, 해석학을 통합하려 했다. 이 시기 독일은 나치의 등장으로 모든 학문 분야가 몰락하는 사태에 봉착한 반면, 프랑스는 부르바키를 통하여 새로운 도약의 발판을 마련하게 되었다.

부르바키의 모든 책은 『수학원론(Éléments de mathématique)』이라 불리는 총서로 출간되었으며, 이러한 형식은 지금까지 이어져 오고 있다. 첫 번째 책은 『집합론』(1939)이었고, 이후 대수학, 위상수학, 해석학 등 11개 주제에 걸쳐 30권이 넘는 책이 출간되었다.

부르바키의 영향력은 절대적이었다. 현대 수학에서 그들의 용어와 개념은 필수가 되었다. 하지만 지나친 추상화와 논리적 엄밀함이 수학을 경직시키고 물리학과의 연결고리를 약화시켰다는 비판도 받는다. 부르바키가 사람 이름이 아니라 비밀 집단의 이름이라는 사실이 알려지면서 수학계의 관심이 쏠렸고 이 집단이 지닌 형식상의 신비로움은 영향력을 키우는 데에 도움이 되었다. 이리하여 프랑스는 쇠퇴한 독일을 제치고 유럽 수학의 중심지가 되어 미국과 함께 세계의 수학을 이끌게 된다.

부르바키 창립 멤버 다섯 명은 훗날 모두 20세기 최고의 수학자가 되었다. 이 다섯 명에 대해 간단히 소개하면 다음과 같다. 앙드레 베유는 집단의 실질적인 리더이자 아이디어맨이었다. 그는 수론과 대수기하학의 대가로서, 부르바키의 철학적 방향성을 설정했다. 베유는 파리 태생이지만 그의 부모는 알자스 지역에서 이주한 유대인이었으며, 유명한 철학자이자 사회활동가인 시몬 베유(Simone Weil, 1909-1943)는 그의 여동생이다. 앙드레 베유는 나치를 피해 1941년부터 미국으로 피신했고 그곳에서 여생을 보내게 되었지만 부르바키 활동은 지속했다. 그는 1950년 부르바키의 철학을 정리한 논문 「수학의 건축(The Architecture of Mathematics)」을 발표했다.

디외도네는 절친인 베유와 함께 이 모임의 공동 창립자로 '부르바키의 서기'로 불렸다. 방대한 양의 초안을 정리하고 실제 문장을 집필하는 데에 큰 역할을 했으며, 이 모임에서 가장 영향력 있는 목소리를 낸 것으로 알려져 있다. 그는 위상수학과 대수기하학의 발전에 큰 업적을 남겼다. 또한 슈바르츠와 함께 그로텐디크의 초기 연구를 지도했다. 이후 1959년부터 1964년까지 그로텐디크와 함께 고등과학연구소에 재직하며, 새로운 스킴(schemes)의 기초 위에 대수기하학을 재정립하는 프로젝트에 필요한 배경 연구를 공동으로 수행했다.

앙리 카르탕(Henri Cartan, 1904-2008)은 해석학과 위상수학 분야에서 활동하며 집단의 논리적 엄밀성을 견고히 했다. 그는 제2차 세계대전 이후에 이루어진 대수적 위상수학의 발전에 크게 공헌했다. 코호몰로지(cohomology)이론에 나오는 카르탕공식은 수학자들 사이에서 아주 유명하다.

클로드 슈발레(Claude Chevalley, 1909-1984)는 리군(Lie group)과 대수학 분야의 전문가로, 추상적 구조주의를 강화하는 데 기여했다. 그는 수론, 대수기하, 유한군, 분류체이론(정수론의 한 분야) 등의 분야에서 업적을 남겼다. 그의 이름을 딴 슈발레군(Chevalley group, 유한체 위의 리군)은 유명하다. 장 델사르트(Jean Delsarte, 1903-1968)는 해석학자로서 1932년 국제수학자대회에 초청 연사로 초빙받았다.

부르바키의 멤버들은 긴밀히 교류하며 서로에게 자극을 주었고 대부분 세계적인 영향력을 가진 수학자로 성장했다. 이들은 세계의 수학이 위상수학과 대수기하를 중심으로 급속히 발전해 가는 과정을 이끌게 된다. 한편 수학의 모든 분야를 집합론-대수학-위상수학의 '구조'로 재편하는 데에도 공헌했다.

부르바키 2·3세대에서도 걸출한 수학자들이 나왔다. 로랑 슈바르츠(Laurent Schwartz, 1915-2002)는 1950년 프랑스인 최초로 필즈메달을 수상했고 곧 소개할 그로텐디크의 스승이기도 하다. 폴란드 출신의 사무엘 에일렌베르크(Samuel Eilenberg, 1913-1998)는 손더스 매클레인과 함께 범주론을 발전시켜 수학의 핵심 언어로 만들었다. 장피에르 세르(Jean-Pierre Serre, 1926-)*는 대수적 위상수학, 대수기하, 수론 등 다양한 분야에서 탁월한 업적을 남기며 1954년에 필즈메달, 2003년에는 아벨상을 수상했다.

그로텐디크: 진리로 여겨졌던 이론을 처음부터 해부하다

부르바키가 배출한 수학자들 중 가장 전설적인 인물이 한 명 있으

---

* 그는 80세 이후 포항공대에 여러 차례 방문했는데 필자는 포항공대에 초청 강연을 하러 갔다가 우연히 그의 강의에 들어가 본 적이 있다. 그날 자그마한 체격에 성격이 친절한 90세 노인이 강의 노트도 없이 분필 하나만 가지고 90분 동안 칠판 가득히 판서를 해가며 열강 하는 놀라운 모습을 보게 되는 행운을 누렸다.

니, 바로 알렉산더 그로텐디크(Alexander Grothendieck, 1928–2014)다. 그는 'The Greatest Mathematicians of the Past'라는 사이트에서 '가장 위대한 수학자' 역대 7위로 선정될 정도로 20세기 최고의 수학자로 꼽힌다. 그의 어린 시절은 한 편의 소설과 같이 파란만장하다. 독일 베를린 태생인 그는 아버지는 유대인이고 어머니는 독일인으로, 그는 어머니의 성을 따랐다. 부모 모두 혁명적인 사회주의자였기에 나치를 피해 프랑스로 피신했으며 독일에 남겨진 그는 고독한 생활을 했다. 1939년 전쟁 직전에 그로텐디크는 프랑스로 건너가 부모와 재회했지만, 제2차 세계대전이 발발하자 부모는 위험한 외국인으로 분류되어 수용소에 갇혔다. 그는 어머니와 함께 프랑스 남부의 수용소 등 여러 캠프를 전전했으나 그의 아버지는 결국 1942년 아우슈비츠 수용소로 압송되어 살해되었다. 그로텐디크는 수용소에서 고독한 시간을 보내며 스스로 개념을 이끌어내는 법을 익혔다고 한다.

어머니와 떨어진 그는 유대인 아이들을 보호하던 저항의 거점 지역에서 학교에 다닐 수 있었다. 하지만 그곳에서 가르치는 수학 방식이나 교과서에 나오는 진부한 문제들에 큰 불만을 느껴 스스로 정의를 다시 세우고 문제를 근본적으로 해결하는 자신만의 수학적 방식을 만들어 나갔다.

전쟁이 끝난 후 몽펠리에대학에 입학했으나 지역 대학의 수준에 만족하지 못한 그는 거의 독학으로 수학을 공부했다. 1948년, 교수들의 추천으로 파리고등사범학교로 전학한 그로텐디크는 그곳에서 슈바르츠, 디외도네, 카르탕 등 당대 최고의 수학자들을 만나며 본격적인 천재성을 꽃피우기 시작했다. 그는 훌륭한 교수들의 지도를 받는 한편 외에 두 살 위의 세르 등이 속한 우수한 수학도들의 그룹에 들어

가 뒤처진 공부를 따라가기 시작했다. 지도교수인 슈바르츠는 자신과 디외도네도 해결하지 못한 난제 14개를 그로텐디크에게 주었는데 불과 수개월 만에 14개를 모두 풀어서 가져왔다고 한다.

그로텐디크는 1957년부터 돌연 그동안 열중하던 해석학 분야 연구를 그만두고 대수기하학과 호몰로지대수학 방면에 뛰어들었다. 당시 이 분야들이 수학의 중심 분야로 부상하고 있었기 때문이다. 새로운 분야에 대한 지식이 부족했던 그로텐디크는 처음에 세르의 도움을 많이 받았다. 그는 1958년 프랑스 고등과학원의 창립 멤버로 합류하며 그곳에서 인생의 황금기를 보냈다. 1966년 필즈메달을 받았지만 소련의 정권에 항의하는 의미로 시상식 참석을 거부했다.

그는 1970년경부터 수학계로부터 조금씩 멀어져 갔다. 자신이 몸담은 프랑스 고등과학원이 국방부의 자금을 지원받는다는 사실을 알게 되자, 평화주의자였던 그는 즉시 사표를 던지고 나갔던 것이다. 한편 그로텐디크는 환경운동과 반전운동에 전념했고 베트남전쟁반대운동에 나섰다. 결국 1991년부터 그는 프랑스 피레네산맥의 작은 마을 라세르로 들어가 살게 되었다. 은둔 기간 중에도 그는 수천 페이지에 달하는 일기와 수학 노트를 남겼다.

그에게는 늘 신비한 기운과 고독의 그림자가 드리워져 있었다. 최고의 천재였던 그는 인간의 경지를 넘는 통찰력과 독창성을 가지고 기존에 진리로 여겨졌던 이론들도 처음부터 해부하고 재해석했다. 그가 대수기하에서 도입한 스킴이라는 개념은 매우 추상적이고 인위적이며 난해하지만 다른 여러 개념을 설명하고 문제를 해결하는 데에 유용한 언어였다. 대수기하의 거장이자 20세기 최고의 수학자 중 한 명인 데이비드 멈퍼드(David Mumford, 1937-)는 그에 대해 다음과 같이 말했다. "그로텐디크는 놀라운 천재로 아름다우면서 심오한 아이디어와 전적으로 새로운 담론의 우주, 즉 스킴 개념을 이 분야로 끌어들였다. 많은 이가, 심지어는 이 분야의 지도적인 수학자 중 일부마저도 이것을 채택하거나 인정하기를 거부했다. 하지만 그로텐디크의 성공은 그러한 거부가 어리석다는 걸 보여주었다."

부르바키는 아직도 지속되고 있는 프로젝트이며 최근작으로는 2016년 출간된 『대수적 위상수학』이 있다. 요즘도 파리 푸앵카레 연구소에서 정기적으로 열리는 '부르바키 세미나'는 수학계의 가장 중요한 학술 행사 중 하나로 남아 있다.

제2차 세계대전 이후: 수학의 발전에 가속도가 붙다

제2차 세계대전이 끝난 후 수학은 매우 빠른 속도로 발전했다. 이때 눈에 띄는 특징 중 하나는 위상수학과 대수기하의 발전이다. 위상수학은 푸앵카레가 착안한 공간의 불변량과 호모토피라는 개념으로부터 출발했고, 이후 양자역학 등 새로운 물리학을 설명하고자 하는 노력의 일환으로 발전했다. 1940년대 이후 당대 최고의 수학자들이 위상수학적인 개념들을 정리하고 이를 활용하는 데에 뛰어들었고, 그런 흐름에 따라 전쟁 후 약 50년간 필즈메달 수상자의 분야는 위상수학과 기하*의 비중이 높았다.

20세기에도 수학은 순수수학이 중심이었고 응용수학의 입지는 매우 작았다. 그 주된 이유는 19세기 초부터 여러 과학과 기술 분야가 수학으로부터 분파되어 나가면서 수학의 본질인 엄밀함과 순수함을 지키는 분야만 수학이라는 틀 안에 남았기 때문이다. 단순히 문제를 잘 푸는 것보다는 어려운 이론들을 발견하거나 이해하여 난해하고 추상적인 문제를 잘 푸는 것이 중시되는 풍조였기에 그에 따라 그로텐디크, 마이클 아티야(Michael Atiyah, 1929-2019), 세르, 존 밀너(John Milnor, 1931-), 에르되시 등이 최고의 수학자로 인정받았다.

하지만 21세기가 시작될 즈음부터는 응용수학의 영역이 확대되었고 응용수학자들의 수도 꾸준히 늘고 있다. 특히 최근에는 AI, 빅데이터, 생물학, 의학, 신호처리 등과 연관된 응용수학 분야가 크게 각광을 받고 있다.

* 원래 위상수학과 현대적 기하는 형제 사이라 할 수 있다.

폰 노이만: 컴퓨터 개발의 선지자

추상적인 순수수학이 주류이던 시대에, 두 천재 수학자가 전혀 다른 방향으로 수학의 가능성을 열었다. 존 폰 노이만(John von Neumann, 1903-1957)과 앨런 튜링(Alan Turing, 1912-1954), 이 둘은 초기 컴퓨터 개발의 선지자들이자 대중적으로 아주 잘 알려진 수학자들이다.

헝가리 출신 유대인인 폰 노이만은 20세기 최고의 천재이자 마지막 '레오나르도 다빈치'로 불린다. 수학과 논리학은 물론 물리학(양자역학), 컴퓨터, 경제학(게임이론), 통계학 등에 업적을 남겼으며 맨해튼프로젝트에도 참여했다. 그는 탁월한 기억력으로 전화번호부와 백과사전을 통째로 외우거나 엄청난 계산을 암산으로 해내는 능력을 선보여 늘 사람들을 놀라게 했다.

앤드루 잰튼이 쓴 『위그너의 회상』은 노벨물리학상을 받은 유진 위그너(Eugene Wigner, 1902-1995)의 자서전과 같은 책이다. 그는 폰 노이만과 부다페스트의 최고 명문 학교인 루터란김나지움의 동창이자 같은 유대인이었다. 이 책에는 그와 폰 노이만, 그리고 같은 부다페스트 출신 유대인이자 천재 물리학자인 에드워드 텔러(Edward Teller, 1908-2003)가 모두 오펜하이머의 요청을 받고 맨해튼프로젝트에 참여했을 때의 이야기, 그리고 평생 친구로서 바라본 폰 노이만의 천재성에 대한 이야기가 나온다. 당대 최고의 물리학자들이 연구를 하던 도중 수학적 어려움에 봉착했을 때 폰 노이만에게 물어보면 그는 늘 순식간에 질문에 대한 답을 해주었다고 한다.

위그너가 노벨상을 받을 때 기자가 "왜 헝가리에는 그렇게 뛰어난 천재가 많습니까?"라고 물으니 위그너가 "천재가 많다고요? 천재는 폰

노이만 한 명뿐입니다"라고 답했다는 유명한 일화가 있다. 위그너가 아인슈타인과 폰 노이만을 비교한 유명한 말도 있다. "플랑크, 폰 라우에, 하이젠베르크, 디랙, 레오, 텔러, 아인슈타인 중 그 누구도 폰 노이만만큼 두뇌 회전이 빠르고 날카로운 사람은 없습니다. 나는 그들에게도 이런 말을 했었고 모두 동의했어요. (…) 그러나 아인슈타인의 이해력은 폰 노이만의 이해력보다 더 깊었습니다. 그는 늘 핵심을 관통했고 더 독창적이었습니다."

폰 노이만은 제2차 세계대전의 종전을 전후하여 미국 정부의 주요 과학기술 연구와 정책 결정에 깊이 참여했다. 미국 육군의 컴퓨터 에니악(ENIAC) 개발에 도움을 주었고, 이를 프로그램 내장식 컴퓨터로 개조하여 프린스턴 고등과학원(Institute of Advanced Studies, IAS)에

1951년 설치했다. 이 컴퓨터는 십진법 연산을 하던 에니악과 달리 이진법 연산을 했고, 코드와 데이터가 같은 메모리를 공유했으며, 현대식 코딩의 핵심인 조건부 루프(conditional loops) 방식을 활용했다. 현대 컴퓨터 구조의 원형이 여기서 나왔다.

폰 노이만이 몸담았던 프린스턴 고등과학원은 1930년 설립된 순수이론과학 연구소다. 1930년대 초에 독일에서 활동하다 나치 정권을 피해 건너온 아인슈타인과 수학자 헤르만 바일(Hermann Weyl, 1885-1955), 괴델, 폰 노이만 등 당대 최고의 학자들이 이곳에서 활동함으로써, 세계 최고의 순수과학 연구기관이라는 위치를 차지하게 된다. 지금까지도 이곳과 프린스턴대학은 수학의 중심지와 같은 역할을 하고 있다.* 참고로 역시 유대인인 바일은 괴팅겐대학의 힐베르트 밑에서 박사학위를 받았고 1930년 힐베르트가 은퇴하자 그 자리를 이어받았다. 그는 당대 세계 최고의 수학자로 인정받았으며 정수론, 위상수학, 이론물리학 등 다양한 분야에서 업적을 남겼다. 특히 푸앵카레의 아이디어를 확장해 위상수학을 현대화하여 수학의 4대 분야 중 하나로 만드는 데에 크게 기여했다. 따라서 지금도 위상수학에는 바일의 이름이 자주 등장한다. 그의 아들 프리츠 바일(Fritz Joachim Weyl, 1915-1977)도 아주 유명한 수학자이다.

한편 제2차 세계대전 이후에는 고다이라 구니히코(小平邦彦, 1915-1997)라는 일본인 수학자가 혜성과 같이 등장한다. 그는 1954년 비서양인 최초로 필즈메달을 (세르와 함께) 수상했다. 고다이라는 도쿄대학 수학과를 졸업한 후, 다시 입학해 물리학과를 졸업했고 물리학과 교

---

* 우리나라도 이 연구소를 모방하여 1996년에 설립한 고등과학원(Korean Institute of Advanced Studies, KIAS)이 있다.

수로 근무하던 1949년에 수학과에서 「Harmonic fields in Riemannian manifolds」라는 논문으로 박사학위를 받았다. 같은 해에 이 80쪽짜리 논문을 세계 최고 권위의 저널인 《수학연보(Annals of Mathematics)》에 게 재했는데 이것을 본 바일이 그를 프린스턴대학의 고등과학원으로 초 청했다. 그는 그곳에서 시리즈 강의를 하는 한편 도널드 스펜서(Donald Spencer, 1912-2001)와 함께 현대적 대수기하학에 대한 혁명적인 논문을 여러 편 발표했다. 1950년대는 대수기하학이 꽃피던 시절로 이때 그 는 장 르레(Jean Leray, 1906-1998), 카르탕, 세르 등 프랑스 수학자들이 고안한 시프이론(sheaf theory)을 호지이론(Hodge theory)에 접목하는 공 헌을 했다. 이 외에도 그의 이름을 딴 고다이라소멸정리, 고다이라-스펜서함수, 고다이라놓임정리 등이 유명하다.

　전쟁의 폐허 속에서도 세계적인 학문적 성취를 이룬 젊은이가 나타난 것을 통해 일본의 학문적, 문화적 저력을 엿볼 수 있다. 수학은 한 문명, 한 국가의 수준을 대변하는 학문 분야이다. 게다가 최고의 수학자가 되기 위해서는 훌륭한 스승과 동료가 반드시 필요하다. 한편, 고다이라의 영향 때문인지 일본에서는 이후 필즈메달을 수상한 히로나카 헤이스케(広中平祐, 1931-)와 모리 시게후미(森重文, 1951-)의 연구 분야는 모두 대수기하학이다.

현대 수학의 풍경

　현대 수학은 수없이 많은 분야로 분파되어 있다. 푸앵카레 이후에는 수학 전반에 통달한 수학자는 없다. 다방면에 걸쳐 논문을 쓴 것으로 유명한 에르되시나 테렌스 타오(Terence Tao, 1975-)● 조차도 그들이 섭렵한 분야는 전체의 일부분에 불과하다. 미국수학회가 주도하여 만든 수학 분야 분류(Mathematics Subject Classification, MSC2020)에 따르면 수학 안에 대분류만 97개 분야가 있고, 소분류까지 합치면 수백 개에 이른다. 요즘에 출간되는 수학 논문들은 대개 첫 페이지에 해당 논문에 해당하는 분야의 MSC number를 기재해야 한다. 예를 들어 필자가 쓴

● 현존하는 최고의 수학자로 꼽히는 타오는 어려서부터 천재로 유명했다. 호주 대표로 국제수학올림피아드에 세 차례 참가했고 그의 최연소(13세) 금메달 수상 기록은 아직도 깨지지 않고 있다. 16세에 대학을 졸업하고 20세에 미국 프린스턴대학에서 박사학위를 받아 20세의 나이에 교수가 되었으며, 24세에 정교수 자리에 올랐고 2006년에 필즈메달을 수상했다. 그는 원래 전공분야인 조화해석학(harmonic analysis) 분야 외에도 조합론, 정수론, 편미분방정식, 표현론 등 다양한 분야의 연구를 했으며 세계의 많은 수학자들과 소통하고 있다.

논문의 경우 55P48, 18M05, 18M60과 같이 쓰는데, 이때 55는 대분류로 대수적위상수학 분야를 나타내고 18은 소분류로 카테고리 이론 분야를 나타낸다.

참고로 전 세계에 출간되고 있는 수학 논문은 (국내 저널도 포함하여) 거의 모두 영어로만 출간된다. 20세기 말까지도 프랑스어, 독일어, 러시아어 등으로 출간되는 논문들이 꽤 있었으나 지금은 거의 사라졌다. 대다수 국내 대학의 수학과는 전공 수업에서 교과 내용, 용어(칠판 판서), 시험 등을 모두 영어로 진행한다. 수학의 공용어가 영어로 수렴한 것이다.

지금까지 살펴본 20세기의 수학, 즉 현대 수학은 인류 지성이 가장 멀리 나아간 영역이라 할 수 있겠다. 수학은 어느 한 나라도, 어느 한 사람도 다 담을 수 없을 만큼 넓어졌다. 수천 년 전 손으로 도형을 재던 행위에서 시작해 무한을 측정하고 우주의 구조를 기술하고 수학 자체의 한계를 증명하는 데까지 왔다. 힐베르트는 수학을 완벽한 논리 체계로 세우려 했고, 괴델은 그것이 불가능함을 증명했다. 그로텐디크는 기존의 모든 것을 해부하고 처음부터 다시 쌓았다. 수학은 완벽하지 않다. 그러나 바로 그렇기 때문에, 수학은 아직도 끝나지 않은 이야기다.

필즈메달

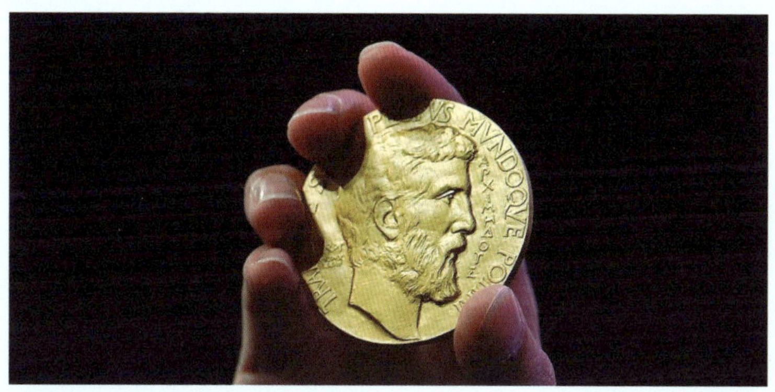

필즈메달은 캐나다의 수학자 존 찰스 필즈(John Charles Fields, 1863-1932)의 유언에 따라 4년에 한 번씩 열리는 국제수학자대회에서 1936년부터 수여되어 온, 명실공히 가장 영예로운 수학상이다. 40세 미만의 젊은 수학자를 대상으로 시상한다.

1990년까지는 매우 유명한 문제를 해결한 경우를 제외하고는 대개 당대에 주목받는 분야의 수학자에게 시상해 왔으나 1994년 이후에는 일부 분야에 치우치지 않고 여러 분야에 골고루 수여하는 경향이 유지되고 있다. 최근에는 편미분방정식, 조합론(그래프이론), 편미분방정식, 정수론, 해석학 등 순수수학뿐만 아니라 심지어는 응용수학 분야에서도 필즈메달 수상자가 나오고 있다. 2022년에 한국인 출신으로는 처음으로 허준이 교수가 필즈메달을 수상했다.

19장

AI와 수학:
과학 발전의 기나긴 미래

이 책은 수천 년에 걸친 수학의 여정을 따라왔다. 피타고라스에서 뉴턴, 오일러, 가우스를 거쳐 오늘에 이르기까지, 그 긴 탐구의 여정이 쌓여 우리가 딛고 선 문명의 뼈대가 되었다. 그런데 지금 수학은 전례 없는 새로운 국면을 맞이하고 있다. AI라는 존재가 등장했기 때문이다. AI는 수학을 어떻게 바꿀 것인가? 그리고 수학은 AI 시대에 어떤 의미를 가지는가? 이 마지막 장은 그 질문에 대한 이야기다.

예전의 수학자들과 현대의 수학자들 사이에는 어떤 차이가 있을까? 현대의 수학자들에게 방대한 정보와 실시간의 활발한 교류가 있다면 예전의 수학자들에게는 묵묵한 열정과 성실한 삶이 있었다. 요즘에는 능력 면에서 가우스급이라 할 수 있는 수학자들이 많다. 하지만 옛사람들같이 한 가지 일에만 헌신하며 일생을 바치는 일은 현대인들에게는 좀처럼 쉽지 않다.

필자가 젊은 수학자이던 시절에는 수학도서관에서 참고 문헌을 찾는 데 쓰는 시간이 많았다. 멀리 떨어진 수학자들과 논의할 때도 편지를 통해서 의견을 교환해야 했다. 이메일과 인터넷이 생기고 구글의 검색 기능이 좋아지면서 요즘에는 수학자들이 손쉽게 참고 문헌을 찾아볼 수 있고 다른 수학자들과 논의할 수 있게 되었다. 수학 연구의 방식에 엄청난 혁신이 일어난 셈이다. 그럼에도 불구하고 예전부터 지금까지 변하지 않는 것은, 수학자들이 연구 활동 시간의 대부분을 다른 수학자들의 논문이나 책을 읽으며 그들의 아이디어나 개념을 이해하는 데에 보낸다는 것이다.

AI와 빅데이터는 21세기 과학의 가장 중요한 관심사이다. 이 두 가지 주제는 수학과 밀접한 연관성이 있으며 그로 인해 수학의 중요성이 점점 커지고 있다. 수학은 AI의 '개발'과 '활용'의 두 가지 면에서 모두 주요 역할을 하고 있다. 수학이 이런 분야에 필요한 이유는 수학적 지식이 연구에 바로 활용되기 때문이 아니다. 선형대수학(행렬)과 미분방정식 등의 수학적 내용이 쓰이기는 하지만, 그 이상의 고급 수학이 직접 AI의 연구 개발에 적용되는 경우는 드물다. AI와 빅데이터의 연구에는 확고한 방법론이나 방향이 존재하지 않는다. 어둠 속을 헤매면서 길을 찾아내듯이 연구해야 하는데, 그러한 연구에는 수학적 사고와 직관, 그리고 수학 공부를 통해서 다져진 연구 태도가 필요하다.

AI의 침습

2024년 노벨과학상 수상 소식은 파격적이었다. 정통 물리학자와 화학자가 아니라 AI 개발에 혁신적인 역할을 했거나 AI를 이용하여 연구한 과학자들이 수상했기 때문이다.

노벨상위원회의 파격적인 결정에 대하여 이제 노벨상도 미래지향적이 되었다고 박수를 보내는 사람들도 있는 반면, 과학의 전통을 중시하는 사람들은 이 결정을 공개적으로 비판하기도 한다. 비판하는 사람들은 "머신러닝이나 인공신경망은 컴퓨터 과학이지 물리학은 아니다"라거나 "AI 기술은 아직 과학의 영역에 속하는 것인지조차 불분명하다"라고 말한다. AI 기술은 그 결과가 나오는 과정이 충분히 예견되거나 설명되지 못하는 데다가, 보편적 진리나 법칙의 발견을 목적으로 하는 체계적 지식이라는 과학의 정의와도 잘 맞지 않는다. 하지만 AI는 이미 과학에서 가장 중요한 자리를 차지하고 있으며 인류는 AI에 의해 발생할 아주 크고 빠른 변화를 각오해야 한다.

AI의 침습은 이미 시작되었다. AI의 발전 속도는 늘 우리의 예상을 앞서고 있지만 그것이 우리에게서 무엇을 빼앗아 가고 우리에게 무엇을 가져다줄지 잘 모른다. AI는 빠르게 진화하고 빠르게 일을 처리하며 휴식도 없이 일을 한다. 인간이 AI와 직접 경쟁해서 이길 가능성은 희박하다. 20년 후에 어떤 직업이 살아남을지 말할 수 있는 사람은 아무도 없다. 신문 보도에 따르면 우리나라는 'AI가 앞으로 자신의 업무를 위협할 것인가'에 대한 질문에 대하여 '아마도 그럴 것이다'라고 응답한 사람들의 비율이 높은 편이라고 한다. 반면 앞으로 있을 AI 기술 활용에 대해서는 대체로 호의적인 시각을 가지고 있다고 한다.

현재의 전문직 중에서 AI의 침공에 끝까지 살아남을 일들은 거의 없겠지만, 없어지거나 크게 줄어드는 데에 순서는 있을 법하다. 현재 우리나라에서 가장 인기 있는 직업인 변호사(또는 판검사)나 의사는 그 순서가 비교적 앞쪽일 가능성이 높다. AI가 그들의 업무를 상당 부분

→ **2024년 노벨물리학상**

2024년 노벨물리학상은 인공신경망을 이용한 머신러닝의 기초를 확립한 존 홉필드(John J. Hopfield)와 제프리 힌턴(Geoffrey Hinton)에게 수여되었다. 물리학자가 아닌 AI 연구자가 노벨물리학상을 받은 것은 전례 없는 일로, 과학계 안팎에서 큰 논란과 함께 AI가 현대 과학의 중심으로 진입했음을 상징하는 사건으로 받아들여졌다.

대신할 수 있는 데까지는 그리 긴 시간이 걸리지는 않을 것이다.

내가 강연에서 학생들로부터 AI와 수학의 연관성에 대해 받는 질문은 대개 두 가지 방향이다. 하나는 "앞으로 AI가 수학 문제를 다 풀어줄 텐데 굳이 수학 공부를 열심히 할 필요가 있나요?"이고 또 하나는 "언젠가 AI가 사람보다 수학 문제를 더 잘 풀게 되면 수학자들은 할 일이 없어지는 것 아닌가요?"이다. 첫 번째 질문에 대한 답을 하자면, AI가 수학 문제를 아무리 잘 풀더라도 그것은 사람들이 하는 수학 공부와는 별 상관이 없다. 계산기가 아무리 빠르게 계산해도 사람들이 수학을 배우는 이유가 사라지지 않는 것과 같다. 우리가 수학 공부를 하는 이유는 앞서도 언급했듯이 논리적 사고력, 문제해결력, 서술력, 학습 집중력, 추상적 개념 이해력 등 다양한 사고력과 학습력을 키우기 위함이지 문제를 풀어내는 것 자체가 아니기 때문이다.

2016년에 알파고(AlphaGo)가 처음 등장해서 이세돌 등 당대 최강의 프로기사들을 모두 이겼을 때 사람들은 큰 충격을 받았다. 많은 사람이 AI 때문에 바둑의 인기가 급락할 것이라고 걱정했지만 실제 그런 일은 일어나지 않았고, 사람들이 느끼는 바둑의 가치와 재미는 바둑 AI의 등장과는 무관하다는 사실만이 드러났다. 자전거나 자동차를 타면 더 빨리 더 멀리 달릴 수 있지만 사람들이 굳이 달리기를 하는 것도 이와 유사한 예라 하겠다.

두 번째 질문에 대해 답하자면, AI가 언젠가 세상의 모든 수학자를 능가할 날이 올 것은 분명하다. 하지만 그런 날은 일반적인 예상보다 더 늦게 올 가능성이 높다. 많은 사람이 수학은 순수하게 논리적인 과정을 통해 답을 구하는 데다가 분명한 답이 있기 때문에 AI가 접근하기가 다른 분야보다 더 쉬울 것이라고 생각한다. 그러나 수학자들이 연구하는 전문적인 수학에서는 (학교 수학과는 다르게) 순수한 논리적 과정을 통해서만 답을 구하지 않는다. 합리적인 통찰과 경험적인 지식이 수학 문제의 풀이와 증명에 중요하게 작용하는 경우가 많다. 논리란 완벽을 추구할 뿐 완벽성을 항상 발휘하는 일은 불가능하다. 실효성도 떨어진다. 게다가 수학에는 분명한 답이 있다는 일반적인 인식과는 달리 수학자들의 연구에는 분명한 답이 없는 경우도 많다. 예컨대 국제수학올림피아드(IMO) 문제는 정해진 풀이가 존재하는 경쟁 수학이지만, 연구 수학은 아직 답이 없는 문제를 새로운 개념으로 접근하는 것이다. 이 둘은 근본적으로 다르다.

수학자들에게는 논리적 사고보다는 여러 가지 개념과 이론들 사이에서 어떤 새로운 것을 보는 통찰력이나 직관이 더 중요할 때가 많다. 어려운 문제의 창의적인 풀이는 주로 좋은 추측으로부터 나온다. 게다가 수학에서는 문제를 푸는 것보다 좋은 문제를 찾아내는 것이 더 중요할 경우도 있다.

AI는 수학 논문을 쓸 수 있을까?

수학자들이 수학 문제를 푸는 데에 논리적 사고력보다 직관이나 상상력이 더 중요하기도 하지만 AI가 수학자들을 능가하기 어려운 더 핵심적인 이유가 있다. 그것은 바로 AI가 매우 복잡하고, 분명하게 말하기 어려운 수많은 수학 개념을 습득하는 것이 어렵다는 점이다. 수학 분야 중에도 대수기하, 대수적위상수학 등처럼 추상적인 개념이 많이 등장하고 AI가 참고할 논문과 서적의 수가 많지 않은 분야는 더욱 그럴 것이다. 현재 구글이나 오픈AI가 개발한 놀라운 수학 실력을 지닌 AI의 한계도 바로 이 개념 장착 부분에 있다.

수학에는 수백 개 분야가 있으며 그 내용과 성격도 아주 다양하다. 그중에는 AI가 비교적 쉽게 접근할 수 있는 분야가 있고 접근하기 힘든 분야가 있을 것이다. 쉬운 분야는 계산 위주로 구체적인 답이나 근삿값을 구하는 분야일 확률이 높다. 어려운 분야는 추상적인 수학 개념이 많이 등장하는 분야이다. 나의 전공인 대수적 위상수학은 어려운 개념 이해가 많이 요구되는 대표적인 분야인데, 이 분야의 논문에 등장하는 개념들을 이해하기 위해서는 대학원에 입학한 후에도 다년간의 학습과 경험이 필요하다. 그런 지식 없이는 논문에서 풀겠다고 하는 문제가 무슨 의미를 갖는 것인지조차 이해하기 어렵다. 그런데 그 많은 복잡한 개념들이나 정리들은 대개 어느 문서에 정확하게 정리되어 있거나 서술되어 있지 않다. 개념이나 정리 자체가 추상적이고 모호한 경우도 많다. 그래서 이렇게 개념 이해가 많이 요구되는 수학 분야는 AI가 접근하기 매우 어렵다.

수학 문제를 푸는 AI가 등장하기 훨씬 전부터 수학 문제를 풀거나 푸는 데에 도움을 주는 소프트웨어들이 개발되어 널리 활용되고 있었다. Mathematica(Wolfram사), Matlab(MathWork사) 등이 대표적인데, 이런 소프트웨어는 30년 넘게 발전해 왔으며 최근 버전들은 놀라운 계산을 해내고 있다. 현재는 대다수의 대입 수학능력시험 수준의 수학 문제와 대학생들이 배우는 미적분학, 미분방정식, 선형대수 분야의 문제들을 이런 소프트웨어를 사용해서 풀 수 있다. 이런 소프트웨어들이 요즘의 생성형 AI와 다른 점은 이용하는 사람이 문제의 상황에 맞는 간단한 프로그래밍을 입력해 주어야 한다는 부분이다. 이런 소프트웨어들은 수학에서뿐만 아니라 물리학, 생물학, 기상학, 화학, 공학 등 현대 과학의 아주 다양한 분야에서 활용되고 있다.

하지만 이제는 그런 소프트웨어들이 필요 없어졌다. 수학 문제를 잘 푸는 AI들이 속속 등장하고 있으며, AI는 사용하기도 편하기 때문이다. 구글과 오픈AI는 자신들이 개발한 AI가 국제수학올림피아드에서 금메달을 받는 학생들 수준까지 이르렀다고 주장하고 있다.

분야를 불문하고 전 세계의 모든 연구자에게 AI와의 협업과 동행은 필수가 되었다. 모르던 참고문헌을 찾아주는 것은 기본이고, 수학 연구에서도 AI가 다양한 도움을 주기도 한다. AI가 특별한 조건하의 작은 문제에 대한 풀이를 제공하면 수학자가 그 아이디어를 활용하여

→ 국제수학올림피아드

수십 개의 나라에 속한 수학 영재들이 한자리에 모여 문제를 푸는 국제수학올림피아드는 오랫동안 인간 지성의 최전선이었다. 구글과 오픈AI는 자신들의 AI가 이 대회의 금메달 수준에 도달했다고 주장한다. 그렇다면 이제 수학을 배운다는 것은 무엇을 의미하는가?

일반화된 문제를 해결하는 경우, 수학자가 문제를 풀 때 중간에 해결해야 할 작은 문제(lemma)들을 AI가 해결해 주는 경우, 수학자가 미처 생각하지 못한 아이디어를 제공해 주는 경우 등이 있겠다.

2026년 2월에 AI와 협업하여 쓴 한 논문(김상현, 강지원 등 5명 공저)이 수학 아카이브(Math arXiv)에 올라와 무척 놀랐다. 물론 이런 논문은 이미 나와 있으며 앞으로는 쏟아져 나올 것이 분명하다. 그들은 '빠르게 수렴하는 급수는 무리수가 되는가?'에 대한 내용인 에르되시-그레이엄 문제(1980)를 구글의 AI와 협업하여 해결하였다. 제미나이(Gemini)에 탑재된 심층 추론 모드인 딥 싱크(Deep Think)를 이용한 것이다. 이 협업은 원래 딥 싱크를 기반으로 구축된 맞춤형 연구 에이전트인 알레테이아(Aletheia)가 원 문제를 독자적으로 해결함으로써 시작되었는데, 저자들은 이 해결법을 이용하여 더 일반적인 경우에 대한 증명을 완성하였다. 이들은 AI의 발견을 바탕으로 반례를 찾아내고 가설을 정교화하여 최종적인 정리들을 도출했는데, 그 과정에서 인간과 AI의 반복적인 상호작용이 있었다고 한다.

수학은 현대의 과학보다도 더 앞서나가고 있다

사람들로부터 "그렇게 추상적인 수학은 어디에 쓰이나요?", "입자 물리학이나 천문학에서 밝히고자 하는 내용이 인류에게 도움이 되나요?" 등과 같은 질문을 받곤 한다. 실은 수학자 중에도 자신들의 연구에 대해 그런 회의감을 갖는 이가 많다. 필자 자신도 젊었을 때는 실용적이지 않은 추상적인 수학 문제를 푸는 것이 과연 인류에게 어떤 도움이 되는지에 대해 확실한 답을 갖지 못했다. 그러다가 현대의 수학과 과학의 가치를 좀 더 잘 이해하기 위해서는 먼 미래의 과학을 상상해 볼 필요가 있다는 것을 깨닫게 되었다.

우리는 먼 미래에 대한 상상을 통해 인류가 언젠가는 결국 찾아낼 과학적 진리의 '절대성'을 조금이나마 느껴볼 수가 있다. 현대의 과학은 태어난 지 얼마 되지 않은 어린이와 같아 아직 인류가 모르는 과학적 진리가 너무나 많다. 수학은 수천 년 동안 발전해 왔기 때문에 현대의 과학보다는 한발 먼저 가고 있다. 하지만 과학은 언젠가 미래에 현재의 수학, 과학의 지식과 경험을 활용하여 과학적 진리를 밝히게 될 것이다. 그러니 당장 실용성이 없어 보이는 수학, 과학적 연구도 미래의 가치를 지니고 있는 셈이다.

필자는 수학사 강의 시간에 학생들에게 만 년 후를 상상해 보자고 한다. 그러면 학생들은 대개 다음과 같은 반응을 보인다. "아니, 만 년이라구요? 1000년도 너무 먼 미래인데요." "그 이전에 인류가 멸망할 가능성이 높아요." "과학이 발전한다고 사람들이 정말 행복해질까요?" "AI가 인간들을 노예로 삼거나 멸망시킬지도 모르잖아요." 물론 불확실성이 크긴 하지만 인류가 수백 년 이내에 핵전쟁, 지구 환경 악화, 화산 대폭발, 전염병, 소행성과의 충돌 등으로 멸망할 확률은 매우 낮다.

지구 멸망의 여러 가지 시나리오가 넘쳐나는 시대에 살다 보니 사람들은 먼 미래에 대해 불안해한다. 미래를 보는 긍정적인 관점은 부정적인 관점보다 인기가 없다. 얼마 전에 우연히 TV에서 지구 멸망의 시나리오에 대한 다큐멘터리를 시청했는데, 거기에서 블랙홀에 의해 지구의 모든 공기가 빨려 들어가는 충격적인 그래픽 장면이 등장했다. 이런 시나리오는 너무 황당한 이야기여서 SF 영화나 소설에도 잘 나오지 않는데 다큐멘터리 프로에서 그런 이미지를 만들다니. 그런 재앙이 수백 년 이내에 일어날 가능성은 전혀 없다. 지구에서 가장 가까운 블랙홀이 1000광년 이상 떨어져 있으니 최소한 1000년 동안은 지구가 블랙홀에 빨려 들어가지 않을 것이다.

얼마 전 어느 젊은 과학자가 인터뷰에서 "저는 지능이 너무 높아진 게 인간을 고통스럽게 한다고 생각해요. 왜냐하면 보통 지적 능력이 그렇게 발달하지 않은 동물들은 정신적인 고통에 그렇게 시달리지 않잖아요"라고 말했다. 그분과 같은 견해에 동의하는 사람이 얼마나 많을지는 모르겠지만 필자는 그분의 견해에 동의하지 않는다. 광야에 사는 동물들이 척박한 환경에서 생존과 번식을 위해 얼마나 고생을 하

수천 년 동안 인류는 이 행성 위에서 하늘을 올려다보며 만물의 법칙을 찾아왔다. 사과가 떨어지는 이유와 달이 지구를 도는 것이 같은 힘에 의한 것임을 밝혀내고, 별의 움직임을 예측했으며, 블랙홀의 존재를 증명했다. 기아와 질병을 줄이고 문명과 기술을 발전시켜 온 모든 행위가 결국 그 탐구의 결실이었다. AI가 등장한 지금, 그 탐구의 속도는 더 빨라질 것이다. 문제는 우리가 어디로 향하고 있는가다.

는데, 어떻게 그들보다 인간들이 더 고통스러운 삶을 살고 있다고 할 수 있겠는가? 더구나 열악한 환경에서 지내다 어린 나이에 죽음을 맞이하는 가축들은 가엽기 짝이 없다. 인간들에 국한하여 살펴보더라도 예전에는 배고픔, 질병, 죽음, 전쟁, 자연재해 등으로 인해 하루하루 살아나가기가 힘들었다. 그러나 점차 과학과 지성이 발전함에 따라 현대인들의 삶의 질이 옛날보다 (평균적으로) 더 좋아졌다는 것은 자명한 사실이 아닌가?

새로운 문물에 지배받는 삶보다는 자연적인 삶이 더 좋다는 사람들도 있지만 대다수의 사람은 과학과 기술에 의존하며 살고 있다. 현대인들은 수백 년 전 옛사람들이 겪었던 극단적인 불행에서는 벗어났다고 봐야 할 것이다. 과학은 사람들을 기아와 질병으로부터 구제해 주었다. 필자는 과학이 앞으로 가져올 변화에 대해서도 낙관적인 편이다. 지구온난화, 핵전쟁의 위험, AI의 침범 등을 걱정하는 사람들도 많지만 필자는 인류의 지성을 믿는다. 인류가 멸망하지 않는 한, 과학은 계속 발전할 것이고 그러한 발전을 통하여 현존하는 문제들을 해결해 나갈 것이다. 그리고 행복하고 평화로운 삶을 통하여 사람들을 점점 더 선하고 현명한 방향으로 진화시킬 것이라고 믿는다.

과학의 발전은 미래에 세상을 어떻게 바꿀까? 우선 과학의 힘에 의해 인간의 수명은 몇백 년 이상으로 늘어나게 되고, 심지어는 그 이상으로 살 수도 있다. 또한 뇌과학이 발전하면서 인간은 새로운 기술로 뇌, 즉 인간의 의식과 마음을 인위적으로 조절할 수 있게 될 것이다. 그렇게 된다면 지금까지와는 전혀 다른 새로운 시대가 열리게 된다. 로봇이나 AI가 발달하다 보면 언젠가 인간을 능가하게 되어 그들이 인류를 노예화하거나 멸망시키는 일이 발생할 것이라고 염려를 하는 사람들이 많지만 AI를 연구하는 과학자들은 그런 일이 일어날 가능성에 동의하지 않는다. AI는 앞으로도 인간들과 화합하는 방향으로 발전할 가능성이 높다.

AI의 침공은 예전의 까르푸(홈플러스), 이마트 등의 대형 마트의 침공과 인터파크, 롯데ON 등의 온라인 몰의 침공을 떠올리게 한다. 당시 사람들은 대형 마트의 침공으로 인해 소상인들이 다 망할 것이라 걱정했고 온라인 상권의 확장으로 지역 상권이 다 죽을 것이라 걱정했다. 그러나 (물론 그런 문제가 발생하기는 하였지만) 결과적으로는 유통 구조에 변화가 생겼을 뿐 나라 전체의 경제는 계속 발전해 왔다. AI가 초래할 것이라고 걱정하는 미래도 이와 유사할 거라고 믿는다.

인류는 이제 AI라는 새로운 도구를 손에 쥐었다. 그 도구가 인류를 위협할 것이라는 우려도 있지만, 과학자들은 AI가 인간과 화합하는 방향으로 발전할 거라 믿는다. 문제를 만들어 온 것도, 해결해 온 것도 결국 인간의 지성이었다.

지구온난화와 플라스틱 쓰레기 등으로 인해 악화되는 지구 환경에 대해서 걱정하는 이가 많지만, 이미 일부 북유럽 국가들에서 볼 수 있듯이 환경에 대한 인식과 현대 과학은 앞으로 환경이 개선되는 데에 기여할 것이다. 또한 환경적, 경제적, 과학적 발전은 점차 사람들을 더 평화적이고 관용적인 방향으로 유도하게 되어 있다. 사람들은 전보다 더 나은 삶의 가치를 탐구할 것이고, 과학은 앞으로도 인류의 번영과 행복에 이바지해 나갈 것이다.

누군가 처음으로 밤하늘의 별을 올려다보며 그 움직임에 법칙이 있을 거라 생각한 그 순간부터, 인류는 진리를 향한 탐구를 멈추지 않았다. AI가 등장한 지금도 그 정신은 변하지 않는다. 도구는 바뀌어도, 왜 이 세상이 이렇게 작동하는지 묻는 인간의 호기심은 사라지지 않을 것이다. 수학은 그 호기심이 만들어온 가장 오래되고 가장 아름다운 언어다. 그리고 그 언어로 쓰인 이야기는 아직 끝나지 않았다.

참고문헌

교육방송 제작팀, 『문명과 수학』, 민음인, 2014.

김영욱·이장주·장혜원, 『한국 수학문명사』, 들녘, 2022.

김홍종, 『문명, 수학의 필하모니』, 효형출판, 2009.

김희준·김홍종, 『과학으로 수학보기, 수학으로 과학보기』, 궁리, 2005.

데이비드 벌린스키, 김하락·류쥬환 옮김, 『수학의 역사』, 을유문화사, 2014.

데이비드 웰스, 심재관 옮김, 『소수, 수학 최대의 미스터리』, 한승, 2007.

로버트 B 마르크스, 윤영호 옮김, 『어떻게 세계는 서양이 주도하게 되었는가』, 사이, 2014.

로베르트 융크, 이충호 옮김, 『천 개의 태양보다 밝은』, 다산사이언스, 2018.

리처드 만키에비츠, 이상원 옮김, 『문명과 수학』, 경문사, 2002.

마이클 무투크리슈나, 박한선 옮김, 『인간 문명의 네 가지 법칙』, 바다출판사, 2024.

모리스 마샬, 황용섭 옮김, 『수학자들의 비밀집단 부르바키』, 궁리, 2008.

사이먼 싱, 박병철 옮김, 『페르마의 마지막 정리』, 영림카디널, 2003.

송명진, 『미치도록 기발한 수학 천재들』, 블랙피쉬, 2022.

송용진, 『수학자가 들려주는 진짜 논리 이야기』, 다산초당, 2023.

숀 캐럴, 김영태 옮김, 『공간, 시간, 운동』, 바다출판사, 2024.

스켑틱 편집부, 『SKEPTIC Korea 31호: 수학이 세상을 만날 때』, 바다출판사, 2022.

에르베 레닝, 이정은 옮김, 『세상의 모든 수학』, 다산사이언스, 2020.

에른스트 페터 피셔, 이승희 옮김, 『금지된 지식』, 다산초당, 2021.

우에가키 와타루, 오정화 옮김, 『처음 읽는 수학의 세계사』, 탐나는책, 2023.

이광연, 『미술관에 간 수학자』, 어바웃어북, 2018.

이은수, 『인간지능의 역사, 문학동네』, 2025.

전혜진, 『우리가 수학을 사랑한 이유』, 지상의책, 2021.

조지프 마주르, 권혜승 옮김, 『수학기호의 역사』, 반니, 2017.

조지프 마주르, 이경아 옮김, 『밀림으로 간 유클리드』, 한승, 2006.

존 콘웨이·리처드 가이, 이진주·황용석 옮김, 『수의 바이블』, 한승, 2003.

지지강 지음, 권수철 옮김, 『수학의 역사』, 더숲, 2011.

케이트 키타가와·티머시 레벨, 이충호 옮김, 『다시 쓰는 수학의 역사』, 서해문집, 2024.

토드 홀, 이우영·신향균·이홍렬 옮김, 『수학의 황제 가우스』, 경문사, 2002.

토마스 페 파도바, 박규호 옮김, 『라이프니츠, 뉴턴 그리고 시간의 발명』, 은행나무, 2016.

후지와라 마사히코 지음, 이면우 옮김, 『천재 수학자들의 영광과 좌절』, 사람과책, 2003.

Boyer, Carl B.&Merzbach, Uta C., *A History of Mathematics*, wiley, 2011.

Dunham, William, *Journey Through Genius: The Great Theorems of Mathematics*, Penguin Books, 1991.

Klein, Morris, *Mathematical Thought from Ancient to Modern Times, Vol 3*, Oxford University Press, 1990.

Livio, Mario, *The Equation That Couldn't Be Solved*, Simon&Schuster, 2006.

Robson, Eleanor, *Mathematics in Ancient Iraq: A Social History*, Princeton University Press, 2008.

Stillwell, John, *Mathematics and Its History*, Springer, 2010.

Strogatz, Steven, *Infinite Powers*, Mariner Books, 2019.

Yandell, Ben, *The Honors Class*, A K Peters, 2002.

도판 출처

19 Shutterstock

24 Wikimedia Commons ⓒ Dennis G. Jarvis

33 Shutterstock

41 Shutterstock

42 ⓒ Yann Arthus-Bertrand

44 (왼쪽) Shutterstock (오른쪽) Wikimedia Commons ⓒ Dennis G. Jarvis

45 Shutterstock

47 Public Domain ⓒ The Trustees of the British Museum

50 Getty Images

51 Shutterstock

56 Wikimedia Commons ⓒ Patrick C

57 Wikimedia Commons ⓒ BbcNkl

58 Wikimedia Commons

59 Wikimedia Commons ⓒ Osama Shukir Muhammed Amin FRCP(Glasg)

62 Shutterstock

66 Wikimedia Commons

69 Wikimedia Commons ⓒ Reserve Bank of India

75 Wikimedia Commons ⓒ Christophe Meneboeuf

79 Shutterstock

81 Wikimedia Commons ⓒ Jastrow

84 Shutterstock

88 Shutterstock

91 Wikimedia Commons ⓒ David Castor

93 Shutterstock

96 (위 왼쪽) Public Domain ⓒ Bodleian Library (위 오른쪽) Wikimedia Commons (아래) Wikimedia Commons ⓒ Charles Thomas

103 Wikimedia Commons

107 Wikimedia Commons

110 (위) Wikimedia Commons ⓒ Lucas Vieira (아래) Wikimedia Commons ⓒ Pappus Alexandrinus

117 Shutterstock

118 Shutterstock

122 Science Photo Library ⓒ Jean Soutif

126 Wikimedia Commons ⓒ Zereshk

130 Public Domain ⓒ British Library

131 Wikimedia Commons

132 Wikimedia Commons

138 Wikimedia Commons

141 Wikimedia Commons

143 Wikimedia Commons ⓒ NYC Wanderer

149 Shutterstock

152 Wikimedia Commons

154 (왼쪽) Wikimedia Commons ⓒ Raymondprucher (오른쪽) Shutterstock

155 Wikimedia Commons

156 Shutterstock

158 Wikimedia Commons

161 Shutterstock

164 Wikimedia Commons ⓒ Stockholms Universitetsbibliotek

165 Wikimedia Commons

167 Wikimedia Commons

169 Shutterstock

172 국립민속박물관

173 Wikimedia Commons

178 Wikimedia Commons

179 Wikimedia Commons

182 Wikimedia Commons ⓒ Gyeongmin Koh

183 Wikimedia Commons ⓒ G41rn8

185 한국민족문화대백과사전

189 Wikimedia Commons ⓒ Momotarou2012

190 Wikimedia Commons ⓒ Phidauex

191 Wikimedia Commons

193 Shutterstock

197 Wikimedia Commons

199 Wikimedia Commons

201 Shutterstock

203 Wikimedia Commons

209 Wikimedia Commons

210 Wikimedia Commons

217 Wikimedia Commons

218 Wikimedia Commons

220 Wikimedia Commons

226 Wikimedia Commons

227 Wikimedia Commons

230 (왼쪽) Public Domain ⓒ Universiteits Museum Utrecht (오른쪽) Wikimedia Commons

233 Public Domain ⓒ Bibliothèque nationale de France

235 (위) Public Domain ⓒ Tenby Museum and Art Gallery (아래) Public Domain

236 Wikimedia Commons

239 Wikimedia Commons

241 Wikimedia Commons

243 Wikimedia Commons

244 Wikimedia Commons

246 Wikimedia Commons

248 Wikimedia Commons

250 Wikimedia Commons ⓒ Rama

252 Wikimedia Commons

253 Wikimedia Commons

254 Wikimedia Commons

256 Wikimedia Commons ⓒ Klaus Barner

259 Wikimedia Commons

261 Wikimedia Commons

262 Wikimedia Commons ⓒ Andrew Dunn

264 Wikimedia Commons

265 Wikimedia Commons ⓒ The Science Museum UK

267 Wikimedia Commons

269 Wikimedia Commons

272 Wikimedia Commons

273 Wikimedia Commons

280 Courtesy of the Deutsches Museum, München

283 Wikimedia Commons

284 Wikimedia Commons ⓒ Alex 'Florstein' Fedorov

287 Wikimedia Commons ⓒ Merian-Erben

288 Wikimedia Commons

293 Wikimedia Commons

294 Shutterstock

296 Wikimedia Commons

299 Wikimedia Commons

300 Wikimedia Commons

301 Shutterstock

303 Wikimedia Commons

305 Wikimedia Commons

310 Wikimedia Commons

311 Wikimedia Commons ⓒ H. W. Richmond

314 Wikimedia Commons

316 (왼쪽) Wikimedia Commons (오른쪽) ⓒ Calle Huth

318 Wikimedia Commons

320 Wikimedia Commons

322 Wikimedia Commons

324 Shutterstock

325 Wikimedia Commons

326 Shutterstock

327 Wikimedia Commons

329 Wikimedia Commons

331 Wikimedia Commons

332 Wikimedia Commons

334 Wikimedia Commons

335 Wikimedia Commons

340 Wikimedia Commons

341 Wikimedia Commons

342 Wikimedia Commons

345 Wikimedia Commons

350 Wikimedia Commons

인류 문명을 지탱해 온 수학의 역사

문명의 뼈대

초판 1쇄 인쇄 2026년 4월 14일
초판 1쇄 발행 2026년 4월 23일

지은이 송용진
펴낸이 김선식

부사장 김은영
책임편집 박나영 **책임마케터** 이현주
콘텐츠사업5팀장 정용준 **콘텐츠사업5팀** 차혜린, 박나영
마케팅2팀 오서영, 이현주, 단비 **홍보2팀** 정세림, 고나연, 이다은
브랜드사업본부장 정명찬
브랜드홍보팀 오수미, 서가을, 박장미, 박주현 **영상홍보팀** 이수인, 염아라, 이지연, 노경은
저작권팀 성민경 **편집관리팀** 조세현, 김호주, 백설희
재무관리팀 하미선, 임혜정, 이슬기, 김주영, 오지수
인사관리팀 강미숙, 김재경, 김혜진, 김주림, 황종원
제작관리팀 이소현, 김소영, 유미애, 이지우, 이승협
물류관리팀 김형기, 김선진, 주정훈, 양문현, 채원석, 박재연, 이준희, 최대식
외부스태프 디자인 형태와내용사이 **조판** 홍영사

펴낸곳 다산북스 **출판등록** 2005년 12월 23일 제313-2005-00277호
주소 경기도 파주시 회동길 490 다산북스 파주사옥 3층
전화 02-704-1724 **팩스** 02-703-2219 **이메일** dasanbooks@dasanbooks.com
홈페이지 www.dasanbooks.com **블로그** blog.naver.com/dasan_books
용지 스마일몬스터 **인쇄** 민언프린텍 **코팅 및 후가공** 제이오엘앤피 **제본** 다온바인텍

ISBN 979-11-306-7666-1 (03400)